KB040701

어쩌다 보니 통계학자

통계학의 거장 조지 박스의 삶과 추억

어쩌다 보니 통계학자

조지 박스 지음 | 박중양 옮김

생각의힘

차례

머리말   9

두 번째 머리말   13

서문

1장 어린 시절   19

2장 군 생활   37

3장 ICI와 통계분석연구단   63

4장 조지 바너드   73

5장 미국으로의 초청   83

6장 프린스턴   101

7장 매디슨에서의 새로운 삶   121

8장 시계열   157

9장 조지 탸오와 베이즈 추론   175

10장 헬렌과 해리의 성장   181

11장 피셔-아버지와 아들   191

12장 빌 헌터와 실험설계에 관한 생각   199

13장 품질운동   227

14장 클레어와의 모험   245

15장 다재다능한 맥   259

16장 영국에서의 삶   269

17장 스칸디나비아 여행   227

18장 제2의 고향 스페인   281

19장 런던 왕립학회   301

20장 결론   303

21장 추억   305

와일리 출판사의 발간사   325

감사의 글   329

옮긴이의 글   331

주석   335

연대표   347

함께 연구하며 친구가 된 제자들에게
이 책을 바칩니다.

머리말

"다양한 분야에서 성취를 이루고 명성을 쌓았을 뿐 아니라 경구와 아이디어를 분수처럼 쉼 없이 쏟아내는 인물"이라고 누군가를 표현한 버지니아 울프Virginia Woolf의 글을 읽은 적이 있는데, 나는 조지 박스George Box가 바로 그런 인물이라고 생각한다. 그와 이야기를 하면 시와 노래, 연구와 친구에 얽힌 일화를 끝없이 들을 수 있다. 이 책은 이야기와 아이디어를 쉼 없이 쏟아내는 바로 그 분수로 당신을 인도할 것이다. 통계학이나 과학에 관심 없는 사람들도 흥미를 느낄 수 있을 것이다.

선불리 이 책의 주제가 어렵고 재미없을 것이라고 생각하는 독자가 있을지도 모르겠다. 나도 처음엔 그렇게 생각했다. 하지만 분산분석을 이야기하면서 요기 베라Yogi Berra(1950년대 전후에 활약한 뉴욕 양키스의 전설적인 포수—옮긴이)를 거론하고, 머피의 법칙Murphy's Law을 믿는 사람들마저도 더 나은 미래를 기대하게 하는 박스는 참으로 대단한 이야기꾼이다. 박스는 합성설계composite design, 예측, 진화적 공정evolutionary operation, 개입분석intervention analysis과 같은 통계학과 관련된 이야기를 하지만, 결코 수학적이지 않다. 박스는 그런 통계적 방법을 생각하게 된 계기나 적용 사례, 관련 인물들과 얽힌 일화를 전해 준다. 독자들은 이 책을 통해 통계학과 과학에 관한 식견을 넓힐 수 있고, 유명한 통계학자와 과학자뿐만 아니라 영국 여왕도 만날 수 있다.

박스는 오랫동안 자신의 집 지하에서 '월요일 밤의 맥주 모임Monday Night Beer Session'이라는 격식 없는 토론회를 열었는데, 내가 박스를 만난 것도 1968년 그 모임에서였다. 나는 당시 비선형 모형구축에 관한 빌 헌터Bill Hunter의 강의를 듣고 있었는데, 내가 연구하는 주제에 대해서 박스와 이야기해 보는 게 좋겠다는 빌의 권유에 따라 그 모임에 참석했었다. 유명한 박스 교수와 모형구축에 관해 토론한다는 것은 상상만으로도 떨리는 일이었다. 빌은 박스가 엔지니어를 좋아하므로, 내 문제도 귀담아 들어 줄 것이라고 했다. 어느 날 나는 마음을 굳게 먹고 월요모임에 참석했고, 맥주를 마셔도 괜찮을지 망설이며 뒷자리에 앉았다. (그날 준비된 맥주는 파우어바흐Fauerbach였는데, 상자가 제각각이라 통계학 이야기에 걸맞은 맥주라고 생각했다.) 그 후 30년 넘게 참석한 월요모임에서 문제를 통계적으로 해결하려는 사람들과 교감하고, 질문하고, 해설하고, 현실적인 제안을 하고, 격려하는 박스를 보았다. 그는 어떤 문제도 가벼이 여기지 않았고, 어떤 문제도 어렵게 접근하지 않았다. 그의 조언은 항상 유익하고 우호적이었으며, 의욕을 꺾는 일은 결코 없었다. 모임에서는 매주 발견과 실험이 반복되었으며, "모든 모형이 다 틀리지만, 그중에 유용한 것이 몇 개 있다."라는 말의 실제 사례를 접할 수 있었다. 통계학이 과학적 방법에서 어떻게 촉매 역할을 하는지, 과학적 문제가 어떻게 통계적 사고를 불러일으키는지도 볼 수 있었다. 참으로 대단한 경험이었다.

당시 나는 수질공학 분야의 연구를 하고 있었는데, 하루는 생화학적 산소 요구량Biochemical Oxygen Demand, BOD에 관해 토론하고 싶다고 했다.

어쩌다 보니 통계학자

박스는 생화학적 산소 요구량 검사에 대해 먼저 설명해도 괜찮은지 물었고, 나는 잊을 수 없는 멋진 설명을 들을 수 있었다. 어떻게 그런 것까지 알고 있는지 궁금하지 않을 수 없었다. 박스는 16세 때 폐수처리장에서 보조 화학자로 일했고, 내가 태어나기 1년 전인 1939년 19세 때 이미 활성 슬러지를 이용한 폐수 처리의 산소 요구량에 관한 논문을 발표했다고 했다. 박스의 논문에 부족한 점이 있긴 했지만 당시로서는 새로운 것이었고, 같은 시기 위스콘신 대학의 유명한 공학자가 쓴 유사한 논문에 필적할 만했다. 그로부터 55년이 지난 1990년대에 다변량 비정상 시계열을 이용해서 활성 슬러지를 이용한 폐수처리방법의 성능을 예측하는 연구를 박스와 함께 수행했다. 가장 널리 사용되는 폐수처리방법에 관한 초기 연구자이자 세계적으로 유명한 통계학자와의 공동 연구는 상상할 수 없을 만큼 멋진 일이었다.

어젯밤, 그러니까 2012년 5월 10일, 우리 부부는 쇼어우드힐스Shorewood Hills에 있는 박스의 집에서 저녁식사를 했다. 그는 "회고록이 끝났네."라고 말했고, 나는 "그래요? 이제 뭘 할 생각인가요? 글을 쓰지 않는 당신을 생각할 수 없어 하는 말입니다."라고 물었다. 그는 "실험에서 효과가 합이 아니라 곱으로 나타나는 것에 대한 피셔Fisher의 생각에 관한 논문을 쓸 생각이네."라고 대답했다.

박스의 자서전 집필은 끝났지만 조지 박스가 끝난 것이 아니니 고맙고 다행스러운 일이다.

위스콘신 대학교 명예교수

맥 버도우P. Mac Berthouex

두 번째 머리말

뛰어한 학자이자 신사인 조지 박스의 자서전을 접하게 되어 더없이 기쁘다. 박스와 나의 인연은 1952년 시작되었다. 당시 나는 메릴랜드 애버딘에 있는 무기실험장에서 프랭크 그럽스Frank Grubbs 박사와 함께 일하고 있었다. 그럽스와 나는 반응곡면실험에 관한 박스의 논문[1]을 읽고, 간결하고 메시지가 분명한 그의 논문에 감탄했었다. 독창성과 뛰어난 설명이야말로 박스의 천재성을 잘 보여 주는 항목이다. 그해 9월 대학원 공부를 계속하기 위해 롤리에 있는 노스캐롤라이나 주립대학교 통계연구소로 돌아왔을 때 박스가 일 년간 초빙교수로 오기로 했다는 소식을 들었다. 1953년 1월, 나는 그의 첫 번째 대학원생이 되었다.

박스의 어린 시절 이야기를 읽는 것은 즐거운 일이었다. 그의 아버지가 그에게 좋은 가정환경을 마련해 주기 위해 열심히 일하는 모습, 그리고 그가 훌륭한 교사를 만나 글쓰기와 수학적 재능을 갈고 닦는 과정도 볼 수 있다. 박스가 폐수처리장에서 보조 화학자로 사회생활을 시작한 것은 그가 통계학자가 되는 계기가 되었다. 참으로 멋진 결과를 가져온 경력이지 않은가!

박스의 독특한 점 중 하나는 단독으로 논문을 발표하지 않는다는 것이다. 우리는 이 책에서 그와 함께 연구한 제자들이나 연구원들뿐만 아니라 논문을 같이 쓴 다양한 인물들을 만날 수 있다. 십수 년 전 박스의 제자들은 그가 쓴 품질, 실험설계, 제어, 로버스트성Robustness 분야 논문을 모아 논문집[2]을 만들었다. 이 분야에 막 관심을 갖기 시작한 사람들뿐만 아니라 석학들도 이 논문집에 수록된 논문이 훌륭하다는 것을 인정한다. 논문 외에도 다른 사람들과 공동으로 저술한 실험설계[3], 시계열분석[4], 베이즈추론[5], 제어[6] 분야의 책이 있는데, 책에 실린 이론과 응용에 관한 설명이 독창적이고 이해하기 쉽게 쓰여진 것으로 알려져 있다. 박스에게 'KISS'는 'Keep It Sophisticatedly Simple'의 약자로 통한다.

박스의 초기 통계적 경험 중에서 특히 흥미를 끄는 것이 하나 있다. 제2차 세계대전이 끝나갈 무렵 영국은 정체를 알 수 없는 살인가스가 들어 있는 포탄을 확보했고, 박스는 이 살인가스(실제로는 신경가스였다.)의 엄청난 살상력을 밝혀낸 조직에 소속되어 있었다. 전투에 사용되지는 않았지만, 이 포탄이 대도시에 투하되었다면 히로시마와 나가사키에 투하된 원자폭탄 못지않은 인명피해가 발생했을 것이다. 세상을 재앙으로부터 구하는 일은 언제나 인상적이다.

이 책은 박스와 같이 연구한 통계학 분야의 유명 인물들의 이야기도 전해 주며, 현대 통계학의 이론과 응용에 박스가 얼마나 기여했는지도 알 수 있게 해 준다. 그의 논문과 책은 베이즈 방법과 시계열 모형구축을 널리 확산시켰다. 덕분에 정보가 가득한 자료를 만들어 내는 것이 통계학의 전문분야이고, 과학 발전, 즉 하나의 가설이 실험과 자료 분석을 거쳐 새로운 가설로 나아가는 과정이 통계학에 의해 진작된다는 것을 알게 되었다.

이 책에서 우리는 새로운 모형과 추론을 탐구하는 박스의 고뇌를 접할 수 있고, 문제를 해결하려면 기존의 틀을 벗어나 생각하라는 그의 충고를 들을 수 있다.

프린스턴 대학교 명예교수
스튜어트 헌터 J. Stuart Hunter

서문

어느 날, 한 남자가 네 살짜리 아들과 함께 신문을 가지러 가는데, 아들이 자신과 보조를 맞추기 힘들어 하자 "미안. 아빠가 너무 빨리 걷지?"라고 물었다. 그러자 아들은 "아니 아빠. 빨리 걷고 있는 건 나야"라고 말했다.

그저 재미있는 우스갯소리라고 넘겨버릴 수도 있지만, 사실 이 이야기는 과학적 발견의 핵심을 잘 설명하고 있다. 상황에 대한 아들의 관점은 옳지만 쉽게 다가오지 않는 반면 아버지의 관점은 쉽게 다가오지만 옳지 않다.

이와 같이 유머와 과학적 통찰이 어우러져 있는 것은 결코 우연이 아니다. 훌륭한 과학은 자연이 우리에게 하는 농담을 꿰뚫어 보는 것이 아닐까 하는 생각이 든다.

93세의 나이에 뒤돌아보니 그런 것들이 여럿 보인다.

1895년경의 박스 가족의 사진. 왼쪽에서부터 시계 방향으로 버티 삼촌, 할아버지, 할머니, 아버지, 데이지 숙모, 펠럼 삼촌, 리나 숙모

어쩌다 보니 통계학자

1장
어린 시절

"도대체 난 누구야?
그게 정말 궁금해."

내가 태어난 그레이브젠드는 런던에서 템스 강을 따라 동쪽으로 25마일 정도 떨어진 곳에 있다. 강폭은 1마일 정도이고, 런던으로 가는 배들이 자주 들리는 곳이었다. 배가 강을 거슬러 올라오면 세 척의 예인선이 옆에 붙어서 같이 움직였다. 한 예인선에서는 도선사가, 다른 예인선에서는 검역관이, 또 다른 예인선에서는 세관원이 배로 옮겨 탔다. 때때로 극동, 호주, 뉴질랜드, 인도와 같이 먼 곳에서 온 큰 배가 강 한가운데 정박해 있기도 했다. 이처럼 그레이브젠드는 바다와 관련이 많은 지역으로 도선사, 거룻배 선원, 세관원, 검역관과 같은 사람들이 많이 살던 곳이었다.

나와 이름이 같은 할아버지는 식료품과 페인트를 취급하는 상인이었다. 이름이 해리인 아버지는 막내아들이었다. 버티라고 불렀던 큰삼촌은 사립 학교에 다녔으며, 옥스퍼드에서 신학과 셈 족의 언어(창세기에 나오는 노아의 셋째 아들 셈에서 비롯되었다고 알려진 종족의 언어로 고대 히브리어 등을 포함한다.—옮긴이)를 공부했다. 버티 삼촌은 후에 성공회 교구 목사가 되었고, 난해하고 학구적인 몇 권의 책을 썼다는 것 외에 다른 소식은 거의 듣지 못했다.

부두를 떠나는 도선

　둘째 삼촌인 펠럼은 1892년에 미국에서 큰돈을 벌 수 있다는 꾐에 넘어가 사기를 당했다고 했다. 당시 기차를 타고 도착한 목적지 네브라스카에는 세차게 부는 바람 외에 아무것도 없었다고 한다. 그때 삼촌은 스무 살이었다. 펠럼 삼촌은 후에 미국으로 다시 돌아가 시민권을 얻었고, 시카고에서 역무원으로 일했다. 은퇴 후에는 플로리다로 이주해서 오렌지나 레몬과 같은 감귤류를 기르며 여생을 보냈다.

　시간이 지나면서 할아버지의 집안 형편은 계속 나빠졌다. 아버지는 공업학교에 진학하고 싶어 했으나, 어려운 형편 때문에 진학은 생각조차 할 수 없었다. 장성한 형들이 독립해서 집을 나갔기 때문에 아버지는 집에 머물면서 양복점 조수로 사회생활을 시작했다. 아버지는 참으로 힘든 삶을 살았다. 내가 성장할 때까지도 여전히 강 건너 틸버리 부두에 있는 양복점에서 일했다. 코브햄 가에 있는 집에서 양복점까지 가는 길은 결코 만만치 않았다. 먼저 하이 가High Street에 있는 타운 부두까지 약 1마일을

　　　　　　　　　　　　　　　　　　　　어쩌다 보니 통계학자

걸어야 했고, 페리를 타고 강을 건넌 다음 기차역까지 다시 걷고, 틸버리 부두에서 기차를 내려 또 걸어야 했다. 퇴근길도 순서만 다를 뿐 마찬가지였다. 비가 오는 날에도 출퇴근은 변함없었고, 급여도 충분하지 않았다. 주급 2파운드 10실링은 최저임금 수준이었다.

다섯 살 때쯤부터는 아버지를 따라 틸버리에 가기도 했다. 그럴 때면 뱃머리에 걸터앉아 배가 물살을 가르면서 나아가는 모습을 지켜보았다. 틸버리 부두에는 담배 가게와 이발소를 운영하는 론더라는 아버지의 친구가 있었다. 자녀가 없었던 론더 부부는 나를 무척 좋아했다. 나는 이발소에서 차례를 기다리는 손님들이 무료하지 않게 시를 암송하기도 했다. 그때 암송한 시 중에서 '광대하고 광활하고 아름답고 멋진 세상'으로 시작하는 시가 아직도 기억난다. 내가 좋아한 구절은 "세상아, 넌 참으로 잘 차려입었구나."였다.

나는 아홉 살 때쯤 죽마 타는 법을 배웠는데, 아버지를 마중하기 위해 죽마를 타고 길 끝까지 나가곤 했다. 아버지는 때때로 종이 봉지에 군밤 몇 개를 넣어 와서 나와 나눠 먹곤 했다.

아버지는 힘든 삶 속에서도 행복을 추구할 줄 아는 분이었다. 아버지는 조이스 누나와 가족 소풍이나 파티를 계획하곤 했는데, 지금과는 달리 술이 없었다.(우리 가족이 술을 멀리해서가 아니라 술 살 돈이 없었기 때문이다.) 우리는 피아노 주위에 모여서 서정적인 빅토리아 시대의 노래를 부르기도 하고(지금 생각해 보면 좀 웃기는 노래들이었다.) 의자에 빨리 앉기, 슬리퍼 찾기와 같은 놀이를 했다. 가끔은 우리가 만든 연극을 공연하기도 했다. 아버지가 보여 준 지팡이를 이용한 마술을 신기해했던 기억이 난다.

좀 이색적인 곳으로 소풍을 가려면 꽤 걸어야 했다. 당시 차는 잘사는 사람들이나 타는 것이었다. 차는 없었지만 우리에겐 아버지가 만든 수레가 있었다. 끈으로 조향도 할 수 있는 이 수레에 크리켓 배트나 소풍에 필요한 것들을 신고 다녔다. 우리는 3~4마일 정도 떨어진 경치 좋은 곳으로 수레를 끌고 소풍을 가곤 했다.

그 시절의 전원은 무척 아름다웠다. 코브햄까지는 4마일밖에 안 되었고, 그곳에 있는 교회와 두 개의 펍pub은 오래되었지만 관리가 잘 되어 있었다. 그중에서 찰스 디킨스Charles Dickens가 글을 쓰곤 했다는 곳은 디킨스 펍이라고 불렸다. 디킨스는 이 지역을 배경으로 글을 쓰기도 했다. 디킨스의 작품 『위대한 유산Great Expectations』(1860)에서 죄수 매그위치가 탈출한 감옥선이 그레이브젠드 바로 밑에 있고, 매그위치가 잡힌 곳도 그레이브젠드 인근이다. 내륙 쪽으로 지척에 있는 메압햄 마을에는 멋진 크리켓 구장과 '행복한 계곡'이라고 불리는 곳이 있었다. 우리는 그곳에서 음식을 해 먹고, 차를 마시고, 크리켓을 하기도 했다.

아버지가 가져다주는 변변치 않은 돈으로 가족을 부양하느라 어머니 또한 힘든 삶을 살았다. 어머니는 우리 가족뿐만 아니라 내가 다 자랄 때까지 같이 살았던 여러 명의 친척들도 건사해야 했다. 무엇보다 아버지를 감당하는 건 쉽지 않았을 것이다. 어머니는 한없이 다정하고 너그러운 분이었다. 지금 생각해 보면 어머니는 조용히, 그렇지만 필사적으로 살았던 것 같다.

그렇다고 우리 집이 항상 암울했던 것은 아니다. 가끔 윈드밀 언덕에 가서 놀기도 했는데, 우리가 노는 동안 부모님은 근처 펍에서 맥주를 즐기기도 했다. 밤에 부모님이 외출할 때도 있었는데, 아마 영화를 보러 가지 않았나 생각한다. 그럴 때면 조이스 누나가 형과 나를 보살폈다.

아버지의 첫째 부인에게서 태어난 조이스 누나는 나보다 열 살이 많았다. 누나의 어머니는 유행성 독감으로 죽었다고 했다. 조이스 누나는 항상 재미있는 게임을 생각해 냈고, 가끔 서부극 놀이를 하기도 했다. 집안 살림의 상당 부분을 조이스 누나가 맡아 했지만 누나는 그런 현실을 아

어쩌다 보니 통계학자

성장기. 왼쪽부터 시계 방향으로
나, 잭 형, 조이스 누나

무 불평 없이 받아들였다. 누나는 형과 나를 보살피는 일 외에도 아버지
의 조수 역할을 했다. 넉넉지 않은 살림에 그나마 다행스러운 것은 아버
지의 손재주가 뛰어났다는 것이다. 사람을 들여서 해야 하는 일도 아버지
는 손수 해치웠다. 지붕 수리, 가스 공사, 도배 등등 못하는 일이 없었다.
그런 일을 할 때면 아버지와 조이스 누나가 서로 다투기도 했는데, 그럴
때면 조이스 누나는 화를 내며 1층으로 내려와 "다시는 아버지를 돕지 않
을 거야."라고 말하곤 했다. 10분 정도 지나면 아버지가 1층으로 내려와
조이스 누나를 달랬고, 그러면 다시 평화가 찾아왔다.

1930년대 초 언젠가 앨런 코브햄Alan Cobham 비행곡예단이 그레이브
젠드 인근의 공터에서 공연할 때 조이스 누나와 구경을 간 적이 있다. 앨

아버지와 조이스 누나

런 코브햄은 1926년 비행기로 호주까지 갔다 오는 항로 개척에 나서 무사히 국회의사당 앞 템스 강에 착륙하면서 일약 유명해졌고, 이것으로 작위를 받은 사람이다. 그 후 코브햄 경은 코브햄 비행곡예단을 조직해 영국을 순회하면서 사람들에게 비행기술도 보이고 비행기를 탈 기회를 주기도 했다. 이 유명한 비행곡예단이 드레이브젠드에 온 것이다. 공연의 일부로 비행기를 탈 기회가 있었는데, 조이스 누나가 "펠(저자의 중간 이름 중 하나는 펠럼이다.-옮긴이), 우리도 한 번 타 보자."라고 말했다. 놀란 나는 "5실링이나 줘야 하는데."라고 했다. 당시 5실링은 큰돈이었다. 그러자 누나는 "이런 기회를 놓칠 수 없어."라고 했다. 결국 우리는 작은 비행기를 탔고, 마을과 전원의 전경을 내려다보며 짜릿한 기분을 느꼈다. 비록 긴 시간은 아니었지만, 결코 잊을 수 없는 나의 첫 비행이었다.

조이스 누나는 울워스Woolworth's에서 일했는데, 나중에는 그곳의 작업 감독관이 되었다. 오랜 시간이 지난 후에야 누나가 가계에 큰 도움이 되었다는 것을 깨달았다. 무엇보다 누나의 도움이 없었다면 형과 나는 계속 공부할 수 없었을 것이다. 누나는 또 다시 그런 상황에 처하더라도 틀림없이 우리를 위해서 희생했을 것이다.

잭 형은 나보다 세 살이 더 많다. 열세 살이 되기 전부터 아마추어 무선통신에 흥미를 가졌던 형은 직접 송신기를 만들어 사용했다. 아마추어 무선 자격증은 열일곱 살이 되어야 취득할 수 있었기 때문에 한동안은 몰래 무선국을 운영해야 했다. 마을에는 세계 곳곳의 사람들과 통신하는 열정적인 아마추어 무선사들이 많았다. 그들은 다른 사람과의 교신을 기념하기 위해 QSL 카드를 교환했다. QSL 카드는 호출부호(형의 호출부호는 G6BQ였다.), 교신일시, 감도, 주파수 등을 큰 글씨로 기재한 카드를 일컫는 말이다. 중국의 오지에서 보내온 QSL 카드를 받는다고 생각해 보라. 얼마나 멋진 일인가! 아마추어 무선사들은 통신실 벽을 QSL 카드로 장식하곤 했다. 형은 아버지가 집 뒤에 지은 작은 헛간을 통신실로 사용했다. 지금 생각해 보면, 아버지와 누나, 그리고 나는 서로 꽤나 잘 어울렸고, 잭 형은 무전기와 함께 즐겁게 지냈다.

코브햄 가에 있는 집 뒤에는 채소를 재배할 수 있도록 땅을 임대해 주는 주말농장이 있었다. 주말농장은 주변이 탁 트여 있어 무선통신 안테나를 세우기에 좋은 장소였다. 혼자서는 안테나를 세우기 힘들기 때문에 보통 친구나 다른 아마추어 무선사의 도움을 받아야 했다. 안테나의 방향에 따라 수신 상태가 달라지는데, 잭 형은 모든 방향에서 오는 신호를 수신하기 위해 주말농장 소유자들을 설득해 여러 곳에 안테나를 세웠다. 한 아마추어 무선사가 "안테나 한 개 정도 세우는 걸 도와주는 건 아무것도 아냐. 근데 잭은 너무 많이 세우려 든단 말이야."라며 잭 형에 대해 불평

하던 기억이 난다. 근처 기차역에서 보면 이런 안테나들이 잘 보였는데, 냉전시대에는 안테나에 대한 이런저런 이야기들이 나돌기도 했다.

이후 기차를 타고 런던으로 가는 사람들이 많아지자 주말농장 부지에 주차장을 지으려는 움직임이 있었다. 주차장이 들어서면 안테나를 철거해야 했기 때문에 잭 형은 채소 재배를 위해서는 반드시 주말농장이 필요하다고 주장하며 주차장 설치에 반대하는 사람들의 서명을 받았다. 솔직하지 못한 방법이었지만 적어도 몇 년간은 잭 형의 바람대로 주차장이 들어서지 않았다.

열 살 즈음에 나는 우연히 『소년 전기기사*The Boy Electrician*』[7]란 책을 접하게 되었다. 이 책은 '할 수 있다.'는 정신을 심어 주는 좋은 점이 있었다. 책에 나오는 기구나 장치, 실험은 전부 주변에서 쉽게 구할 수 있는 것들이었다. 예를 들면 초인종, 도난 경보기, 전신기, 실험적인 무선전화기, 전기모터 같은 것을 어떻게 만드는지 보여 주는 책이었다.

내가 도서관에서 이 책을 발견한 이후 다른 사람이 도서관에서 이 책을 보는 것은 거의 불가능했을 것이다. 왜냐하면 내가 계속 반복하여 대출했기 때문이다. 나는 관심 분야가 비슷했던 친구와 같이 책에 소개된 것들을 몇 시간씩 만들곤 했다. 이 과정에서 나는 참으로 많은 것을 배울수 있었다. 우리에게 매우 호의적인 물리 선생님이 계셨다는 것 또한 다행스러운 일이었다. 물리 선생님은 방과 후에 우리의 작업을 몇 시간씩이나 도와주었다.

열한 살이 되자 나는 『소년 전기기사』에서 배운 것을 이용해서 광석 라디오를 만들었다. 이 라디오를 만든 후부터 자기 전에 침대에 누워 BBC 방송을 들었다. BBC는 밤 10시부터 12시 사이에 런던의 유명 호텔에서 연주되는 댄스 음악을 실황으로 방송했다. 당시 런던의 유명 호텔들은 자체 밴드를 보유하고 있었으며, 사보이 호텔 오피언스 밴드가 가장 유명했다.

다른 호텔의 밴드는 잭 페인, 해리 로이, 제랄도와 같이 밴드 리더의 이름으로 불렸다. 그때 유행했던 노래 중 몇 개는 아직도 부를 수 있다. 나는 라디오 안테나를 천정에 걸어두었는데, 잭 형이 무선통신을 하지 않으면 상당히 좋은 수신 상태를 보였다.

BBC가 독립된 회사로 설립된 것은 전적으로 존 리스John Reith 경 덕분이다. 이것은 영원히 고마워해야 할 일이라고 생각한다. 하지만 신앙심이 깊었던 리스 경이 일요일에 종교 프로그램을 방송하도록 한 것에 대해서는 동의할 수 없었다. 나는 종교 프로그램이 나오는 날이면 영어 프로그램을 내보내는 룩셈부르크 방송이나 파리 방송 같은 상업방송을 들었다. 아직도 그때의 광고 음악이 기억난다. 그중 맥아를 첨가한 우유음료인 오발틴Ovaltine 광고의 노래는 다음과 같다.

애들아, 우리는 오발틴을 마셔.
너희들 부탁은 거절하지 않고,
너희를 즐겁게 해 줄게.
노래를 해 줄까 이야기를 해 줄까?
우리 같이 즐겁게 놀자.
우린 게임도 운동도 열심히 한단다.
우리보다 더 즐거운 어린이는 없어.
왜냐하면 우리는 오발틴을 마시거든.
애들아, 우린 행복하단다.
_ 1935년 해리 햄즐리가 작곡한 'We are the Ovaltineys'의 가사. 1935년부터 1940년까지 방송된 룩셈부르크 방송 프로그램 「The Ovaltineys Concert Party」의 주제곡으로 사용되었다.

우리 가족은 코브햄 가 52번지에 있는 제법 큰 연립주택에서 살았지만 앞에서 말했듯이 친척들이나 친구들과 같이 살아야 했다. 내가 어렸을 때 지하층에는 스트릭랜드라는 사람이 세를 들어 살았다. 어머니에 따르면, 어느 날엔가 몽유병 증세가 있었던 내가 지하층까지 내려가 스트릭랜드에게 "저리 가 스트리키. 난 지금 자고 있다고."라고 소리쳤다고 한다. 스트릭랜드가 죽은 뒤 지하층의 방 두 개는 우리 가족이 부엌과 거실로 사용했다.

어릴 적 나의 가장 친한 친구는 외할머니였다. 외할머니는 침대 머리맡에 앉아 이야기를 해 주거나 책을 읽어 주었다. 외할머니를 통해서 접하게 된 『이상한 나라의 엘리스』는 지금도 내가 가장 좋아하는 책이다. 부엌을 제외한 다른 공간은 난방을 하지 않았지만, 외할머니 방은 항상 난방을 했기 때문에 나는 외할머니 방에서 버터를 바른 토스트를 만들어 외할머니와 나눠 먹곤 했다. 외할머니가 돌아가셨을 때 숙모가 "외할머니는 예수님과 같이 살려고 떠났어."라고 말하자 나는 "왜 예수와 같이 살아? 나하고 살아야지?"라고 말했던 기억이 있다.

내가 열 살 쯤 되었을 때 리나 고모가 우리 집 일층에서 살게 되었다. 독서를 좋아한 리나 고모는 청력을 잃었기 때문에 글로 의사소통을 해야 했고 일상적인 대화에 끼는 것은 어려웠다. 내가 수화를 공부해서 고모에게 가르쳐 줄 때까지 고모는 상당히 외롭게 지내야 했다. 수화를 배운 다음에도 나와만 이야기를 할 수 있었다. 고모는 가족들이 다 모인 식사시간에 내가 수화로 웃기는 이야기를 하는 것을 좋아했다. 예를 들어 "아무개 삼촌은 수프를 먹을 때 후루룩 소리를 심하게 낸다."와 같은 우스갯소리를 수화로 하면 고모는 자지러질 듯이 웃었다.

도버Dover 인근 터들리컴-케이플에 사는 데이지 고모와 고모부는 얼마 안 되는 땅에 농사를 짓고 있었는데 형편이 그렇게 좋아보이지는 않

어쩌다 보니 통계학자

았다. 얼마 지나지 않아 고모부가 사망하자 데이지 고모도 우리와 같이 살게 되었다. 귀가 어두운 데이지 고모는 보청기를 끼고 있었고, 춤추는 것을 좋아해서 가끔 나를 파트너 삼아 춤을 추기도 했다. 데이지 고모도 아버지처럼 낙천적이었고, 피아노를 치며 노래하는 것을 무척 좋아했다.

아버지의 사촌인 윌리 아저씨는 12마일 떨어진 질링엄에 살았는데, 불쑥 나타나서는 식사를 하고 가는 통에 어머니가 상당히 곤란해 했다. 그러나 윌리 아저씨는 나름 부유했기 때문에 어머니는 윌리 아저씨의 심기를 건드리지 않으려고 상당히 애를 썼다. 윌리 아저씨는 해군본부에서 비행선 설계사로 일했으며, 추락한 R33 비행선의 설계에도 참여했다고 했다. 윌리 아저씨는 아마존 강으로 여행을 다녀와서는 '아마존 강 1,000마일 거슬러 오르기'라는 강연을 준비하면서 강연 내용에 대해 아버지의 조언을 받으려고 우리 집에 셀 수 없을 만큼 많이 왔다. 지친 몸으로 퇴근하는 아버지에게 "윌리가 와 있어요."라고 말하던 어머니의 절망적인 모습이 아직도 눈에 선하다. 윌리 아저씨는 상당히 인색했는데, 우리 집에 오면서 1페니를 아끼기 위해서 어떻게 버스를 갈아탔는지 어머니에게 자랑스럽게 설명하곤 했다.

윌리 아저씨가 사망하자 우리는 아저씨가 가지고 있던 밴조, 기타, 바이올린, 오르간, 자동 피아노 같은 악기를 유산으로 받았다. 아버지는 거의 모든 악기를 연주할 수 있었으며, 그 중에서 특히 개량된 하모늄을 오르간이라며 무척 좋아했다.

윌리 아저씨는 열정적인 사진작가이기도 했다. 윌리 아저씨로부터 매우 좋은 카메라 렌즈 세트도 유산으로 받았지만, 우리에겐 카메라를 살 돈이 없었다. 마침 그때 데일리 헤럴드라는 신문사에서 출간 기념으로 광고를 내보냈는데 신문에 인쇄된 쿠폰 100개를 순서대로 모으면 사은품으로 카메라를 준다는 내용이었다. 아버지는 자신의 정치적 견해와 잘 맞는

데일리 크로니클(우리는 데일리 크로크다일Daily Crocodile이라고 불렀다.)이라는 신문을 구독하고 있었지만, 내가 쿠폰 100개를 모을 동안 새 신문을 구독해 주었다. 이렇게 해서 나는 카메라를 갖게 되었다.

나는 윌리 아저씨가 남긴 렌즈를 이용해서 반사 실물 투영기를 만들어 내가 찍은 가족 나들이 사진을 상영했다. 나무로 만든 실물 투영기 안쪽에 검정색을 칠하고 100와트짜리 전구 두 개를 설치했는데, 사진을 상영할 때면 주변 사람들이 느낄 수 있을 정도로 전구가 가열되곤 했다. 벽에 흰 종이를 붙여 스크린으로 사용했고, "잭 삼촌과 매기 숙모, 앞으로도 이렇게 행복한 날이 많길 빌게요."와 같은 글귀도 넣었다.

윌리 아저씨는 유산으로 약간의 돈도 남겨 주었는데, 죽을 때까지 그 쩨쩨함을 어쩌지 못했는지 변호사를 고용해서 유언을 남기지 않고 자기가 직접 6펜스를 주고 유언장 양식을 구입해서 유언을 썼다. 전 재산을 6등분해서 그중 한 부분은 자선단체에 기부하고, 나머지는 유산으로 나눠 주었다. 이 유산 덕분에 아버지는 집세를 내고 살던 집을 구입할 수 있었다. 그런데 상속자 중 한 사람이 이미 사망했기 때문에 그 몫의 유산을 다시 재배분하는 방식에 대해 자선단체의 변호사가 이의를 제기했다. 남은 상속자들은 분배할 돈이 다 없어질 때까지 법정다툼을 했고, 아버지는 빚까지 지게 되었다며 걱정했다.

당시 영국에서는 누구나 초등교육을 받을 수 있었지만 정작 학교에서 배우는 것은 별로 없었다. 학급의 규모도 큰데다가 글을 읽고 쓰는 법과 간단한 산수 정도만 가르쳤기 때문이다. 더욱이 열네 살이 되면 학교를 떠나야 했기 때문에 그 정도 교육으로는 벌이가 좋은 직업을 구할 수 없었다. 그런 뻔한 행로에서 벗어나려면 중등교육을 받을 수 있을 만큼 부모가 부유해야 했다. 물론 나의 부모님은 그렇지 못했다. 장학제도가 있긴 했지만 많지 않았고, 돈에 좌지우지되는 교육제도는 견고했다.

어쩌다 보니 통계학자

내가 다닌 초등학교의 교장이었던 스펜서 선생님은 어떤 경로인지는 알 수 없지만 내가 쓴 시를 접하게 되었고, 진짜 내가 쓴 시가 맞는지 알아보려고 자기 옆에 나를 앉히고 시를 써 보라고 했다. 나는 시 4편을 썼다. 이후 스펜서 선생님은 방과 후에 장학시험을 대비해 나를 지도해 주었다.

나는 구두 장학시험에서 'chimney'를 'chimley'로 발음하는 실수를 했다. 이에 시험관이 철자를 물었는데, 다행히 바르게 대답했다. 어쨌든 나는 장학시험을 통과했고, 얼마 지나지 않아서 그레이브젠드 공립학교에 입학했다. 당시 열 살이었던 나는 2학년에 배정되었다. 500명 정도 되는 학생들은 매일 아침 강당에서 하는 조회에 참석해야 했고, 어린 학생은 뒤에 서게 되어 있었다. 학교에는 나와 나이도 얼추 같고 이름도 비슷한 또 다른 박스(로널드 박스Ronald Box)가 있었는데, 어느 날 자전거를 타고 가다가 트럭에 치여 죽고 말았다. 로널드가 사고로 죽었을 때 교장선생님은 조회시간에 내가 사고로 죽었다고 말했다. 맨 뒤에 있던 나는 연단까지 걸어 나가서 "교장선생님, 저 안 죽었어요."라고 말했다.

잭 형과 나는 장학금을 받고 학교를 다니는 몇 안 되는 학생이었다. 대부분이 우리보다 훨씬 잘사는 집 애들이었지만 다행히 친구를 사귈 수 있었다. 그런데 유독 한 친구의 어머니는 나를 자신의 집에 들어오지 못하게 했다. 그와 달리, 진저 해리스의 어머니는 나를 해리스가 본받아야 할 모범생으로 대해 주었다. 육체적으로 강하지 않았던 나는 친구들이 좋아할 만한 놀이를 생각해 내거나 해서 약점을 보완했다.

2학년에서는 프랑스어, 라틴어, 영문법, 영문학, 물리학, 화학과 함께 수학도 배웠다. 먼저 대수를 배우고 그 다음에 기하를 배웠다. 4학년 때는 미적분을 배웠다. 첫 수학 선생님은 빈정거리기나 하고 질문에 대답도 잘 해주지 않아 수업에 흥미를 느끼지 못했다. 다음에 만난 수학 선생님 마

그레이브젠드 공립학교 2학년 단체사진. 나는 맨 뒷줄 가장 왼쪽에 있다.

샬은 반 학생 모두가 수업 내용을 이해하기를 바라며 열정적으로 가르쳐 주었다. 마샬 선생님의 지도 덕분에 내 수학 실력은 일취월장했다.

마샬 선생님은 이유는 모르겠지만 별명이 '현수막'이었다. 한 친구가 애완용 쥐를 학교에 가져왔을 때 일어난 현수막 선생님과의 일화가 생각난다. 그 친구는 수업시간에 다른 친구들에게 쥐를 보여 주며 자랑하고 있었는데 갑자기 상자에서 쥐가 뛰쳐나와 교실 앞으로 달아났다. 현수막 선생님은 지시봉을 들고 쥐를 쫓았고, 쫓기던 쥐는 결국 방열기 밑으로 숨었다. 이에 쥐를 학교에 가져온 친구가 "선생님, 제가 기르는 애완용 쥐예요."라고 말하자 현수막 선생님은 부드러운 목소리로 "아, 그래. 주인이 있는 쥐인 줄 몰랐다. 미안해."라고 말했다.

새 공립중학교에 입학하기 전에 건강검진을 받았는데, 지금도 알지 못하는 이유로 6개월 동안 안약을 넣어야 한다는 진단을 받았다. 그 때문에

어쩌다 보니 통계학자

중학교에서 보낸 첫 해에는 책이나 칠판 글씨를 제대로 읽을 수 없었고, 프랑스어, 대수, 영문법 같은 과목의 기초를 제대로 공부하지 못했다. 아버지는 내 학업을 도와주기 위해 내가 구술하는 숙제를 최선을 다해 받아 적어 주었다. 뒤처진 공부를 따라잡기까지는 상당한 시간이 필요했다. 초등학교 때는 항상 상위권이었지만, 중학교에서는 하위권 성적에 익숙해져야 했다. 열여섯 살이 되자 대학에 진학하는 학생이 한두 명 있었지만 나는 그러지 못했다.

시간이 지나면서 초등학교 때 만난 스펜서 선생님과는 친구 같은 사이가 되었다. 주일학교 교장이기도 했던 스펜서 선생님 집이 우리 집과 같은 방향에 있었기 때문에 주일학교를 마친 다음에는 같이 걸으면서 많은 대화를 나누었다.

우리 학교는 매년 지역병원을 위한 기금을 마련하기 위한 전시회를 열었다. 사람들이 내는 관람료 6펜스는 기금으로 적립되었다. 나는 전시회를 위해 충격 코일을 제작했다. 철선 조각인 핵과 그 주위를 이중으로 감고 있는 절연 구리선으로 구성된 충격 코일은 약한 유도 코일induction coil로, 내가 만든 것 중에서 가장 성공적인 것이었다.

코일에는 손잡이가 두 개 있는데, 하나는 수조에 담겨져 있고, 나머지 하나는 전시회를 참관하는 손님이 잡게 되어 있었다. 나는 수조 바닥에 동전을 깔아두고 손님들이 코일 손잡이를 잡아야 동전을 가져갈 수 있게 했다. 그리고는 테이블에 가감저항기를 설치해서 누가 동전을 가져가려고 할 때마다 상당한 충격이 가해지도록 가감저항기를 조작했다. 이 때문에 누구도 동전을 가져갈 엄두를 내지 못했다. 그러던 중 한 아주머니가 와서 동전을 집으려 하여 가감저항기를 조작했다. 그러나 그 아주머니는 꿈쩍도 하지 않았다. 아주머니는 내가 수조 바닥에 깔아둔 동전을 전부 가져다 자물쇠가 채워진 기금상자에 넣어 버렸고, 모든 동전을 잃어버린 나는 더 이상 손님을 받을 수 없었다. 이를 지켜본 현수막 선생님이 동전을 채워 주고 나서야 다시 손님을 받을 수 있었다.

나는 프랑스어에 아무런 소질이 없었지만, 뉴턴이란 친구는 연극 대본을 쓸 정도로 프랑스어에 뛰어난 재능을 보였다. 프랑스어 선생님은 뉴턴의 작품이 마음에 든다며 학부모 앞에서 연극을 하기로 했다. 장소는 강당이었다. 나는 '프랑스어를 잘 모르는 영국사람'이란 작은 역할을 맡았는데, 나한테 딱 맞는 역할이었다. 프랑스어 선생님 부부는 매우 친절했고, 최종 연습 때에는 선생님 집에 초대하여 과자를 주시기도 했다.

나는 프랑스어 실력이 엉망이라 배우로서 참여하는 데는 한계가 있을 수밖에 없었다. 이 때문에 다른 방법으로 도움이 되려고 애를 썼다. 총 쏘는 장면에 사용할 진짜 같은 장난감 총을 구해 오기도 했고, 총소리가 진짜처럼 들리게 하려고 빈 필통을 합판에 부딪쳐 총소리를 내기도 했다. 특히 총을 쏘는 순간과 잘 맞추어 소리를 내야 했기 때문에 무대에서 일어나는 일을 예의주시해야 했다.

이 연극에는 사람들이 식탁에 둘러앉아 식사를 하는 장면이 있었는데, 이 장면을 실감나게 하려고 잭 형에게 피시 앤 칩스 6인분을 자전거로 가져오라고 부탁하기도 했다. 잭 형이 조금 일찍 도착했기 때문에 식사 장면이 시작되기 전부터 강당에는 피시 앤 칩스 냄새가 진동했다.

그 후 셰익스피어의 맥베스에서도 작은 역할을 맡았는데, 이전보다는 훨씬 중요한 역할이었다. 관객은 던컨 왕이 살해당한 것을 알고 있는 상황이고, 그런 사실을 모르는 성 밖의 맥더프와 레녹스가 성 안으로 들어가기 위해 성 문을 두드리는 장면에 나오는 성 문지기가 바로 내 역할이었다. 술에 취한 문지기는 문을 여는 대신에 자신이 지옥문을 지키는 문지기라고 착각하고 길게 사설을 늘어놓는다. 죽으면 좋은 세상에 갈 것이라고 기대하면서 목을 매어 자살한 농부 같은 상상의 인물을 성안으로

어쩌다 보니 통계학자

들이기도 한다. 그러다가 마침내 맥더프와 레녹스에게도 문을 열어 주는데, 맥더프와 농담을 하면서 문을 열어 주다가 잠시 머뭇거리기도 한다. 긴장감을 일으키는 장치라고나 할까! 그때 맥더프가 문지기에게 "자네 술이 주는 세 가지 자극이 뭔지 아나?"라고 묻는 대사가 있는데, 그때 내 대사는 다음과 같았다.

> 그야 딸기코, 잠, 소변이죠. 술이란 놈은요, 색정을 일으키긴 하지만 일을 제대로 치르게 하지는 못하죠. 색에 관한 한 말로만 살살 약을 올리는 사기꾼이라 이 말씀이죠. 술이란 놈은 사람답게 만들기도 하지만 사람을 망치기도 하고, 사람을 다독거리기도 하지만 낙담하게도 하고, 일으켜 세우기도 하지만 넘어뜨리기도 하죠. 결국 술꾼을 잠들게 하고 어디론가 사라져 버린다 이 말씀입니다요.[8]

나는 화학을 잘하는 편이었기 때문에 열여섯 살이 되자 그레이브젠드 폐수처리장을 관리하는 화학자의 조수로 일하게 되었다. 그곳에서 일하면서 공장 폐수를 정화하는 활성 슬러지법에 관심을 갖게 되었는데, 내 첫 논문[9]이 바로 이에 관한 것이다. 폐수처리장에 있는 동안 런던 대학에서 화학분야의 '대학 외 학위'를 취득하기로 마음먹었다. 폐수처리장 보조화학자의 보수는 신통치 않았지만, 양해를 구하고 일주일에 두 번씩 오후에 질링엄 전문대학에 가서 강의를 들을 수 있었다.

돈이 있을 때는 기차를 타기도 했지만, 대부분 자전거를 타고 질링엄에 갔다. 스트라우드, 채텀, 로체스터를 거쳐 질링엄으로 가는 길은 언덕이 많고 교통도 복잡했다. 어느 날 트럭 운전기사의 실수로 트럭 밑에 깔리는 아찔한 사고를 당했다. 다행히 뒷바퀴가 머리를 아슬아슬하게 비껴갔기 때문에 다치지는 않았다. 그러나 자전거가 완전히 망가져 자전거에 대한 보상을 받기 위해 운전기사가 가입한 보험회사에 여러 차례 편지를 써야 했고, 8개월이 지나서야 겨우 보상을 받을 수 있었다.

런던 대학에서 대학 외 학위를 받으려면, 먼저 중급 수준의 과학시험을 통과해야 했고, 시험을 통과하더라도 석사학위 시험에 응시하려면 일이 년 더 공부해야만 했다. 런던에서만 응시할 수 있는 과학시험은 이틀에 걸친 실기시험과 일주일 기한을 주는 필기시험으로 이루어져 있었다. 시험과목은 순수수학, 응용수학, 물리학(열, 빛, 소리, 전기와 자기), 화학(유기와 무기)이었다. 아마 내가 본 시험 중에서 가장 어려운 시험이었던 것 같다. 여하튼 나는 합격했고, 시험공부를 하면서 과학의 기초를 다질 수 있었다. 이는 더할 나위 없이 값진 경험이었다.

통계학을 연구하는 동안 새로운 아이디어의 원천은 바로 이때 얻은 과학적 지식이다. 나는 지금도 통계학 학위를 주기 전에 먼저 기초적인 과학시험을 치르게 하면 상당히 좋은 효과를 얻을 것이라고 생각한다. 통계학을 수학의 한 분야로 분류하는 것은 참으로 심각한 오류이다. 통계학은 과학적 방법이 촉매 역할을 하기 때문에 과거에 내가 본 시험처럼 실제로 실험을 하는 일정 수준의 과학시험을 통과해야만 통계학 학위를 수여하는 것이 바람직하다고 생각한다.

어쩌다 보니 통계학자

2장
군 생활

"만약 그렇다면 그럴지도 몰라.

만약 그러면 그렇겠지.

그런데 그렇지 않으니까 그렇지 않은 거야.

이게 바로 논리야."

우리 가족은 식사뿐만 아니라 다른 일도 지하 부엌에서 했다. 전쟁을 피할 수 없다는 것이 확실해지자, 제1차 세계대전을 경험한 아버지는 공습 피해를 줄이기 위해서 나무를 덧대어 부엌 천장과 벽을 보강했다.

1939년 전쟁이 일어나기 몇 달 전 정부는 적군이 공습과 함께 독가스를 살포할 것으로 예상된다며 모든 국민에게 휴대용 방독면을 지급했다. 1939년 3월 3일 오전 11시 네빌 체임벌린 수상은 라디오 방송으로 독일에 선전포고를 했고, 그와 동시에 공습경보 사이렌이 울렸다. 우리 가족은 지하 부엌으로 피신했다. 한 번 피신해 보니 식수 공급이 어려운 구조라는 것을 깨달았다. 그래서 일주일에 한 번씩 목욕하는 아연 욕조를 싱크대 위에 올려놓고 수돗물을 가득 채웠다. 수돗물을 가득 채운 욕조가 얼마나 무거울지에 대해서는 전혀 생각하지 못하고 벌인 일이었다. 무거운 욕조를 끌어 내리다가 그만 욕조 물을 엎질러, 부엌 바닥이 온통 물 천지가 되고 말았다. 45분 정도 지나자 공습 해제 사이렌이 울렸다. 잘못된 경보였던 이 첫 번째 공습경보는 허울뿐인 전쟁의 시작을 알리는 신호였다.

선전포고 후 8개월간 양측 모두 별로 한 것이 없었다. 적어도 육상 전투는 없었다.[10]

1930년대의 10대들이 대부분 그랬듯이 나도 정치에 관심이 많았고, 그동안 히틀러에 대해 아무것도 하지 않은 정부에 대해서 상당한 반감을 가지고 있었다. 히틀러가 주변 국가를 침공하여 하나씩 합병하는 것을 보면 누구라도 그가 세계를 정복하려 한다는 것을 알 수 있었기 때문이다. 전쟁을 선포한 지 6주가 지나 20세가 된 나는 하고 있던 공부를 중단하고 채텀에 있는 병무청에 가서 입대했다.

중대 명령서에 지시된 임무를 수행하면서 군에서의 첫 주를 보냈다. 중대본부 밖에 붙어 있는 명령서의 내 이름 옆에는 요원key man이라고 적혀 있었다. 누군가에게 요원의 임무를 물었더니 야간에 훈련화재경보가 울리면 중대본부로 달려가서 대기하면 된다고 했다. 물론 그대로 했지만, 여전히 요원의 임무가 무엇인지 궁금했다. 한 부사관에게 다시 물었더니 "훈련화재경보가 울리면 중대본부로 달려가서 대기하다가 호명하면 대답하게."라고 알려 주었다. 나는 "예, 알겠습니다. 근데 제가 할 일이 뭡니까?"라고 재차 물었다.(요원이면 좀 특별해야 하지 않을까?) 이 질문에 부사관은 "방금 이야기하지 않았나. 훈련화재경보가 울리면 중대본부로 달려가서 대기하다가 호명하면 대답하게."라고 똑같이 말했다.

나는 스스로를 성가신 존재로 만들고 있었다. 결국 부대 주임상사에게까지 같은 질문을 했고, 동일한 답변을 들었다. 나는 부대 주임상사에게 다시 물었다. "그럼 실제 상황에서 요원이 하는 일은 무엇입니까?" 이 질문은 그를 상당히 당황하게 만들었고, 그는 내일 다시 보자고 말했다. 일이 이쯤 되자 나는 온갖 사고를 치는 요주의 인물로 찍히고 말았다. 하지만 그들도 요원의 임무가 무엇인지 알아볼 수밖에 없었고, 결국 소화전의 수도꼭지를 'key'라고 한다는 걸 알아냈다. 나는 요원이 아니라 수도꼭지

어쩌다 보니 통계학자

병이었던 것이다. 오랫동안 군 생활을 한 부사관들이 그런 것조차 모르고 있었다니 참으로 실망스러웠다. 내가 수도꼭지병인 동안 화재가 발생하지 않은 것은 다행스러운 일이었지만 이 일로 군대가 어떻게 돌아가는지 알게 되었다.

　전쟁 초반 우리 부대는 막사를 짓느라 바빴다. 막사를 짓는 데 필요한 벽, 지붕, 문, 창, 스토브와 같은 구조물[11]은 미리 조립되어 있었지만, 트럭을 타고 상당히 멀리 떨어진 병참부대에 가서 인수해 와야만 했다. 막사 짓는 일을 하지 않을 때는 보초근무에 투입되었다. 보초근무는 검열을 통과하기 위해 쓸데없이 때 빼고 광내는 일을 하거나 밤을 새는 일을 동반했다. 때는 겨울이었고, 초소는 초라하고 추웠다. 특히 비가 오거나 눈이 오면 추위는 더욱 심했다. 그렇다 보니 막사 구조물을 좀 빼돌려서 초소를 제대로 지으면 어떨까 하는 생각을 하게 되었다. 그리고 어느 어두운 날 밤에 이 생각을 실행에 옮겼다.

　성격 좋은 소령이 부대장이었지만 하루 밤새 없던 건물이 생긴 걸 모를 리는 없었다. 공식적으로 허락할 수는 없었지만 우리 의도를 그냥 묵인하고 지나간 것이 분명했다. 그러던 중 막사 구조물이 부족하다는 걸 알아챈 병참부대 부사관이 우리를 의심하며 자재 공급을 제대로 해 주지 않는 통에 임무 수행에 어려움을 겪었다. 당시 일병에 지나지 않았던 내가 병참부대 부사관을 상대하는 것은 불가능했다. 임관해서 갓 부임한 소위를 찾아가 자초지종을 말했지만 그 소위도 한숨을 쉬며 "그 사실은 잘 알고 있네. 하지만 나하고는 말도 안 한다네."라고 말했다.

　군은 전국 곳곳에서 온 다양한 장정들의 집합체였다. 성장 배경도 다르고 말투도 달랐지만 모두 친하게 지냈다. 한번은 내 옆 침대를 쓰던 광부 출신의 친구가 상당히 곤혹스러운 표정으로 편지를 쓰고 있어 물어 보니 부인이 할부로 구입한 가구를 핑계로 누군가 돈을 뜯어내려고 하고 있다고 했다. 내가 해결할 수 있는 관련 법률을 알려 주자 그는 진심으로 고마워했다. 몇 주 후 우리는 길이 6피트 깊이 6피트인 좁고 긴 참호를 파야 했다. 육체적으로 강하지 못했던 나는 그 친구가 참호를 다 파는 동안에도 조금밖에 파지 못하고 있었다. 그러자 그 친구가 다가와 "저리 비켜 봐."라고 하더니 순식간에 내 참호를 파 주었다.

'황소'라고 불리며 모두가 두려워하던 주임상사가 있었다. 되돌아보면 그는 장점이 많은 사람이었다. 특히 부대가 수행해야 하는 일은 자신이 다 할 줄 알아야 한다고 생각했고, 부하들도 자주 교육을 받게 했다. 예를 들어 새로운 참호용 회반죽이 나오면, 부사관 한 명을 보내 교육을 받게 하고 돌아와서는 중대원들에게 그 기능과 사용법을 가르치게 했다. 또 새로 나온 대전차 지뢰를 어떻게 설치하는지 궁금하면, 지체 없이 누군가로 하여금 교육을 받게 한 후 자신을 가르치게 했다. 자신이 배울 때는 계급 같은 것은 염두에 두지 않았으며 교육자만큼 잘할 때까지 배운 대로 실습했다. 그는 남들만큼 알아야 할 뿐 아니라 누구보다 잘해야 한다고 생각했다.

황소 주임상사는 질문에 빠르게 그리고 이치에 맞게 답하기를 원했고, 그래야 만족하는 사람이었다. 언젠가 아름다운 남부 해안가 휴양지에 주둔한 적이 있었는데, 적의 침입에 대비해 대피한 측면도 있었다. 어느 날 별로 할 일이 없던 나와 내 친구 둘은 빈둥거리다가 수영을 하러 갔다. 하필이면 그때 황소 주임상사가 나타나 우리 중 계급이 가장 높은 콘퍼드 상병에게 "상병, 지금 뭐 하고 있는가?"라고 물었다. 콘퍼드는 당황하지 않고 침착하게 "박스 일병에게 수영하는 법을 가르치고 있습니다."라고 대답했다. 황소 주임상사도 그것이 사실이 아니라는 걸 알고 있었지만, 망설이지 않고 현명하게 대답했기 때문에 넘어가 주었다. 그뿐만 아니라, 어떻게 하면 초보자에게 수영을 쉽게 가르칠 수 있는지 자상하게 설명까지 해 주었다.

부대가 주둔하고 있던 해변 휴양지는 큰 산으로 둘러싸여 있었다. 어느 날 아침 부대장이 시 행정관이 산 정상에 있는 대포를 철거하고 싶어 한다고 말했다. 아마도 전날 저녁, 지역 유지와 식사하는 자리에서 부탁을 받은 것 같았다. 200년 정도 된 이 대포는 크기가 20피트 정도로 상당히 컸다. 부대장은 이 대포를 철거할 방도에 대한 의견을 제출하라고 했다. 분명한 것은 그렇게 무거운 것을 옮길 장비가 없다는 것이었다. 가진 것이라곤 폭약뿐이었다. 나는 먼저 폭약을 터트려 웅덩이를 만들고, 폭약을 장착한 대포를 웅덩이에 집어넣고, 웅덩이를 다시 흙으로 메운 다음, 대포를 폭파하는 계획을 제시했으나 채택되지는 않았다. 대포가 부서질 정도의 폭약을 넣고 폭파시키는 계획을 제시한 동료의 의견이 채택되었다. 이 계획의 장점은 대포를 옮기지 않고도 조각내서 제거할 수 있다는 것이었다. 이 계획에 따라 대포 철거 작업이 시작되었는데, 대포가 부서질 정도의 폭약이 어느 정도인지 계산하는 과정에 착오가 있었는지, 엄청난 폭발과 함께 대포 파편이 온 마을 위로 떨어졌다. 고기를 잡으러 바다로 나간 어부들도 혼비백산할 정도의 폭발이었다. 한 아주머니는 파편이 피아노를 관통했다고 말했다. 이 폭발로 인해 한 사람도 다치지 않은 것은 기적 같은 일이었다. 하지만 며칠 동안 마을을 돌아다니면서 부서진 집을 고쳐 주어야 했다.

당시의 중대는 지금의 소대로, 10명에서 12명으로 구성된 4개 분대로 이루어져 있었다. 여름에는 공터 바닥에 앉아서 우리의 임무에 관한 부사관의 교육을 받았다. 기관총의 부품 명칭이나 기관총을 분해하고 조립하는 방법과 같은 교육이었다. 하루는 평생을 군에서 보냈기 때문에 '노병'이라고 불렸던 부사관이 교육에 임했다. 노병은 교육 도중에 갑자기 매듭 이야기로 넘어가버렸는데, 교육을 참관하러 온 대령이 좋아하는 주제가 매듭이라는 걸 알고 있었기 때문에 그런 것이었다. 대령은 "잘하고 있군,

하사."라며 자신이 매듭을 암기하는 방법을 알려 주었다. 지금 기억나는 것은 "토끼가 나무 주위를 돌았다." 뿐이다. "헛소리 때문에 돌아버리겠다."는 군대 말이 실감나는 순간이었다.

부대장은 우리를 제대로 훈련시키기 위해 노력했고, 특히 부비트랩을 피하는 법을 신경 써서 가르쳐 주었다. 한번은 숲 속에서 위장망을 치고 있는데, 우리에게 줄 차와 빵을 가져오는 트럭이라고 생각되는 차량이 도착했다. 우리는 일손을 멈추고 트럭 주위로 모여들었다. 그런데 트럭에서 갑자기 경기관총을 든 네 명이 튀어 나오더니 총을 겨누었다. 만약 이들이 적이었다면 우리는 모두 죽었을 것이라는 잔소리를 굳이 들을 필요는 없었다. 부대장과 참모들은 섬광과 함께 엄청나게 큰 소리를 내는 가짜 폭탄을 가지고 있다가, 한밤중에 경계를 늦추고 있는 보초근무병에게 이 가짜 폭탄을 던지기도 했다.

가끔 3박 4일 정도 걸리는 훈련을 나가기도 했는데, 우리는 이런 훈련을 '묘기'라고 불렀다. 30여 대 정도의 1.5톤 트럭에 나누어 타고 지정한 경로를 따라 솔즈베리 평원으로 이동한 다음, 폭파 임무를 수행하고 부대로 복귀하는 것이 대부분의 훈련이었다. 이동 경로가 표시된 지도가 있었지만, 밤에만 이동해야 했고 차량에서 나오는 희미한 불빛 외에는 어떤 조명도 허용하지 않았기 때문에 길을 잃고 농가 마당으로 들어가는 경우가 많아 다들 궁시렁거렸다. 그럴 때면 하사는 "지도가 잘못된 것 같은데."라고 중얼거렸다. 훈련기간 동안 비라도 오면 수렁에 빠진 트럭을 끌어내느라 고생이 말로 할 수 없을 정도였다.

한번은 휴가에서 돌아오는데, 훈련 나갈 부대 차량이 줄지어 서 있는 모습이 눈에 띄었다. 훈련에 대한 브리핑에 참석하기는 너무 늦어 바로 개인 장비를 갖추고 트럭 앞자리에 앉았다. 운전병에게 "오늘 밤 임무는 무엇입니까?"하고 물었더니 "잘 모르겠네, 일병. 보장컨대 엉망진창balls-up

　　　　　　　　　　　　어쩌다 보니 통계학자

일 거라는 건 확실하네."[12]라고 대답했다.

이상하게 들리겠지만, 전쟁 동안 내가 위험에 처한 것은 휴가기간 뿐이었다. 솔즈베리는 폭격과는 거리가 멀었고, 그레이브젠드는 폭격기가 런던으로 가는 경로에 위치하고 있었기 때문이다. 여러 이웃집이 폭격을 당했지만, 다행히 우리 집은 무사했다. 집이 폭격 당했다고 해서 꼭 사람이 죽는 것은 아니었다. 무사한 사람들은 폭격으로 무너진 집에 갇힌 사람들을 구조하고, 그들에게 차와 음식, 임시 거처를 마련해 주었다. 당시 사람들은 자신의 능력이 닿는 데까지 다른 사람을 도우면서 살았다. 마치 전쟁이 사람들 안에 잠재된 선함을 이끌어 내는 것 같았다. 하지만 전쟁이 끝나자 "전쟁 중에 보여 주던 그 선한 모습은 다 어디 간 거야?"라는 말을 자주 들어야 했다.

당시 영국은 식량의 삼분의 이를 수입하고 있었다. 전쟁이 일어나자 가장 먼저 식량 공급에 문제가 생겼고, 이에 정부는 1940년 1월부터 엄격한 배급제를 실시했다. 일반 시민에 비해 좀 나은 편이긴 했지만 군인도 예외는 아니었다. 배급제 대상 식품 중에서 사람들이 가장 많이 찾는 것은 단백질 공급원이었다. 계란 한 개, 우유 3파인트, 아주 작은 양의 고기가 일인당 일주일분 배급량의 전부였는데, 고기 배급량은 고기의 가격에 따라 변했다.[13]

반면에 영국에 주둔하고 있던 미군은 풍족한 생활을 했다. 적어도 영국인이 보기엔 그랬다. 영국에 배치되는 미군에게 지급된 작은 책자에는 영국의 관습과 전쟁이 영국에 끼친 영향 같은 것들이 담겨 있었다. 그중에는 다음과 같은 구절도 있었다. "만약 식사 초대를 받으면, 너무 많이 먹지 마라. 그들의 일주일치 배급 식량을 다 먹을지도 모른다."[14]

종종 솔즈베리에 있는 펍에 함께 들리곤 했던 미국인 친구가 있었는데, 그 친구가 미군이 개최하는 크리스마스 파티에 나를 초대했다. 파티에 참석한 나는 그저 놀랄 수밖에 없었다. 한 마디로 없는 것이 없었다. 영국에 없는 모든 것이 그곳에 있었다. 그날 하루는 천국에 있는 것처럼 보냈다.

식량, 특히 육류의 부족은 전쟁이 끝난 후에도 한동안 지속되었다. 1950년대 초까지도 상황은 나아지지 않아, 고기가 거의 들어 있지 않은 소시지나 구할 수 있었다. 하원의원 한 명이 "온도가 몇 도일 때 소시지가 크림빵이 되는지 말씀해 주시겠습니까?"라고 한 질문은 유명하다.

나는 21번째 생일을 맞아 어떻게 해서든지 생일파티를 하고 싶었다. 생일에 같은 막사를 쓰던 7명의 동료 중 한 명과 함께 버스를 타고 솔즈베리로 가서 여러 펍을 전전하며 맥주를 마셨다. 맥주 맛은 펍마다 달랐다. 돌아가기 전 막사에 있는 친구들을 위해 맥주를 샀다. 커다란 주머니가 달린 코트를 입고 있었기 때문에 맥주 7병을 주머니에 넣을 수 있었다. 막사에 도착한 나는 맥주를 사 왔다며 주머니에서 맥주병을 꺼냈다. 그런데 맥주병이 전부 비어 있는 것이 아닌가. 술이 잔뜩 취한 나와 내 동료가 버스를 기다리면서 맥주를 다 마셔 버렸던 것이다.

어느 날 아침 점호에 약간 늦었는데, 평소와 달리 병사들이 한 줄로 서 있었다. 한 부사관이 늘어선 병사를 앞뒤로 나누더니, 앞쪽 병사들을 어디론가 데려갔다. 점호에 늦게 나간 나는 남아 있는 병사에 속해 있었다. 나중에 들은 소식에 의하면, 그들은 싱가포르로 갔다고 한다. 싱가포르는 1942년 2월 15일 일본에 점령되었고, 전쟁포로가 된 그들의 소식은 알 길이 없었다.

군 생활 초기에는 엔지니어들과 함께 교량을 폭파하는 교육을 받았다. 교량을 철거할 때에는 교량이 아니라 교량을 떠받치고 있는 대들보를 폭파해야 한다. 나는 교량 폭파에 필요한 폭약의 양을 산출하는 식을 잘 이해했기 때문에 폭약 사용량을 계산하는 일과 뇌관을 맡았다. 매듭보다는 분명히 잘할 수 있는 일이었다.

어쩌다 보니 통계학자

나는 배운 폭파 기술을 실전에 써먹기도 전에 화학을 공부한 적이 있다는 이유 하나만으로 솔즈베리 인근 포턴 다운에 있는 화학전 방어 실험기지로 전출되었다. 독일이 독가스를 사용할 것에 대비해 대처 방법을 연구하는 곳이었다. 그곳에는 당시 내로라하는 영국의 과학자들이 모여 있었다. 나의 상관인 생리학 교수 해리 컬럼바인Harry Cullumbine은 대령 계급을 달고 있었고, 나는 하사 계급을 달고 실험실 보조원으로 일했다.

군은 작은 캔에 든 액체 겨자가스 샘플을 모든 부대에 보내 지원자들의 피부에 겨자가스 한 방울을 떨어뜨린 후 그로 인해 생긴 물집이 얼마

포턴 다운 기지에서. 앉아 있는 사람 중 오른쪽 두 번째가 나이고, 그 옆 가운데 있는 사람이 컬럼바인 대령이다.

나 고통스러운지를 조사하는 작업을 실시했다. 군의 작전명령은 항상 '전체에게 공지'라는 말로 끝을 맺었는데, 나는 겨자가스실험과 관련해서는 이것이 옳지 않다고 생각했다. 겨자가스 치료 전문가인 컬럼바인 대령은 겨자가스 샘플을 잘못 사용해서 물집이 생긴 환자들을 치료하느라 바빴다. 한 병사는 캔에 든 액체 겨자가스를 페인트라고 생각하고 막사 내 스토브에 발라 버렸다. 그 막사에서 잠을 잔 병사들에게 일어난 일은 재앙 그 자체였다.

초기에 내게 부여된 임무는 동물실험에서 생화학적 측정을 하는 것이었다. 측정 결과의 변동이 상당히 컸기 때문에 자료를 분석할 통계학자가 필요했다. 컬럼바인 대령은 "자네 말이 맞아. 그런데 통계학자를 구할 수가 있어야지. 자네 뭐 좀 아는 거 없나?"라고 물었다. 로널드 피셔R. A. Fisher가 쓴 책을 읽어 보려고 했지만 무슨 말인지 알 수 없었다고 대답했다. 그러자 컬럼바인 대령은 "그 책을 읽어 봤다니 자네가 그 일을 맡게."라고 말했고, 나는 엉겁결에 "예, 알겠습니다."라고 대답하고 말았다.

나는 육군 교육대에 요청해서 받은 통계학 책들로 열심히 공부했다.[15] 그 결과 통계적으로 분석하는 것도 중요하지만, 무엇보다 통계적 원리에 입각해서 실험을 설계하는 것이 중요하다는 것을 깨달았다. 나는 전쟁이 끝날 때까지 내게 배정된 조수 몇 명과 함께 실험실 실험이나 실전을 모의한 야외 실험을 설계하고 감독하는 일을 했다. 그러면서 화학자가 되려던 애초의 계획을 버리고 통계학자가 되기로 결심했다. 전쟁이 끝날 때까지 기지에서 통계 업무를 맡은 사람은 나 혼자였기 때문에 컬럼바인 교수와 함께 실험 결과를 분석한 여러 편의 논문을 쓸 수 있었다.[16]

나는 겨자가스로 인해 생긴 수포의 최적 치료법을 찾아내기 위한 실험을 설계해야 했다. 겨자가스 한 방울을 피부에 떨어뜨리면 지름이 2센티미터 정도 되는 수포가 생긴다. 일반적인 화상으로 인해 생기는 수포와 비슷한 방법으로 치료하지만, 더 어렵고 시간도 많이 걸렸다. 사람마다 치유 능력이 다르고 신체 부위별로도 치료 효과가 다르게 나타나기 때문에 여러 치료법의 치료 효과를 비교하는 것이 쉽지 않았다. 무엇보다 실험 결과를 빨리 알아내야만 했다.

나는 치료에 걸리는 기간을 반응변수로 선정했다. 한 번의 실험에 6명의 지원자(아래 표에 1~6 사이의 숫자로 표기)를 동원했고, 지원자의 양쪽 팔 6군데(아래 표에 대문자 A~F로 표기)에 겨자가스를 한 방울씩 떨어뜨렸다. 그리고 6가지 치료법(아래 표에 소문자 a~f로 표기)으로 치료했다. 표에서 보는 바와 같이 각각의 치료법은 모든 지원자에게 한 번씩 적용되었고, 6군데 위치에도 한 번씩 적용되었다. 따라서 지원자 간의 차이와 위치에 따른 차이를 제거할 수 있었다. 이 실험 설계는 바로 피셔가 고안한 라틴방격법 Latin Square이다. 통계적 실험 설계 분야에는 이와 유사하지만 더 복잡한 실험 설계법도 등장한다.

이 라틴방격법에서 대문자와 소문자를 다르게 배열해도 여전히 라틴방격이 되는 배열이 존재한다. 피셔는 이런 배열 중에서 하나를 랜덤하게 선택해서 사용하면 된다고 했으며, 이런 실험에서 얻은 자료를 바탕으로

		지원자					
		1	2	3	4	5	6
왼쪽 팔	A	a	b	c	d	e	f
	B	b	a	e	f	c	d
	C	c	f	a	b	d	e
오른쪽 팔	D	d	e	b	a	f	c
	E	e	d	f	c	b	a
	F	f	c	d	e	a	b

a,b,c,d,e,f는 치료법

확률분포에 대한 어떠한 가정도 없이 어떤 치료법이 가장 효과적인지 알아내는 통계적 검증법도 소개했다. 실제 실험에서 얻어진 자료를 모든 가능한 방법으로 재배열하면 어떤 결과들이 일어날 수 있는가를 파악하고, 이를 바탕으로 실시하는 유의성 검증이 그것인데, 훗날 '비모수 검증'이라고 불리게 되는 검증법의 일종이었다.

어느 날 통계 문제로 애를 먹고 있는 나를 본 한 선임 의학자가 피셔 교수에게 문의해 보라고 권했다. 나 같은 사람과는 이야기할 시간도 없을 거라고 생각했는데, 의외로 피셔는 자료를 가지고 한번 들르라는 답을 주었다. 군에는 부사관을 케임브리지 대학 교수에게 보내는 공식적인 절차가 없었기 때문에 나는 말을 타고 간다고 기재된 승차권을 발부받아 가야 했다.

내가 그의 집을 방문한 날은 정말 날씨가 좋았다. 피셔는 "저기 과수원 나무 밑에 갑시다. 내가 프로빗을 검토할 테니 역수를 검토하세요. 그래프를 한번 그려 볼까요?"라고 했다. 나는 뭘 하는지도 모르고 시키는 대로 했다. 그렇게 하다 보니 문제가 금방 해결되었다. 피셔는 매우 친절했고, 그날 하루를 온전히 나와 보냈다.

포턴 다운의 실험실에는 우리 외에도 여러 사람이 일하고 있었다. 복도 끝에는 내가 롱 소령이라고 부르던 병리학자의 연구실이 있었다. 병리학자인 그도 남들과 같이 군복을 입고 일했다. 롱 소령은 뜻밖의 재미를 주는 사람이었다. 사병은 반드시 장교에게 경례를 해야 하고 장교는 경례로 답해야 한다는 규정이 있었다. 롱 소령은 자전거를 타고 출퇴근을 했는데 경례를 할 때마다 어느 손으로 경례를 해야 할지 혼란스러워 했다. 우리는 롱 소령을 자전거에서 떨어지게 하려고 일부러 경례를 하곤 했다.

하루는 실험실에서 동료와 일하고 있는데, 롱 소령이 머리를 들이밀면서 "토끼 한 마리 못 봤어?"라고 물었다. 나는 "못 봤는데요."라고 답했다.

롱 소령은 조금 있다가 다시 "입에 튜브를 끼워 놓았는데 어디 갔지?"라고 했다.

한번은 롱 소령이 넓은 지역을 대상으로 하는 조사의 설계에 대해 물어 왔다. 내가 조사 대상지 40개가 전체 지역에 랜덤하게 분포되어 있다고 했더니, "랜덤하게 분포되어 있다니 그건 불가능한 이야기야."라고 말했다. 그래서 지도를 보고, 내가 전 지역을 100개 지역으로 등분하고, 난수표에서 40개 난수를 뽑아서 그 난수에 해당하는 지역을 표본으로 뽑았다고 설명했다. 그러자 롱 소령은 "아, 그래? 그럼 거울에 비친 저 지역들은 어떻게 할 건데?"라고 말했다. 그는 순수한 영혼을 가진 인물이었다. 하루는 아내에게 생물학을 가르치느라고 밤을 샜다면서 피곤해 했다.

영국의 약리학자 존 개덤John Gaddum은 내가 알게 된 훌륭한 과학자 중 한 명으로 나중에 존 경이 되었다. 상당한 통계적 지식을 가지고 있던 개덤은 진행 중인 연구에 대해 나와 여러 차례 토론을 하기도 했다. 그는 거만하고 우둔한 장군들을 못마땅해 했다. 군은 그를 대령으로 임관해서 기지에 머물게 하려고 했지만, 그는 이 제안을 거절하고 자기가 필요하면 언제든지 찾아오라면서 에딘버러에 있는 대학으로 돌아갔다. 개덤은 독가스 루이사이트lewisite를 연구하는 미군을 위해 설계한 내 실험에 특히 관심이 많았다. 루이사이트는 독성이 강해 한 방울이라도 눈에 들어가면 순식간에 시력을 잃게 된다. 당시 미군은 토끼를 이용해서 이런 불상사를 방지하기 위한 방법을 모색하고 있었다.

한 토끼의 두 눈은 서로 비슷하지만 서로 다른 토끼의 눈은 상당히 다르다는 것이 문제였다. 나는 동일한 토끼의 두 눈의 차이에 의한 변동만 제거하면 모든 처리의 효과를 알아낼 수 있는 상당히 복잡한 실험을 설계했다. 나를 담당한 조사관은 이 복잡한 실험 설계를 설명하는 부록을 작성해서 보고서에 첨부하라고 했다. 보고서가 나온 뒤에 개덤은 나를 찾아와서 보고서에 왜 부록이 없는지 물었다. 나는 책임자들이 부록을 빼 버렸다고 말했다. 짐작컨대 일개 하사가 작성했기 때문이 아닌가 생각한 다.(이 책임자들은 과학자도 아닌 그냥 고위 공직자들이었다.) 화가 잔뜩 난 개덤은 내 손을 잡고 "나를 따라 오게"라고 말하며 책임자들을 찾아갔다. 개덤은 그들에게 부록을 뺀 이유를 따져 물었다. 답변이 신통치 않자 개덤은 책상을 치면서 "그 빌어먹을 부록을 원래대로 첨부하시오!"라고 말했다. 그들은 그 말을 따를 수밖에 없었다.

영국군은 군인들을 위로하기 위해 ENSA Entertainments National Service Association라는 위문단을 운영했다. 매주 가수, 댄서, 마술사 등의 공연이 있었지만, 하나 같이 이류에다가 재미도 없었다. 그러던 어느 날, 나는 사람들에게 더 멋진 공연을 보여 줄 수 있다며 큰소리쳤다. 몇몇이 나를 비웃었지만, 그렇지 않다는 것을 보여 주기 위해 마음이 맞는 친구들을 규합하기 시작했다.

우선 공연에 가장 필요한 것은 여성 합창단이었다. 기지에는 육군, 해군, 공군에서 파견 나온 여군들이 있었는데, 각각 ATS Auxiliary Territorial Service, WRENS Womens's Royal Naval Service, WAAFS Women's Auxiliary Air Force Service라고 불렸다. 다리가 예쁜 여군들은 WAAFS에 많이 있었는데, 그들은 ATS나 WRENS와 같이 공연할 수 없다고 주장했다. 그들을 설득하려고 애를 썼지만, 결국 그들의 뜻대로 여성 합창단은 전부 WAAFS로 구성할 수밖에 없었다.

공연 제목은 'You've Had It'이었고, 다음과 같은 주제곡을 만들어 불렀다.

'You've Had It'이란 새로운 쇼가 왔어요.
지루한 쇼가 아닙니다.

어쩌다 보니 통계학자

웃음과 노래가 가득한 쇼니까
마음껏 즐기기 바랍니다.

나는 여러 개의 막으로 공연을 구성했다. 그중 한 막은 커튼이 올라가면서 무대 중앙에 반으로 접힌 스크린의 윗부분만 나타나는 것으로 시작했다. 스크린 뒤쪽에서 누군가가 재킷, 치마, 브래지어, 팬티 같은 여자 옷들을 하나씩 스크린에 널고 있는데 갑자기 스크린이 떨어지면서 옷을 제대로 입고 다림질 하는 여자가 나타났다.

커튼이 올라가면 하얀 종이가 나타나고 뒤에서 밝은 빛을 비추는 것으로 시작하는 막도 있었다. 종위 위로 테이블 위에 힘없이 누워 있는 사람의 그림자가 비치면, 이 사람은 주임상사이며 곧 수술을 받을 예정이라는 해설이 나온다. 이어서 큰 톱을 들고 있는 의사의 그림자가 보이고 톱날이 긁히는 날카로운 소리와 함께 비명소리가 울려 퍼진다. 그리고 주

내가 만든 공연단

임상사의 위에서 꺼낸 여러 가지 물건들을 보여 준다. 그 중 하나는 죽은 쥐였다.

우리 공연은 상당한 인기를 끌었다. 그렇다고 ENSA의 공연이 전부 재미없었다는 것은 아니다. 한 번은 글렌 밀러가 왔었는데, 두말할 것도 없이 그는 최고였다. '비긴을 시작하며Begin the Beguine'에 맞추어 '야영지 화장실을 청소할 때'를 불렀던 것으로 기억된다.

나는 부대원을 즐겁게 해 주기 위해 커원 소령이 감독한 신데렐라 연극에도 참여했다. 신데렐라 역은 내가 맡았고, 유리 구두는 군화로 대신했다. 우리 연극은 원본과는 완전히 딴판이었다.

신데렐라는 이틀 동안 공연되었다. 첫날 공연은 몇 군데 삐걱거렸다. 일병 두 명이 각각 말의 앞다리와 뒷다리로 분장해서 신데렐라가 탄 마차를 끄는 말 역할을 했는데 말과 마차가 무대에 너무 일찍 등장하는 바람에 연극이 잠시 멈췄다. 이때 화가 난 커원 소령이 무대로 올라가서 말과 마차를 끌어내려다 그만 말머리를 벗기고 말았다. 말 앞부분을 맡은 일병은 밝은 불빛에 얼굴이 드러난 채 애처롭게 눈만 껌뻑거렸다. 커원 소령은 상황을 수습할 생각은 하지 않고, "살면서 자네 같은 바보는 처음이야."라고 소리쳤다.

둘째 날 공연은 첫날보다 훨씬 매끄럽게 진행되었다. 둘째 날 관객 중에는 첫날 공연을 본 포병부대 대령이 있었다. 그 대령은 연극이 끝난 다음 커원 소령에게 "두 번째 공연도 잘 봤네. 그런데 제일 재미있는 장면을 빼 버렸더군. 자네가 말머리를 벗기는 장면 말일세."라고 말했다.

신데렐라가 미천한 신분에서 고귀한 신분으로 변신하는 장면에서 자그마한 불상사가 일어났다. 후에 내 아내가 된 제시가 옷 갈아입는 것을 도와주었는데, 조명이 나가는 잠시 동안에 재빨리 옷을 갈아입어야 해서 황급히 옷을 갈아입고 일어서다가 그만 그녀의 눈을 들이받고 말았다. 그녀의 눈은 퍼렇게 멍이 들고 말았다.

제시와 나는 군에서 만났다. 그녀는 ATS의 하사였으며, 내가 일하던 실험기지 근방에 있는 장교 훈련소에서 비서로 일하고 있었다. 제시는 한 마디로 최고의 동반자였다. 솔즈베리 평원을 같이 산책하기도 하고, 저녁 먹기 좋은 장소를 같이 찾아다니기도 했으며, 책도 서로 바꿔가며 읽었다. 우리는 1945년 체셔의 한 교회에서 결혼했다.

전쟁이 막바지에 다다르면서, 대부분의 병사들은 집으로 돌아가고 있었지만 군에서의 내 임무는 끝나지 않았다. 우리가 연구한 독가스는 제 1차 세계대전 때부터 사용된 것들이었기 때문에 새로운 것이 별로 없었다. 그런데 전쟁이 끝나갈 무렵 타분tabun, 사린sarin, 소만soman 같은 유독성 신경가스가 내장된 폭탄이 독일에서 발견되었다. 나는 팀원들과 함께 이 폭탄의 표본을 채취해서 포턴 다운 실험기지로 가져왔다. 이 신경가스들의 유독성을 알아보는 초기 조사는 개덤 교수와 그의 조수 맥, 그리고 내가 맡았다.(독성이 강한 물질에 노출되지 않으면서 그 물질의 독성을 알아보는 여러 가지 방법이 있다.) 맥은 신경가스를 아주 묽게 희석해서 토끼에게 주입했다. 아주 극미량을 투입했을 뿐인데 토끼는 바로 죽어 버렸다. 깜짝 놀란 개덤 교수는 맥에게 희석 정도를 확인해 보고 다시 실험해 보라고 했다. 실험 결과는 같았다. 맥은 열 배 더 묽게 희석해서 실험하고, 이어서 백 배 더 묽게 희석해서 실험했으나 결과는 마찬가지였다. 결국 이 신경가스는 우리가 지금까지 알고 있던 어떤 물질보다 훨씬 더 유독한 물질이라는 사실이 드러났다. 이 물질이 기화하면 가스가 발생하는데, 이 가스가 중추신경계에 즉각적인 영향을 미쳐 급격히 죽음에 이르게 했다.

영국은 즉시 전문가 집단을 구성해서 비밀리에 독일 북부 뮌스터 라거에 있는 라움카머 실험기지로 파견했다. 나도 이 전문가 집단의 일원으로 파견되어, 이 놀라운 신물질을 연구하기 위한 실험을 설계하고 자료를 분석하는 일을 했다. 우리는 실험 장비로 가득한 40대의 트럭을 전차 수송선에 싣고 영국 해협을 건넜다. 전문가 집단은 육군, 해군, 공군에서 차출된 화학전 전문가들과 몇몇 일반인들로 구성되어 있었다. 우리는 폐허가 된 지역을 지나 천천히 나아갔다. 한 교차로에 도착하니 헌병이 전차와 차량들의 교통정리를 하고 있었다. 헌병들은 우리를 이상하다는 듯 쳐다보면서 어느 부대에서 왔냐고 물었다. 폐허가 된 벨기에와 독일 지역을 지나가는 우리가 이상한 무리로 보이는 것은 당연했다. 우리는 비밀임무를 수행하러 가는 길이라고 답하고, 임무의 일부만 알 수 있는 정도의 문서를 보여 주고 나서야 그곳을 빠져나올 수 있었다.

라웁카머에서 처음 받은 인상은 연구시설을 교묘하게 위장해 놓았다는 것이었다. 화학실험실과 물리실험실은 서로 상당히 떨어져 있었고 마치 농가처럼 보였다. 건물 간의 교통을 위해 전기자동차를 만들어 사용하고 있었는데, 우리도 그곳에 있는 동안 이 전기자동차를 이용했다.

라웁카머에 있는 독일 실험기지

어쩌다 보니 통계학자

독일은 가스폭탄을 연구하기 위한 뛰어난 시설을 갖추고 있었다. 영국에서는 실전을 모의하기 위해 몇 마일 떨어진 야외에서 포탄을 발사했는데, 정밀하지 않은 발사장치 때문에 너무 가깝게 떨어지면 숨을 곳을 찾아 도망가야 했다. 독일군은 대포를 탑에다 설치해서 화약을 적게 사용하고도 포탄의 속도와 거리를 원거리 사격인 것처럼 모의하고 있었다. 우리가 그곳에 있는 동안 이 일을 해 준 사람은 '폭파원 헬만Hellman'이라는 친구였다. 그가 나치 치하에서도 같은 일을 했다는 사실을 알았지만 아무도 그를 불편해 하지 않았다.

그동안 우리가 자주 접한 포스젠phosgene이나 루이사이트 같이 제1차 세계대전부터 사용하던 가스는 코로 살짝 냄새를 맡고 나서 인공호흡기를 쓰면 되는데, 새로 발견된 신경가스는 살짝 냄새를 맡는 것만으로도 치명적이기 때문에 항상 이런 사실을 의식하면서 일해야 했다. 한번은 실험실에 들어갔다가 불빛이 침침해서 전기 공급에 문제가 있나 생각했는데, 조수 한 명이 신경가스 한 방울을 떨어뜨려 생긴 일이었다. 그 조수는 신경이 마비되어 움직이지 못하고 있었다.

우리는 가끔 필요한 물품을 구하기 위해 길 아래에 있는 마을에 다녀오곤 했다. 마을에 갈 때면 슐츠 하사라는 덩치 큰 독일군이 기사 노릇을 해 주었다. 몸짓으로 의사소통을 해야 했지만 별 문제는 없었다. 수선을 많이 한 슐츠의 군복은 초라하기 짝이 없었지만 그는 결코 품위를 잃지 않았다. 여러 전투에도 참여한 경험이 있어 보였는데, 아마도 러시아와의 전투가 아니었나 생각된다.

길 아래에는 포로가 된 이탈리아 장교들을 수용한 수용소가 있었다. 이탈리아 장교들은 본국 송환을 기다리며 군복을 깔끔하게 차려 입고 어슬렁거렸다. 영국군은 존경했지만 이탈리아군은 배신자라고 생각하고 있던 슐츠는 길에서 어슬렁거리는 이탈리아군을 보면 그런 느낌을 주체할 수 없었던지 차창 밖으로 머리를 내밀고 손가락으로 욕을 하면서 "마카로니! 마카로니!"하고 소리치곤 했다.

우리는 차를 타고 함부르크나 하노버에 가기도 했다. 대부분의 영국이나 미국 사람들은 제2차 세계대전 후반 폭격으로 인해 독일이 얼마나 심하게 파괴되었는지 잘 모르는 것 같다. 그 피해는 말로 표현할 수 없을 정도였다. 파괴를 넘어 평평해져서 뭔가가 있었다는 것조차 알 수 없는 지역도 있었다.

특히 영국 공군에 대한 독일인들의 반감은 대단했다. 뮌스터 라거에 머무는 동안 우리는 독일 연구원들이 사용하던 식당에서 식사를 했다. 그 식당에서 음식을 준비하고 배식하는 사람은 이전부터 그곳에서 일하던 사람들이었다. 어느 날 친구와 함께 줄지어 배식을 받으러 가고 있는데, 계산대에 있던 젊은 여성이 영국 공군 군복을 입은 내 친구를 보고는 "영국 공군이다!"라고 소리치며 수프를 끼얹어 버렸다.

뮌스터 라거에 도착해 인계받은 약 200~300명의 독일인은 요리사에서 색층 분석가까지 다양했다. 우리가 떠날 때가 다가오자 그들은 무척 서운해 했다. 그들이 지금은 어떻게 지내고 있는지 궁금하다. 떠날 때 우리가 해 줄 수 있는 것은 남은 술을 다 주고 오는 것뿐이었고 그들은 이별의 노래를 불러주었다.

나는 독일에서 비밀임무를 수행하느라 제때 제대하지 못했다. 전쟁은 1945년 5월 8일자로 끝났지만, 1945년 말까지 6개월 더 독일에서 복무한 후 영국으로 돌아와 훈장을 받고 전역했다. 내가 전역할 즈음에는 전역 절차가 상당히 간소해져 있었다. 전역 부대는 영국 서부 엑세터 인근에 있었다. 전역 부대에 도착해서는 먼저 속옷을 지급받았고, 여러 색상과 사이즈의 양복, 셔츠, 넥타이, 구두가 준비되어 있는 큰 방에서 원하는 옷을 골라 입을 수 있었다. 되돌아보니 아주 깔끔한 모습으로 전역부대를 나선 것 같다. 군이 이렇게 변하다니 참으로 놀라운 일이었다. 내가 늦게 전역한 편이니까 그동안 많은 시행착오를 겪었겠지 하는 생각이 들었다.

영국에도 미국의 전역군인보호법과 비슷한 것이 있어서 유니버시티 칼리지의 이건 피어슨Egon. S. Pearson 교수 밑에서 공부하는 3년 동안 정부가 학비를 대주었다. 하지만 그렇게 되기까지의 과정은 결코 쉽지 않았다. 군은 내가 대학에 합격했다는 것을 입증하면 전역시켜 주겠다고 했고, 대학은 내가 전역했다는 것을 입증하면 대학에 합격시켜 주겠다고 했다. 나 자신은 진실하지만, 관료들을 대할 때는 약간의 거짓말이 필요할 때가 있다. 어느 쪽에 거짓말을 했는지 정확히 기억나진 않지만(거짓말이 만연한 군 쪽에 거짓말을 했기를 바란다.), 어쨌든 나는 전역할 수 있었다.

유니버시티 칼리지에 다닐 때는 박사과정에 다니는 사람의 집에서 하숙을 했는데, 집세를 내지 않는 대신 제시가 그 집을 관리하고 요리를 맡아 했다. 나중에는 조이스 누나 부부도 우리와 같이 살았다. 제시와 조이스 누나는 빠듯한 살림을 용케도 잘 꾸려나갔다. 매형 알프레드는 자전거를 타고 집에 와서 점심을 먹었다. 점심시간이 빠듯했는데도 불구하고 도시락을 싸 주겠다는 누나의 제안을 고집스럽게 거절했다. 매형에게는 배리라는 형이 있었다. 어느 날 배리가 매형에게 "자전거를 타고 왔다 갔다 하지 말고 조이스에게 도시락을 싸 달라고 하지 그러냐."라고 하자 그제야 매형은 도시락을 싸 달라고 했다. 그 모습을 본 조이스 누나가 황당해 했던 건 물론이다.

전쟁이 끝난 지 얼마 되지 않았기 때문에 형편은 어려웠지만 행복한 시절이었다. 나는 조이스 누나 부부와 제시의 부모님과 함께 템스 강을 오르내리는 일주일짜리 크루즈 여행을 여러 번 다녀왔다. 런던만 지나면 템스 강의 모습은 확 달라진다. 강폭은 좁아지고, 물은 아름다울 정도로 깨끗해지며, 멋진 전원이 눈앞에 펼쳐진다. 그러다가 마침내 옥스퍼드에

가족과 함께한 크루즈 여행

이른다. 멋진 배를 빌려서 유유자적하게 강을 오르내리는 것은 참으로 즐거운 일이었다.

유니버시티 칼리지에 다니는 나를 보겠다며 가족들이 학교를 방문한 적이 있다. 통계학과를 먼저 둘러보고 유전학과에 가서 색맹검사도구인 이시하라 차트Ishihara chart를 보여 주었다. 이시하라 차트에는 여러 색깔의 점들이 찍혀 있는데, 시력이 정상이면 숫자가 하나 보이고 적록색맹이면 다른 것이 보인다. 나는 어머니에게 이시하라 차트를 보여 주면서 "색맹이 아니면 숫자 6이 보일 겁니다."라고 말했다. 그러자 어머니는 "그래? 6이 보이네."라고 말했다. 그때 지나가던 캘머스 박사가 "두 분 중 누가

어쩌다 보니 통계학자

색맹이죠?"라고 물었다. 내가 "어머니가 색맹인 것 같습니다."라고 답하자, 캘머스 박사는 "아닌 것 같은데요."라고 말했다. 결국 내가 색맹인 것으로 드러났다. 캘머스 박사는 여성의 경우 0.4%가 색맹이고, 남성은 7%가 색맹이라고 설명해 주었다. 군에도 갔다 오고 전쟁도 겪으면서 스물여섯 살이 될 때까지 내가 색맹일 것이라고는 털끝만큼도 생각해 본 적이 없었다.

최근에 내 친구 메르브 뮐러Merv Muller가 예전 일을 이야기해 주었다. 한번은 프린스턴에 있을 때 내 차를 얻어 탔는데, 내가 신호등 앞에서 갑자기 속도를 줄이더니 "세로로 길게 생긴 신호등에서는 제일 위쪽이 초록색이야. 그런데 이렇게 가로로 누워 있는 신호등에서는 제일 왼쪽이 초록색인가?"라고 물었다고 했다. 이 말에 깜짝 놀란 메르브는 생명에 위험을 느꼈다고 했다. 그때 나는 내가 색맹이란 사실을 털어놓지 않을 수 없었다.

메르브는 텍사스에 개최된 학회에 참석했을 때의 이야기도 해 주었다. 내가 호텔에서 구입한 회색 셔츠를 보여 주면서 가격이 싸니 한 벌 구입하라고 권했는데, 메르브는 그때 내가 구입한 셔츠가 선명한 분홍색이란 말을 차마 하지 못했다고 했다.

가워 거리 끝에 위치한 유니버시티 칼리지에서 더 내려가면 런던 열대의학대학이 있는데, 그곳에서 영국왕립통계학회가 개최되었다. 왕립통계학회에는 4편의 논문을 읽는 세션이 있는데, 이 세션에서 발표되는 논문은 회원들에게 미리 배포된다. 회원들이 논문을 미리 읽고 오기 때문에 발표는 간단히 하고 나머지 대부분의 시간은 토론에 할애되었다. 전통적으로 첫 토론자는 논문 저자에게 감사하다는 인사와 함께 그 논문의 좋은 점을 말하고, 두 번째 토론자는 그 논문의 문제점을 지적한다. 이런 과정을 거친 후에야 누구나 참여할 수 있는 일반적인 토론이 시작된다. 가끔 다수의 유명인사가 발언하기도 한다.

한번은 학회 도중 아무도 생각하지 못한 아이디어가 떠올랐다. 당시 학생이었던 나는 손을 들어 의장에게 발언권을 얻어 3분간이나 칠판에 써 내려가면서 내 의견을 피력했다. 회의가 끝나자 한 남자가 내게 다가와 "조지 바너드George Barnard라고 합니다. 오늘 저녁에 시간 있습니까?"라고 물었다. 내가 시간이 있다고 하자 그는 "그럼 포도주를 곁들여 저녁식사나 같이 하시죠"라고 말했다.

바너드는 임페리얼 칼리지의 교수였다. 그날로 바너드는 내 친구이자 멘토가 되었고, 그가 세상을 떠날 때까지 가깝게 지냈다.

우리가 만난 지 얼마 되지 않았을 때였다. 나는 중요한 통계적 기법인 회귀분석 문제로 골머리를 앓고 있었는데, 유니버시티 칼리지에서 배운 증명이 엄밀하지도, 그렇다고 일반적이지도 않았기 때문이었다. 어느 날 이 문제를 바너드에게 물어보았다. 그는 "가우스가 어떻게 했는지 보여주지."라고 답하고는 행렬을 이용해서 단 세 줄로 그 문제를 해결했다. 그 세 줄은 일반적이었을 뿐 아니라 아름다웠다.[17] 다음 수업시간에 매우 복잡한 문제가 시험으로 출제되었고, 많은 학생들이 이 문제를 푸느라 상당한 시간을 보내야 했지만 나는 바너드가 가르쳐 준 증명을 이용해서 5분만에 문제를 풀 수 있었다.

나는 18개월 만에 우등으로 통계학 학사학위를 취득했고, 나머지 18개월은 대학원 공부를 하면서 보냈다. 당시 1학년이라고 해야 전부 7명이었다. 우리가 제2차 세계대전 동안 어떤 일을 겪었는지 전혀 모르는 한 여자 강사는 우리를 어린 학생처럼 대했다. 예를 들면 우리에게 손가락질을 하면서 기댓값을 정의하라고 했다. 이런 행동은 조용히 지내던 웨스트가스Westgarth란 학생의 반발을 불렀다. 그는 북아프리카 사막에서 전차부대 부대장으로 롬멜Rommel 장군에 대항해 싸운 퇴역 소령이었다. 그

조지 바너드

여강사는 웨스트가스를 손가락으로 가리키며, "확률변수는 무엇인가?" 라고 물었다. 웨스트가스는 여강사에게 시선을 고정한 채 천천히 발을 책상 위에 올리고 몸을 뒤로 기대면서 "전혀 모르겠는데요."라고 말했다. 그 일 이후로 그녀는 더 이상 무례하게 행동하지 않았다.

다행스럽게도 나쁜 교수법 문제는 그 여강사에 국한된 것이었다. 이런 시기에 피어슨 교수에게 배우고, 하틀리H. O. Hartley를 지도교수로 둔 나는 상당히 운이 좋은 사람이었다. 내 박사학위 논문 제목은 '가능도류에 대한 일반적인 분포이론A General Distribution Theory for a Class of Likelihood Criteria'이었다.

3장
ICI와 통계분석연구단

"뭔가 쓸모 있는 걸
알아야 되지 않겠니?"

나는 대학에 다니는 동안 여름방학 때마다 3개월씩 ICI Imperial Chemical Industries에서 일했는데, 나중에 ICI에 취업하는 계기가 되었다. 대기업인 ICI에는 염료, 페인트, 직물, 제약, 중화학, 화약 등의 부서가 있었고, 사무실은 전국에 흩어져 있었다.

1학년 여름방학 때는 ICI 런던 본사에서 코너 씨의 조수로 일하면서 일주일에 4파운드를 받았다. 변호사인 코너 씨는 매우 세심한 사람이었는데, 같이 일한 지 한 달 쯤 되었을 때 갑자기 임금을 받았냐고 물었다. 돈이 필요한데 아직 못 받았다고 대답하자 그는 진지하게 "그래? 혹시 ICI를 상대로 소송을 제기할 생각은 없나?"라고 물었다. 어쨌든 영국에서 가장 큰 회사 중 하나를 상대로 소송을 걸 생각까지는 하지 않았다.

1학년 여름방학은 ICI의 여러 부서가 수행하는 통계업무를 조정하기 위해 조직한 통계분석연구단이 『연구와 생산을 위한 통계적 방법Statistical Methods in Research and Production』이란 책의 저술 작업을 막 끝낸 시점이었다. 이 책은 편집자인 데이비스O. L. Davies의 이름을 따서 '작은 데이비스'

라고 불렸다. 이 책은 ICI에 근무하는 과학자들이 회사 내에서 사용하기 위해 쓴 것이었다. 책 출간 전 누군가가 최고경영자인 맥고완 경에게 서문을 부탁하는 것이 좋겠다고 제안했다. 맥고완 경은 제2차 세계대전의 여파로 모두가 고통을 겪고 있을 때 영국 산업 전반에 기여해야 한다고 말하면서 누구나 읽을 수 있게 이 책을 출판하라고 했다. 저자들은 맥고완 경에게 "ICI 내부용으로는 충분히 좋은 책이지만 일반 대중용으론 적절하지 않다."라고 말할 수 없었기 때문에 논의 끝에 나에게 원고를 읽고 주석을 달게 했다. 그 과정에서 여러 가지 건의를 하게 됐고 그 중 일부는 채택되어 책에 반영되었다. 이를 계기로 나는 그 책의 공저자로 이름을 올렸으며 결국 통계분석연구단의 일원이 되었다.

2학년 여름방학 때는 맨체스터 인근 블랙리에 있는 염료부서에서 일했다. 그곳 사람들은 졸업 후에도 일한다는 조건 하에 3학년이 되었을 때 나를 정식 직원으로 채용하고 싶어했다. 그들이 제시한 급여가 정부에서 받고 있던 장학금보다 훨씬 많았기 때문에 그 제안을 받아들이지 않을 수 없었다.

얼마 지나지 않아서 나는 통계분석연구단의 일원으로 런던에서 개최된 통계분석연구단 회의에 참석하게 되었다. 회의 첫날 아침에 연구단장인 해럴드 케니는 상무이사가 갑작스레 회의에 참석하게 되었다고 말해주었다. 그런데 그날 안건에는 상무이사 같은 고위직이 관심을 가질 만한 것이 없었다. 케니는 연구단의 막내인 내가 뭔가 하나 발표하는 것이 좋겠다고 말했다. 당시 화학공정의 수율을 최적화하는 공정조건을 찾는 실험 설계를 연구하고 있었는데 이 연구는 나중에 '반응곡면분석'이라고 불리게 된다. 해럴드가 이런 사실을 알고 있었기 때문에 나에게 발표하라고 한 것이다. 회의는 9시에 시작하는데, 벌써 8시 15분이 지났을 때였다. 나는 혼자 다른 방에 들어가 어떻게 발표할까 골똘히 생각했다. 기술적인

어쩌다 보니 통계학자

지식이 없지만 지적인 사람이 알아듣게 하려면 어떻게 설명해야 할까? 나는 잘되기를 빌며 급히 요점을 정리했다. 놀랍게도 상무이사는 내 발표에 큰 관심을 보였을 뿐만 아니라 합리적인 질문도 많이 던졌다. 발표는 성공적이었고, 케니는 이 일을 잊지 않았다. 이 일은 내가 뭐든 잘하는 인물로 인정받는 계기가 되었다. 당시 내가 가장 어린 연구원이었음에도 불구하고 케니는 회의 때마다 "조지 박스의 생각을 들어보세."라고 말하곤 했다.

통계분석연구단은 일 년에 수차례 모임을 가졌다. 회사의 부서가 전국에 흩어져 있었기 때문에 기차로 오기 쉬우면서 뭔가 창조적인 일을 하기 좋은 장소를 모임장소로 물색해야 했다. 우리는 북부 호수지대에 위치한 케즈윅이란 멋진 장소를 찾았고, 그곳에 3일에서 6일 정도 머물면서 모임을 가졌다.

ICI에서 일한 8년은 내 인생에서 가장 행복했던 시절 중 하나이다. ICI에서는 합성착색제, 직물, 방수제, 방충제 같은 제품을 생산했으며, 공정을 개선하려는 화학자와 엔지니어들이 실험을 설계하고 분석하는 일을 도와주는 것이 내 업무였다. 이런 회사에서는 수율을 1%만 올려도 엄청난 이익을 올릴 수 있기 때문에 화학공정을 개선하는 작업은 매우 중요했다. 그들이 실험을 효율적으로 실행하도록 도와주기 위해서는 공정의 세부사항과 검사 항목을 알아야 했기 때문에 나는 사다리를 오르내리면서 그들과 토론하고 기초적인 통계적 실험 설계와 분석을 설명해야 했다. 매일 오전과 오후에 차를 가져다주던 여성은 내가 여기저기 다니느라 차를 마시지 못하자 내 비서에게 "자리에 붙어 있는 적이 없군."이라며 불평했다고 한다.

1955년에는 노먼 드레이퍼라는 젊은 친구와 일하게 되었다. 그는 오토바이를 타고 다녔는데, 일주일에 겨우 5파운드쯤 되는 푼돈을 받고 있었다. 그는 자신이 자료나 입력하면서 지낼 것이라고 생각했지만, 나는 그를 이곳저곳으로 보내 과학자들과 만나 문제에 대한 답을 구해 오거나 토론하게 했다. 그해 여름 드레이퍼는 노스캐롤라이나 대학 박사과정에 입학해 찬드라 보스Chandra Bose와 함께 공부했다. 1960년 박사학위를 받은 드레이퍼는 매디슨에 있는 위스콘신 주립대학교 수학연구소에서 일하다가 통계학과로 옮겼다.

나는 회사를 위해 참으로 많은 일을 했다. 내 상사는 회의나 강의 그 비슷한 거라도 하라며 그냥 좀 나가서 쉬라고 했다. 그래서 맨체스터 대학에 있는 바틀릿M. S. Bartlett 교수의 오후 강의를 들으러 다녔다. 바틀릿 교수는 '게임이론과 윤리적 의사결정' 같은 수학 분야 과목을 가르쳤다. 운동선수 몇 명이 실수로 이 과목을 수강하기도 했다. 나는 다변량 분석을 수강했는데, 바틀릿 교수가 다차원 기하학을 이용해서 수학적 개념을 설명했기 때문에 강의는 명료했고 영감을 자극하기에 충분했다. 오후에 차를 마시면서 했던 바틀릿 교수와의 토론은 정말 많은 도움이 되었다. 그 토론에서 나중에 공적분cointegration이라고 불리게 된 아이디어를 얻었고, 이를 바탕으로 조지 탸오George Tiao와 함께 비정상시계열의 선형결합인 정상시계열을 찾는 방법에 관한 논문을 쓸 수 있었다.[18]

화학공정을 개선하기 위한 실험을 시험공장이나 생산 현장에서 수행하는 것은 어렵기도 하고 비용도 많이 든다. 반면에 실험실 실험은 간단히 수행할 수 있지만 그 결과를 현장에 적용할 때 어떤 결과가 나올지 예측해야 할 뿐 아니라 그 예측이 틀릴 수 있다는 문제를 안고 있다. 나는 이를 보완하기 위해 1954년 진화적 공정이라는 기법을 개발해서 이사회에 제출했다.

여러 변수의 설정을 변경하면 공정이 비정상적으로 진행되고 그 결과 팔 수 없는 제품이 생산될 수 있다는 것이 현장실험을 반대하는 주된 이유였다. 찰스 다윈의 진화와 자연선택 개념에 기반을 두고 있는 진화적

어쩌다 보니 통계학자

공정은 현장에서 이루어지는 실험이지만 이런 단점이 없다. 현재까지 가장 좋다고 알려진 공정조건을 아주 조금만 변화시켜서 실험하지만 실험을 계속하면 작은 변화가 누적되어 큰 변화가 된다. 수율을 좋게 하는 온도와 농도를 결정하는 간단한 문제로 진화적 공정의 개념을 설명해 보도록 하겠다.

현재까지 가장 좋은 수율을 보이는 공정조건은 온도 300℃, 농도 13%로, 아래의 왼쪽 그림에서 A로 표기된 곳이다. 진화적 공정에서는 A-E로 표기된 서로 다른 공정조건에서 일정 시간 동안 공정을 진행한다. 공정조건 B-E는 아무런 문제를 일으키지 않을 만큼 공정조건 A를 아주 조금 변화시킨 것이다. 이 과정을 여러 번 반복해서 평균을 구한다. 한 공정조건이 다른 것보다 유의할 만큼 더 나은 결과를 보이면, 이 공정조건이 새로운 A가 된다. 오른쪽 그림은 9번 반복했더니 현재보다 온도를 조금 낮추고 농도를 조금 올렸을 때 더 나은 수율이 나온다는 것을 보여 준다. ICI 이사회는 진화적 공정을 공개하지 못하게 하다가 1957년에야 공개를 허용했다.[19]

1998년 IEEE Institute of Electrical and Electronics Engineers는 『진화연산

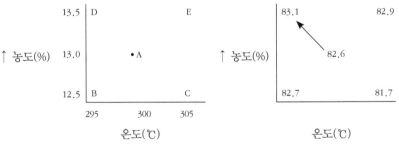

현재까지 가장 좋은 수율을 보이는 곳은 A 지점이다.(왼쪽) 9회 반복한 결과 공정조건을 A에서 D로 이동하면 수율을 높일 수 있음을 알 수 있다.(오른쪽)

evolutionary computation』이라는 컴퓨터계산법에 관한 논문과 보고서 선집을 발간했다. 이 선집에서 내가 발표한 진화적 공정에 관한 논문은 진화연산과 관련한 최초의 논문으로 인정받았다. 나는 그 공로로 2000년 IEEE가 수여하는 진화연산 개척자상을 받았다.

ICI는 화학공정 개선뿐만 아니라 염료, 방수제, 인조 가죽과 같은 제품의 품질검사에도 많은 노력을 기울였다. 염료가 표준 색상에 얼마나 가까운가? 인조 가죽의 내구성은 어느 정도인가? 이런 질문에 답하기 위해서는 표본을 추출해서 품질을 측정한 다음 표준이나 기준과 비교해야 하고, 품질을 검사하기 위한 여러 가지 기발한 도구도 개발해야 한다. 이런 품질검사도 피셔의 실험설계를 적용할 수 있는 절호의 기회였다. 예를 들어 직물의 마모 내구성을 검사하는 기계의 경우 표준 직물을 포함한 4조각의 직물을 고정한 다음 거친 사포로 문지른다. 마모에 대한 저항력은 1,000번 문질렀을 때의 직물 무게 변화량으로 측정하고 이를 표준 직물의 저항력과 비교한다. 이런 실험에는 몇 가지 문제가 제기될 수 있다. 직물을 고정하는 위치가 저항력 측정에 영향을 주지는 않는가? 내구성 검사 기계를 가동할 때마다 사포를 바꿔야 하는데, 사포로 인한 변동은 없는가? 직물을 고정하는 위치나 사포 변경에 의한 변동은 어떻게 고려해야 하는가?

다음은 초 그레코-라틴 방격 설계Hypergraeco Latin Square design를 반복한 실험이다. 이 그림에서 숫자는 1,000번씩 마찰한 다음 측정한 직물의 마모량이다. 초 그레코-라틴 방격 설계는 피셔가 고안한 것으로, 앞에서 설명한 적이 있는 라틴 방격 설계를 정교하게 합성한 것이다.

이 실험설계를 사용하면 직물의 고정 위치, 반복, 사포의 영향을 분리해 낼 수 있기 때문에 표준 직물과 더 정확하게 비교할 수 있다. 나는 항상 실험설계와 관련한 복잡한 문제의 해결을 즐겼다.

직물 고정대
위치

	P_1	P_2	P_3	P_4	반복 I
C_1	$\alpha A1$ 320	$\beta B2$ 297	$rC3$ 299	$\delta D4$ 313	마모실험기계 운행번호: C_1, C_2, C_3, C_4
C_2	$\beta C4$ 266	$\alpha D3$ 227	$\delta A2$ 260	$rB1$ 240	직물 종류: A, B, C, D
C_3	$rD2$ 221	$\delta C1$ 240	$\alpha B4$ 267	$\beta A3$ 252	직물 고정대: $1, 2, 3, 4$
C_4	$\delta B3$ 301	$rA4$ 238	$\beta D1$ 243	$\alpha C2$ 290	사포: α, β, r, δ

마모실험기계
운행번호

초 그레코-라틴 방격을 이용한 직물의 마모 실험[20]

ICI를 떠난 후 그리워했던 것 중 하나는 항상 주변에 떠돌던 재미있는 이야기였다. ICI에서는 거의 매주 새로운 농담이 등장했다. 특히 케니는 재미있는 이야기를 잘 지어내기로 유명했다. 그중에서 친구 헤터리지에 관한 이야기들은 정말 재미있었다. 헤터리지는 제1차 세계대전 때 참호에서 근무했는데 참호 생활을 즐긴 몇 안 되는 사람 중 하나였다. 제2차 세계대전이 발발하자 헤터리지는 피에 굶주린 듯 다시 입대하려고 했으나 나이가 너무 많아 그 뜻을 이루지 못했다. 독일의 기습 공격으로 프랑스가 몇 주 만에 점령당하자 영국 정부는 독일이 공수부대로 영국을 공격할지도 모른다고 생각했다. 이에 대처하기 위해 영국 정부는 나이가 많아 입대는 못하지만 신체가 건강한 사람들을 향토방위군으로 조직했다. 이 때문에 향토방위군은 '늙은이 부대'라고 불렸다. 해터리지가 여기에 가입한 것은 물론이다. 향토방위군 소령이었던 헤터리지는 향토방위군 활동에 열정적이었으며, 부대를 효율적으로 운용하여 유명해졌다.

하루는 인근에 주둔해 있던 근위보병연대 연대장이 저녁식사를 하자며 헤터리지를 장교식당으로 초대했다. 헤터리지는 제1차 세계대전 때 입던 군복을 입고 독일제 반자동 권총인 루거Luger 두 자루를 허리에 찬 채 나타났다. 식당 입구에서 헤터리지를 맞이한 연대장이 장교식당에는 무기를 반입할 수 없다고 하자 잠시 망설이던 헤터리지는 권총과 벨트를 복도에 걸어두고 식당으로 들어갔다. 식당 안에서는 프랑스식 창문을 통해 잘 관리된 잔디밭과 정원을 볼 수 있었다. 대화는 주로 프랑스가 점령당한 것과 공수부대의 침투에 대한 것이었다. 그때 한 중위가 밖을 내다보면서 "지금 적의 공수부대가 저기 잔디 위로 내려오고 있다면, 우리는 어떻게 해야 할까요?"라고 물었다. 헤터리지는 옷 속에 숨겨 놓았던 또 다른 루거 권총을 꺼내들면서 "그 놈들을 쏴 죽여야지요."라고 말했다.

헤터리지는 설교를 하는 평신도였기 때문에 설교에 얽힌 이야기도 있다. 제1차 세계대전을 겪으면서 헤터리지는 욕설에 익숙해졌다. 사실 이런 욕설을 다른 언어로 번역하기는 쉽지 않다. 같은 영어이긴 하지만, 영국에서 사용하는 욕을 미국식 영어로 번역하는 것도 마찬가지다. 예를 들어 미국에서 'bugger'는 악의 없는 말이지만, 영국에서는 전혀 그렇지 않다. 'bugger off'라는 말은 '꺼져버리다'라는 뜻으로, 점잖은 사람들이라면 절대 사용하지 않는다. 프랑스가 점령당하자 영국군은 프랑스 북부 됭케르크에서 본국으로 철수했다. 철수 후 맞는 첫 일요일에 헤터리지는 예수가 7명의 나병 환자를 치료했지만 그중 오직 한 명만 예수에게 감사했다는 우화를 인용해서 설교했다. 감정에 휩싸인 헤터리지는 "우리는 우리 군이 적의 수중에서 무사히 구출되는 기적을 봤습니다. 그렇습니다. 이건 기적입니다. 이제 우리는 무엇을 해야 할까요? 무릎을 꿇고 신에게 감사하고 있습니까? 아닙니다. 역사는 반복되고 있습니다. 병이 나은 7명의 나병 환자 중 오직 한 명만 감사하지 않았습니까? 나머지 6명은 뭘

어쩌다 보니 통계학자

한 겁니까? 그들은 그냥 꺼져버렸습니다bugger off."라고 말했다.

제시와 나는 내 근무지인 블랙리에서 12마일 정도 떨어진 세일에서 살았다. 전쟁이 끝난 지 얼마 되지 않았기 때문에 새 승용차를 구입하기에는 상당히 어려운 시절이었다. 그래서 세일에 사는 ICI 직원들은 공동으로 제법 괜찮은 버스를 임대해서 출퇴근을 했다. 어느 정도 후에 우리는 카풀을 해서 출퇴근했다. 그 시절엔 누구나 석탄으로 난방을 했었다. 석탄 사용과 기후변화로 인해 맨체스터 지역에는 완두콩 스프처럼 짙은 안개가 자주 끼었다. 다른 지역과 비교할 수 없을 정도로 안개가 짙어 가시거리가 4피트도 되지 않았다. 안개가 끼는 날이면 회사에서도 일찍 퇴근하라고 할 정도였다. 운전자 눈에 잘 띄는 사람을 차도로 걸어가게 하고, 보행자 눈에 잘 띄는 또 다른 사람을 보도를 따라 걷게 해야만 차를 운전할 수 있을 정도였다.

한번은 그렇게 길을 가고 있는데, 갑자기 꺾이는 길을 따라 회전하지 못한 차가 남의 집 정원으로 들어가고 말았다. 정원에서 빠져나오기 위해 차를 이리저리 돌리는 과정에서 꽃밭이 망가지자 화가 난 집주인이 욕을 하면서 난리를 쳤다. 그 후 언젠가부터 연기가 나지 않는 연료를 사용하게 되었고, 석탄 사용이 금지되자 완두콩 스프처럼 짙게 끼었던 안개도 사라졌다.

4장
조지 바너드

"내가 특정 단어를 사용하는 것은
그 단어가 뜻하는 바를 말하고 싶기 때문이야.
그 이상도 그 이하도 아니야."

조지 바너드는 명석한 수학자였다. 그는 가난한 집에서 태어나 순전히 혼자 힘으로 명문 케임브리지 대학 수학과에 진학했다. 왜 그런지 꼭 집어 말할 순 없지만 바너드와 함께 있으면 재미있고 희한한 일이 자주 일어났다.

바너드가 일하던 임페리얼 칼리지는 1851년 대영박람회 수익금으로 앨버트Albert 왕자가 세운 학교이다. 처음에는 교수 연구실이 상당히 넓었지만 새로 임용된 교수의 연구실을 마련하기 위해 기존 교수의 연구실을 줄이다 보니 천정은 높고 크기는 작은 연구실이 많이 생겼다. 바너드의 연구실도 마찬가지였다. 어느 날 물어볼 것이 있어 찾아갔더니 바너드가 "답답하니 창문을 여는 게 좋겠어."라고 말하며 창문을 열려고 했다. 하지만 오랫동안 닫혀 있었던 탓인지 창문은 꼼짝도 하지 않았다. 이런저런 상황을 많이 경험한 바너드의 비서 밀즈 양이 망치와 드라이버를 가져와서 한동안 애를 쓰고 나서야 창문을 열 수 있었다. 그런데 바로 그 순간 비둘기 두 마리가 창문으로 날아들어 왔다. 비둘기는 바너드의 연구실을 지나는 복도 천정에 앉았다. 여러 도구를 사용하며 한참을 의자 위에 서 있고 나서야 비둘기를 창문 밖으로 내보낼 수 있었다.

비둘기를 내보내고 나자 바너드는 점심이나 먹으러 가자고 말했다. 우리는 깊은 대화를 나누며 길을 걷다가 횡단보도에 이르렀다. 그때 온통 크롬 도금을 한 비싼 차 한 대가 우리가 건너고 있는 횡단보도를 향해 천천히 다가오고 있었다. 운전자는 화가 난 듯 보였는데, 아마도 우리가 너무 천천히 길을 건너고 있어서 그런 것 같았다. 지금도 마찬가지이지만, 보행자가 횡단보도를 건너고 있을 때 차량이 횡단보도에 진입하는 것은 법으로 엄격히 금하고 있었다. 우리가 차 앞에 이르렀을 때 그 차가 조금씩 움직이며 횡단보도 위로 올라오는 것을 본 바너드는 그 차를 막아서더니 차 보닛을 두 손으로 내리치며 "차 빼! 횡단보도에서 차 빼라고! 차 뺄 때까지 난 비키지 않겠어!"라고 소리쳤다. 운전자는 불만스러웠지만 차를 빼지 않을 수 없었다.

가장 기억에 남는 것은 우리 둘 모두 왕립통계학회 연구위원회 위원일 때의 일이다. 재능 있는 사람을 찾아 학회에서 봉독되는 논문에 대해 토론할 연사로 섭외하는 것도 연구위원회의 일이었다. 바너드는 ICI의 자문위원으로 일하면서 내가 일하는 염료부서에 들리기도 했기 때문에 내가 어떤 연구를 하고 있는지 잘 알고 있었다.

나는 당시 윌슨K. B. Wilson 박사와 함께 공정 개선을 위한 반응표면법을 연구하고 있었다. 바너드는 내게 연구 결과를 정리해서 연구위원회에서 발표해 보라고 했다. 조금은 당황스러운 제안이었지만, 윌슨 박사와 나는 논문을 작성해서 제출했다. 그런데 유명한 통계학자이자 피셔의 제자인 한 심사위원이 우리 논문을 기각해야 한다고 주장했다. 하지만 그 심사위원의 반대는 무산되었고, 나중에는 위원직에서 사임하라는 압력까지 받아야 했다.[21] 어쨌거나 위원회에서 발표한 논문은 적절한 절차를 거처 왕립통계학회지에 게재되었다.[22] 이 논문은 큰 성공을 거두었고, 이를 계기로 미국을 방문할 기회도 얻게 되었다.

내가 왕립통계학회 연구위원회의 위원으로 선출되었을 때 잉글랜드, 스코틀랜드, 웨일즈 등 전국에서 선출된 위원은 모두 8명이었다. 바너드는 도모빌Dormobile이라는 캠핑용 대형 밴을 몰고 다녔는데, 런던에서 회의를 마치면 위원들을 기차역까지 일일이 태워 주었다. 당시 통계학계는 통계적 추론의 몇몇 주제에 대해 논쟁을 벌이고 있었다. 네이만-피어슨Neyman-Pearson의 가설검증이론, 베이즈 이론, 가능도likelihood와 신뢰추론fiducial inference 등이 그런 주제들이었다. 신뢰추론은 다른 방법이 일으키는 문제를 피하기 위한 피셔의 시도로, 나름 성공적이라고 평가받고 있었고, 피셔의 지지자인 바너드도 피셔가 틀릴 리가 없다고 생각하고 있었다.(사실 대부분의 논쟁에서 피셔가 옳았다.) 하지만 바너드의 차를 타고 있던 위원 중에서 데니스 린들리Dennis Lindley는 베이즈가 옳고 피셔가 틀렸다고 강력하게 주장했다. 이에 극도로 화가 난 바너드는 정지 신호를 두 번이나 무시하고 지나가버렸다. 모두를 긴장시켰던 순간이 지나자, 차를 타고 있던 위원들은 바너드가 운전하는 차 안에서는 통계적 추론 이야기를 꺼내지 않기로 약속했다.

후에 작위를 받고 콕스 경이 된 데이비드 콕스David Cox도 나와 같은 시기에 연구위원으로 활동했다. 사람들은 "박스와 콕스라고? 같이 논문이라도 한 편 쓰지 그래?"라며 웃었다. 당사자인 나와 콕스도 그 생각에 동의하고 같이 논문을 쓰기로 했다. 그런데 무엇에 관한 논문을 쓸지는 정하지 못했다.

1980년대 후반에 공연된 연극 중에 '박스와 콕스'라는 코미디 연극이 있었다. 극 중 박스는 밤에 일하고, 콕스는 낮에 일했는데, 집주인 아주머니는 집세를 이중으로 받았다. 콕스와 나는 너무 오랫동안 놀림을 당하고 있었기 때문에 그 상황을 지켜워하고 있었는데 그 연극 이야기를 듣고는 변환에 관한 논문을 쓰기로 했다.[23] 우리는 동일한 변환기법을 가능도법과 베이즈 이론 두 가지 방법으로 유도한 논문을 작성해서 제출했다. 위원회에서는 우리 둘 중 누가 어느 부분을 썼는지 알아내려고 애를 썼지만 우리는 절대로 말하지 않았다. 현실적으로 두 방법은 크게 다르지 않았기 때문이다.

연구위원회는 초청 연사를 바르토렐리라는 이탈리아 식당으로 초대해서 저녁을 대접하곤 했다. 하루는 바너드가 초청 연사를 심하게 비판했는데, 식당으로 걸어가는 길에 그 연사는 바너드에게 "예상했던 것보단 덜한데요. 일 년 전쯤에도 오늘과 비슷한 이야기를 들었거든요."라고 말했다. 놀라기도 했지만 약간 마음이 상한 바너드는 "설마 내가 일 년 전이나 지금이나 똑같은 생각을 하고 있다는 건 아니죠?"라고 말했다.

1953년 내가 처음 미국을 방문했을 당시는 매카시 상원의원이 많은 관심을 받고 있었기 때문에 나는 워싱턴을 방문해서 하원 외국인 활동 조사위원회House Un-American Activities Committee의 활동을 보기도 했다. 그곳에서 나는 공산주의자란 딱지가 한 사람의 명예를 어떻게 망가뜨리는지 목격할 수 있었다.

당시 미국의 통계학자들은 바너드를 몹시 만나고 싶어 했지만, 그를 미국으로 초청하기 위해서는 넘어야 할 장애물이 있었다. 제2차 세계대전 직전에 바너드가 프린스턴 대학교 수학과에서 잠시 공부한 적이 있는데, FBI는 바너드가 그때 공산주의 세포조직을 결성했다고 생각하고 있었기 때문이다. 젊은 학생이었던 바너드가 공산당에 공감하는 바가 있었을 수도 있다. 하지만 내가 만나 본 바너드는 진보적이긴 했지만 특별히 유별난 것도 없었고, 분명히 드러난 세포조직도 없었다. 그러나 FBI는 수차례 비자 발급을 거부했다. 미국 통계학자들은 바너드에게서 통계적 아이디

어쩌다 보니 통계학자

어를·얻어야 하고 결코 미국에 해를 끼칠 인물이 아니라고 하며 강하게 항의했고, 상원의원들에게 진정서를 보내는 등 바너드의 미국 입국을 위해 많은 노력을 했다.

그러다가 나이아가라 폭포의 캐나다 쪽에서 바너드의 강연을 개최해서 이 문제를 우회적으로 해결하기로 했다. 수많은 미국 통계학자들이 바너드의 강연을 들으러 왔고, 바너드는 폭포 건너 미국을 쳐다보며 향수에 젖었다. FBI가 프린스턴 대학교에서 같이 활동하던 사람들의 이름을 대면 비자를 내주겠다고 했지만, 바너드는 이 제안을 거절했다. 1961년 미국국립보건원National Institute of Health이 바너드를 초청하자 FBI는 권리포기각서를 조건으로 입국을 허용했다. 누군가가 서류를 내밀면서 내용은 읽지 못하게 하고 그냥 서명만 하라고 하자 바너드는 그냥 서명해 버렸다고 한다.

FBI와 바너드의 악연은 그걸로 끝나지 않았다. 바너드는 1975년부터 1981년까지 일 년 중 일정 기간만 캐나다 워털루 대학 통계학과 교수로 일했는데 그때까지도 그가 미국으로 들어가는 것은 성가신 일이었다고 한다.

바너드와의 모험은 통계학에 국한되지 않았다. 가장 기억에 남는 크루즈 여행은 바너드의 가족과 함께한 것이었다. 바너드와 그의 아내 메리, 그리고 다섯 명의 자녀를 위해서는 상당히 큰 배를 빌려야 했다. 원저 근방에서 출발해서 템스 강을 따라 옥스퍼드까지 갔다가 돌아오는 160마일 정도 되는 전형적인 크루즈 여행이었다. 몇 마일마다 전역한 수병이 관리하는 갑문이 있었는데 갑문을 지나기 위해서는 정해진 절차를 따라야 했다. 강을 거슬러 올라갈 때는 갑문이 열리기를 기다려야 하고, 갑문이 열리면 밧줄로 배를 묶어 정박시키고 물이 찰 때까지 배가 갑문에 부딪치지 않도록 해야 했다. 대부분의 갑문지기는 친절했고, 어떤 갑문지기는 자기가 수확한 채소를 팔기도 했다. 서두를 필요도 없었다. 3일간 강을 거슬러 올라갔다가 3일간 내려오면 되는 여행이었다. 아이들은 누가 뭘 하는지 서로 지켜보는 것 같았다. 한 아이에게 잠시 배를 조정하게 하면 나머지 아이들도 기회를 노리고 있다가 자기들도 배를 운전하게 해달라고 떼를 썼다. 그것도 같은 시간만큼. 조금이라도 시간을 짧게 주면 불공평하다고 항의했다.

한번은 4월 초에 이른 크루즈 여행을 갔다. 아침에는 여전히 쌀쌀할 때였다. 바너드가 밧줄을 풀고 내가 엔진 시동을 걸었다. 그런데 밧줄이 프로펠러에 감겨 버리는 게 아닌가. 4월의 템스 강물은 상당히 찼지만, 둘이 번갈아 잠수하면서 작은 주머니칼로 밧줄을 조금씩 잘라내는 수밖엔 다른 도리가 없었다. 아무도 수영복을 가져오지 않았기 때문에 바너드의 아내 메리가 가져온 긴 속바지를 입고 수중 작업을 해야 했다. 한참을 작업한 끝에 겨우 밧줄을 잘라냈지만, 뼛속까지 엄습한 추위에 벌벌 떨어야 했다. 스코틀랜드 사람인 메리는 간호사였는데 텀블러에 위스키를 반쯤 따라 주며 마시라고 했다. 덕분에 몸은 따뜻해졌지만 정신은 몽롱해졌다.

강을 따라 여행하다가 배를 정박하고 주변 경관을 둘러보거나 식품을 사기도 했다. 한번은 배에서 내려 들을 가로질러 갔더니 펍이 있는 작은 마을이 나타났다. 우리를 상류층 사람이라고 생각한 펍 주인은 특별한 행사 때나 쓰는 방으로 안내했다. 나는 그 방에 있는 피아노를 연주했다. 얼마 지나지 않아 런던 말투를 쓰는 사람들이 버스를 타고 왔는데 뭔가 축하할 일이 있는 것 같았다. 그중 한 사람이 우리 방을 들여다보더니 "들어가도 될까요?"라고 물었다. 우리가 괜찮다고 하자, 기분이 들떠 있던 이들은 내 주변을 둘러쌌고, 우리는 런던 지역을 대표하는 노래 'Knees Up Mother Brown'을 같이 불렀다. 몇몇 사람들은 이 노래에 맞춰 격렬하게 춤을 추기도 했다.

어쩌다 보니 통계학자

언젠가 짧은 일정으로 미국을 방문하기 직전에 갑자기 바너드와 이야기가 하고 싶어졌다. 그때 바너드는 옥스퍼드 지저스 칼리지에서 개최된 왕립통계학회의 산업응용분과 좌장을 맡고 있었다. 나는 옥스퍼드로 차를 몰아 바너드를 만나러 갔고, 지저스 칼리지에서 하룻밤을 보냈다. 다음 날 일찍 일어나서 미국행 비행기를 타러 히드로 공항에 가야 한다는 것은 말하지 않았다. 그날 바너드를 만날 수 있게 조처해 준 사람은 산업응용분과 서기로 일하고 있던 조앤 킨Joan Kean이었다. 내가 자초지종을 설명하자 그녀는 자신의 괘종시계를 빌려주었다.

다음 날 새벽 5시에 일어나 떠날 준비를 마쳤으나 학교 밖으로 나갈 수 없었다. 왜냐하면 1500년부터 버티고 서 있는 엄청나게 큰 출입구가 잠겨 있었기 때문이다. 다른 출입구를 찾기 위해 캠퍼스를 두 번이나 돌았지만 눈에 띄지 않았다. 지하로 내려가는 계단 같은 것이 보여서 내려가 봤지만 거기에도 출구는 없었다. 문득 지난 수 세기 동안 학생들을 교내에 가둬 놓고 힘든 일을 시키고 있었을지도 모른다는 생각이 들었다. 그 와중에 빌린 괘종시계를 돌려주지 않은 것도 생각났다. 괘종시계를 돌려줄 겸 아무래도 조앤과 상의해 보는 게 좋을 것 같았다. 방문을 두드리자 파자마와 가운 차림을 한 조앤이 나왔다. 학교 밖으로 나가는 출입구를 찾을 수 없다고 하자 그녀는 "어딘가에는 출입구가 있겠죠. 같이 찾아보시죠."라고 말했다. 우리는 내가 이미 살펴본 곳부터 다시 살펴봤다.

한참을 헤매고 나서야 사다리를 발견했고, 바깥쪽 건물과 학교 벽이 연결된 곳도 찾을 수 있었다. 학교 건물 지붕으로 올라가서 사다리를 학교 바깥쪽 길로 내리고 있는데, 경찰이 우리를 쳐다보고 있었다. 나는 여행용 가방을 들고 있었고, 그녀는 파자마에 가운을 걸치고 있었으니 참으로 이상한 장면이 아닐 수 없었다. 나는 경찰에게 "나는 위스콘신 주립대학교의 조지 박스 교수이고, 이 분은 왕립통계학회 산업응용분과 서기인 조앤 킨입니다. 내가 지금 비행기를 타러 급히 떠나야 하는데, 출입구를 찾지 못해서 이러고 있습니다."라고 말했다. 경찰이 크게 놀라지 않는 것을 보니 이전에도 이런 일이 있었던 것 같았다. 경찰은 잠시 생각하더니 "그래요? 내가 사다리를 잡아줄 테니 내려오시죠."라고 했다. 그제야 담장 위에 있는 그녀에게 작별인사를 하고 히드로를 향해 출발할 수 있었다.

그 일이 있은 지 한참 후 어느 저녁식사모임에서 그 이야기를 했다. 식사를 마치고 코트를 입고 떠나려고 할 때 예의바르고 정숙한 영국 숙녀 엘리자베스Elizabeth가 나를 구석으로 끌고 가더니 귓속말로 "그때 킨 양을 경찰에게 소개한 건 정말 잘한 일이에요."라고 이야기해 주었다.

나는 군대에서 담배를 배웠다. 훈련하다가 휴식시간이 되면 부사관이 '담배 일발 장전'이라고 말하곤 했다. 군대에서는 담배를 피우지 않는 사람이 없었다. 후에 바너드가 흡연과 폐암 사이에 어떤 연관이 있다는 브래드퍼드 힐Bradford Hill과 리처드 돌Richard Doll의 연구를 언급하면서 담배를 끊으라고 했다. 1954년 발표된 그들의 연구는, 비록 미국에서 나온 후속 연구에 의해 부당하게 가치를 인정받지 못했지만, 흡연과 폐암 사이의 연관성을 분명하게 보여 주고 있었다.

힐은 뛰어난 의학통계학자였다. 1940년대 스트렙토마이신streptomycin의 폐결핵 치료효과를 연구하면서 의학 실험에 최초로 임의화randomized clinical trial를 도입했다. 20년 전 농업 실험을 통해 처음으로 임의화를 제안한 피셔는 힐과 좋은 관계를 유지했다. 1954년 피셔는 힐을 왕립학회 회원으로 추천하기도 했다. 담배를 즐긴 피셔는 1950년대 말까지 흡연에 관한 힐의 연구를 공개적으로 비판했다. 피셔는 증거가 확실한 상관과 증거가 불충분한 인과관계는 같은 것이 아니며 담배를 피우게 만드는 어떤 요인이 폐암의 원인이 될 수 있다고 주장했다. 일반적으로 말하면, z와 상관이 있는 x와 y가 서로 상관될 수 있다는 것이다. 피셔와 힐 사이는 급격히 냉랭해졌지만, 힐은 돌과 함께 연구를 계속했고 흡연과 폐암 사이에 존재하는 인과관계에 대한 증거는 더욱 명확해졌다. 나는 힐과 돌의 연구에서 제시된 증거가 피셔의 주장보다 더 설득력이 있다고 생각했기 때문에 바너드의 조언을 받아들여 담배를 끊었다.

힐은 탁월한 유머감각을 가지고 있었다. 힐은 1950년 왕립통계학회 회장으로서의 첫 연설을 어떻게 해야 할지 몰라서 참조할 겸 전임 회장들의 연설을 조사하다가 재미있는 사실을 알게 되었다고 했다. 오래전에 한 회장이 하루에 런던 시내에 버려지는 말똥이 얼마나 되는지 알아봐 달라는 요청을 받았는데, 그 요청을 받은 회장은 수집된 말똥 자료는 기꺼이 분석하겠지만, 회원 아무도 자료를 수집하려고 하지는 않을 것 같다는 답신을 보냈다고 한다.

내가 바너드를 처음 만났을 때 그는 템스 강가 반즈 카먼에 살고 있었다. 그의 집은 밤이 되면 빅토리아 시대 후반의 신비로운 분위기를 풍겼다. 특히 빅토리아 시대에 설치된 욕실이 그랬는데, 한 욕실에 설치된 샤워 시설은 상당히 매혹적이었다. 유리 상자처럼 지어진 샤워실이었는데, 샤워기를 틀면 사방에 있는 샤워 꼭지에서 물이 쏟아져 나왔다. 더욱 기이한 것은 어떤 꼭지에선 뜨거운 물이 나오고, 어떤 꼭지에선 얼음처럼 차가운 물이 나왔다. 샤워기 켜는 법은 배웠지만 끄는 법을 배우지 못한 상태에서 한번은 밤새 샤워기를 켜두는 바람에 아래층이 온통 물바다가 되어 버린 적도 있었다. 바너드 가족들은 별말을 하지 않았지만, 온 식구가 하루 종일 물을 닦아내고 나서야 대충이나마 정리할 수 있었다. 바너드야 내 실수를 이해하고 넘어갔겠지만, 그의 아내 메리도 내 실수를 이해하고 넘어갔는지는 알 수 없다.

후에 바너드와 메리는 템스 강 어귀 브라이틀링시 인근에 있는 멋진 집을 구입해 많은 시간과 노력을 들여 수리했다. 비가 심하게 오는 날 수리가 끝나지 않은 바너드의 집을 방문했더니 부엌으로 가는 복도 지붕이 새고 있었고, 메리는 캐나다에 가 있는 바너드를 원망하고 있었다.

브라이틀링시는 에드워드 7세가 좋아하던 곳으로 자신의 요트를 정박 시켜 두던 곳이었다. 지금도 요트를 즐기는 사람들이 좋아하는 곳이기도 하다. 나는 여섯 살 된 헬렌과 네 살 된 해리를 데리고 이곳을 방문한 적이 있는데, 당시 바너드는 작은 모터 보트를 구입해서 타고 다녔다. 바너드는 나와 아이들을 보트에 태워주기 위해 시동을 걸었지만 쉽게 걸리지 않았다. 바너드는 시동을 걸기 위해 줄을 강하게 당기고 있었고, 온 신경을 시동 거는 데 집중하고 있었기 때문에 배가 어느 쪽을 향하고 있는지 몰랐다. 그러다 갑자기 시동이 걸렸고, 보트가 밧줄로 보트를 매어 둔 말뚝을 향해 달려가는 통에 사람들이 보트 바닥에 나뒹굴고 말았다. 잠시 후 다시 시도했지만 이번에는 다른 사람의 보트를 들이받았고 사람들은 다시 바닥에 나뒹굴었다. 몸을 일으키던 메리가 바너드에게 "하루 종일 이러진 않겠죠?"라고 말했다.

나는 가끔 바너드의 집에 머물렀고, 그곳의 정원과 양어장을 무척 좋아했다. 그의 집에는 여러 가지 유용한 장치들이 설치되어 있었는데, 모두 그의 아이디어로 탄생한 것들이었다. 내가 사용하던 방에는 더운 물을 얻는 고무관으로 만든 정교한 장치가 있었고, 어떻게 더운 물이 나오는지를 설명하는 설명서가 붙어 있었다.

어느 날 나와 함께 템스 강둑을 따라 산책하던 바너드는 "우리는 지금 국가지정기념물 위를 걷고 있다네."라고 말했다. 눈에 보이는 거라곤 진흙뿐이었는데, 바너드는 이곳이 로마시대 굴 양식장이라고 했다. 바너드가 그렇다니 난 그럴 거라고 믿었다.

어쩌다 보니 통계학자

5장
미국으로의 초청

"신발이나 배, 봉인 밀랍, 양배추, 왕 이외에도
많은 것에 대해 이야기할 때가 됐어."라고
바다코끼리가 말했다.

나는 ICI에서의 생활에 매우 만족해하며 학계에 대해서는 전혀 생각하지
않고 지냈다. 그럼에도 현장에서 발생하는 문제를 해결하는 과정에서 여
러 가지 통계적 방법을 개발해야 했고, 이를 논문으로 발표하기도 했다.
그러던 중 1952년에 롤리에 있는 노스캐롤라이나 주립대학교에서 한 통
의 편지를 받았다. 전혀 생각지도 않은 일이라 놀라지 않을 수 없었다. 노
스캐롤라이나 주립대학교는 아마 미국에서 최초로 통계학과가 설립된
대학일 것이다.[24] 그 편지는 롤리와 채플힐 두 캠퍼스에 있는 통계학과와
통계연구소를 모두 관리한 것으로 유명한 거트루드 콕스Gertrude Cox가
보낸 것으로, 1년 동안 롤리에서 방문연구교수로 지내는 것이 어떠냐는
제안이었다.

　나중에 알게 된 이 일의 배경은 이랬다. 롤리에서 공부하고 있던 대학
원생인 스튜어트 헌터J. Stuart Hunter는 여름방학 동안 AROArmy Research
Office에서 일하면서 나와 윌슨 박사가 1951년에 쓴 최적 공정조건 결정
을 위한 실험설계에 관한 논문을 ARO 책임자인 프랭크 그럽스에게 보여

나, 랠프 헤이더Ralph Hader, 스튜어트 헌터

주었다. 그럽스는 콕스에게 ARO가 비용의 일부를 지원할 테니 나를 초청하는 것이 어떠냐고 제안했고, ICI 이사회도 회사로 돌아와야 한다는 조건을 달아 1년간의 휴가를 주었다.

나는 기존에 발표한 논문들을 중심으로 박사학위 논문을 써 두긴 했지만 제출은 하지 않은 상태였다. 영국에서는 박사학위가 없다고 해서 크게 문제 될 것이 없었지만, 미국에서는 박사학위를 따야 하는 분위기였기 때문에 퀸 메리Queen Mary 호를 타고 미국으로 떠나기 며칠 전에 박사학위 논문 심사를 받았다. 시험관이었던 피어슨, 하틀리, 바틀릿은 통계학에 대해서는 아무 질문도 하지 않고, 비행기와 배 중에 어느 것을 타고 가는 것이 좋은지에 대해서만 이야기했다. 내가 심사를 통과했냐고 묻자 그들

어쩌다 보니 통계학자

은 "그걸 말이라고 하는가?"라고 대답했다.

내가 소속된 '기타 화학제품부서'는 X선 결정학과 관련한 제품들처럼 특정 부서에 편성하기 어려운 화학제품들을 취급하는 부서로, 책임자는 오크샷S. H. Oakeshott 박사였다. 이사회가 미국행을 허가하자 오크샷 박사가 잠시 보자고 하더니 "미국 서부에 있는 노스캐롤라이나에 가려면 기차를 오래 타야 할 걸세. 여비를 좀 줄 테니 받게나."라고 말했다. 나는 "노스캐롤라이나는 미국 동부에 있습니다."라고 말했다. 누가 맞는지 서로 우기다가 내가 'Chattanooga Choo Choo'라는 노래를 불러 주었다.

넌 4시 15분 전에 펜실베이니아 역에 도착해.
잡지를 한 권 읽고 나면 볼티모어에 도착하겠지.
식당차에서 저녁을 먹고 나면 남부러울 것이 없을 거야.
그러곤 캐롤라이나에서 햄과 계란을 먹게 될 거야.
_ 1941년 해리 워런Harry Warren과 맥 고든Mac Gordon이 작곡한 노래로 1941년 글렌 밀러 악단이 처음으로 녹음했다.

그리고 나서 "가사를 보면 캐롤라이나가 동부에 있는 게 분명해요."라고 했지만, 오크샷 박사는 수긍하지 않았다. 끝내 지도를 꺼내 확인하고 나서야 내가 옳다는 것을 인정했다.

제시와 나는 한겨울에 사우샘프턴에서 퀸 메리 호를 타고 미국으로 떠났다. 배를 타기 위해 부두에 도착했을 때 부두는 온통 흥분의 도가니였고 곳곳에서 카메라 플래시가 터지고 있었다. 왜 그런가 봤더니 윈스턴 처칠 경이 나와 같은 배를 타고 아이젠하워 대통령을 만나러 가는 길이었다. 부두에는 처칠 경의 가족과 중요한 인물들이 처칠 경을 배웅하기 위해 나와 있었다. 카메라 플래시와 소란은 처칠 경이 배 안으로 들어가고 나서야 잦아들었다. 제시와 나는 이 모든 장면을 탑승 트랩의 높은 곳에서 목격했다. 우리도 자리를 찾아 움직이기 시작했지만 길을 찾을 수 없었다. 좁은 복도를 이리저리 헤매고 있는데 복도 끝에서 선장과 처칠 경이 우리 쪽으로 걸어오고 있었다. 복도가 좁았기 때문에 우리는 배를 마주 대고 지나쳐야 했다.

배가 출발한 지 얼마 지나지 않아서 선원들이 계단과 통로 주변에 밧줄을 설치하고 있었다. 왜 그러냐고 묻자 날씨가 나빠질 것 같아서 대비하는 거라고 했다. 덧붙여 갑판에서 신선한 공기를 마시면 뱃멀미에 도움이 된다고 알려 주었다. 갑판에는 술도 마시고 춤도 출 수 있는 술집이 있었다. 술집에 있던 한 쌍의 남녀가 춤을 추려고 했지만 날씨가 나빠져 바닥이 오르내리는 통에 춤추는 것을 포기하고 말았다. 술잔 벽을 따라 오르내리는 술을 보는 것도 재미있었다.

곧 엄청난 폭풍이 닥쳤고, 나는 갑판의 가장 높은 곳에 몸을 고정시키고 앞을 바라보았다. 그곳에서는 거대한 파도를 헤치고 나가는 배의 모습을 볼 수 있었다. 배는 물속으로 들어갔다가 뱃머리부터 바다를 가르면서 다시 솟구쳐 오르기를 반복하며 나아갔다.

나쁜 날씨 때문에 힘들게 대서양을 건너 뉴욕에 도착했다. 입국업무 담당자들이 배에 올라 여권과 비자를 검사했고, 모든 승객을 대상으로 흉부 X-선 검사를 하고 나서야 배에서 내리게 해 주었다. 배에서 내린 후 뉴욕에서 첫 아침식사를 했는데 가격이 80센트였다. 당시 80센트를 영국 화폐로 환산하면 엄청나게 비싼 것이었다.

나는 뉴욕에서 롤리로 가는 비행기 안에서 옆자리에 앉은 이집트 유학생과 많은 이야기를 나누었다. 게다가 우연히 같은 호텔에 머물게 되어 다음 날 아침식사 때에는 세계 곳곳에서 사용되는 영어의 차이에 대해 이야기했다. 내가 여종업원에게 햄과 달걀을 주문하자, 그녀는 "뭐라고요?"

어쩌다 보니 통계학자

라고 되물었다. 다시 말했지만 반응은 마찬가지였다. 할 수 없이 메뉴를 펼쳐서 원하는 음식을 손가락으로 가리켰다. 이 모습을 지켜본 이집트 유학생은 놀란 표정으로 "당신도 그들과 대화하기 어려운데 나는 어떻겠습니까?"라고 말했다. 하지만 여종업원이 내온 접시 한 쪽에는 내가 주문하지 않은 뭔가가 담겨 있었다. 내가 접시를 들고 카운터로 가서 "이건 내가 주문하지 않은 겁니다."라고 말하자, 여종업원은 "그릿츠grits는 그냥 드리는 겁니다. 걱정 말고 드세요."라고 말했다. 옥수수 가루를 굵게 빻아 죽처럼 쑨 그릿츠는 내가 원하든 원하지 않든 그냥 주는 것이었다. 호주에서 감자튀김이 그런 것처럼.

롤리에서 들은 주차장에 얽힌 이야기는 다른 문화에 적응하는 어려움을 나만 겪은 것이 아니라는 것을 알게 해 주었다. 이 주차장은 전쟁 동안 영국 잠수함 선원들의 휴식공간으로 사용되었다고 한다. 당시 자원봉사를 하던 남부 여성들은 영국 장병들에게 차가운 홍차를 제공했는데, 영국에서는 차가운 홍차를 마시지 않기 때문에 영국 장병들에게 생소한 음료일 수밖에 없었다. 자원봉사자들이 떠나면 장병들은 불을 피우고 홍차를 데워 마셨다고 하며, 현지 미국인들은 상당한 시간이 흐르고 나서야 이 사실을 알았다고 한다.

새로운 거처를 잡고 나서야 나를 초청해 준 콕스를 만났다. 그녀는 참으로 놀라운 인물이었다. 얼핏 정원 가꾸기와 쿠키 굽는 것을 좋아하는 쾌활한 중년 여성으로 보이지만, 그녀는 엄청난 열정을 지니고 있었다. 그녀는 원래 아이오와 대학에 미국 최초의 통계학과를 세운 스네데커Snedecor 교수의 연구조교였다. 노스캐롤라이나 대학에서 스네데커에게 신설 실험통계학과 학과장을 추천해 달라고 하자 스네데커는 평소 염두에 두고 있던 5명 중에서 한 사람을 추천하려고 했다. 그런데 콕스가 자신을 추천해 달라고 했고 스네데커가 이 요청을 받아들였다고 한다. 1952년 내가 노스캐롤라이나에 왔을 때 그녀는 현실적인 응용 문제를 주로 다루는 롤리 캠퍼스 통계학과 학과장과 이론 통계학에 중점을 둔 채플힐 캠퍼스 통계학과 학과장을 겸하고 있었으며, 동시에 자신이 설립한 통계연구소 소장도 맡고 있었다. 그뿐만 아니라 주지사의 지원을 받아 롤리, 채플힐, 듀크대학을 연결하는 연구 삼각지대를 설립하는 일도 진행하고 있었다. 콕스는 여성도 탁월한 지도자나 훌륭한 관리자가 될 수 있음을 보여 주는 훌륭한 본보기였다.

　다음 이야기를 들어 보면, 콕스가 얼마나 뛰어난 재능을 가진 인물인지 알 수 있다. 콕스는 기금을 50만 달러 마련하면 50만 달러를 연구비로 지원하겠다는 제안을 받았다. 그녀는 유명한 기업가에게 도움을 요청했고, 그 기업가는 그 정도 기금을 마련하는 건 어렵지 않을 것이라고 말했다.

거터루더 콕스

　　　　　　　　　　　어쩌다 보니 통계학자

그런데 준비기간 12개월 중 9개월이 지났을 때 기업가는 콕스에게 그 돈을 마련하기 힘들겠다고 연락해 왔다. 그러자 콕스는 스스로 자금을 마련해 보겠다고 마음먹고 교수진과 대학원생들에게 자신이 처한 상황을 설명한 다음, "연구에 바쁘더라도 모두 읽는 데 10분 정도 걸리는 글을 써 주세요. 그러면 영향력이 있는 분들을 만나 기금 조성을 도와달라고 부탁해 보겠습니다."라고 했다. 나도 자금 조성에 약간의 도움을 주었고, 이런 모습에 감동을 받아 짤막한 노랫말도 지었다.

연구소 기금을 모으기 위해 우리 여기 모였네.
호루라기와 플루트를 들고.

어쨌거나 콕스는 기금을 마련했다.

롤리와 채플힐에서는 분산분석 같은 피셔가 개척한 통계학의 주제들을 가르치고 있었다. 사실 내가 연구한 반응표면분석이란 것도 피셔의 아이디어를 농업이 아닌 공업 분야에 적용한 것에 지나지 않았다. 피셔도 자신의 연구와 맥을 같이 하는 통계적 기법이 새로운 분야에서 등장했다며 내 연구를 좋아했다.

그런데 반응표면분석에 의해 대체되어 버린 낡은 피셔의 통계학을 배우는 것은 시간낭비라고 말하고 다니는 대학원생이 있었다. 통계학과 교수들은 그 학생이 그런 생각을 하게 된 원인이 내게 있다고 생각한 나머지 내게 화가 많이 나 있었다. 콕스는 한 달에 한 번 자신의 집에서 각종 현안에 대해 논의하는 회의를 열었는데, 다음 회의에서 모든 교수들이 나를 질책할 거라고 헌터가 귀띔해 주었다. 이미 발표된 반응표면분석에 관한 논문이 상당히 수학적이긴 했지만 그 기본 개념을 이해하는 것은 어렵지 않았다. 그래서 나는 재빨리 순전히 콕스만을 위한 응용논문 한 편을 썼다.[25] 회의 전에 그 논문을 읽은 콕스는 나에 대한 비판을 제지하며 내 연구가 피셔의 견해나 학과의 방향과 상충하지 않는다고 말했다. 덧붙여 내 논문을 자신이 편집장으로 있는 바이오메트릭스Biometrics에 게재할 생각이라고 했다.

언젠가 콕스는 로널드 피셔와 프랭크 에이츠Frank Yates를 노스캐롤라이나로 초청해 강연을 부탁했다. 콕스는 강연 외에도 피셔에게 많은 것을 부탁했기 때문에 피셔의 일정은 상당히 빡빡했다. 마침 미국 독립기념일이 되자 피셔는 하루 쉴 수 있게 되었다며 포충망을 들고 야외로 나갔다. 피셔와 친분을 쌓을 기회라고 생각한 한 대학원생이 피셔에게 다가와 "날씨가 정말 좋죠?"라고 말했다. 피셔가 그렇다고 대답하자, 그 학생은 "오늘 독립기념일이라 공휴일입니다. 근데 영국 입장에서는 축하할 일이 아니겠죠?"라고 말했다. 피셔는 그 학생을 향해 돌아서며 "그렇지. 그런데 이제부턴 그래야 하지 않을까 생각하네."라고 퉁명스럽게 말했다.

채플힐의 하워드 호텔링Howard Hotelling은 뛰어난 통계학자였지만 가끔 거만한 모습을 보이기도 했다. 어느 날 학과 야유회에 커다란 새 차를 몰고 나타난 호텔링은 대학원생들에게 차에 흠집이 생기지 않도록 안전한 곳에 세워두라고 부탁했다. 야유회 장소가 공원 근처였던지라 주변에 나무가 많아 적당한 주차 장소를 찾기가 쉽지 않았을 것이다. 한참 시간이 지난 다음 호텔링이 차를 찾았을 때는 차를 주차했던 대학원생들이 더 이상 그곳에 없었기 때문에 다른 학생들이 그 차를 가지러 가야 했다. 차를 가지러 간 학생들은 마치 하늘에서 나무들이 떨어진 것처럼 차가 나무에 둘러싸여 있어서 가져올 수 없었다고 말했다. 사람들은 이해할 수 없다는 표정으로 한동안 당황해했으며(이들은 전부 학자거나 유명 대학 박사과정에 다니는 학생들이었다.), 한참이 지나서야 해결책을 찾을 수 있었다. 구체적인 내용은 기억나지 않지만 그곳에 있던 사람들은 이구동성으로 바로 박사학위를 주어도 좋을 만한 해결책이라고 말했다.

그때나 지금이나 새로운 통계적 아이디어는 과학적 문제를 해결하는 과정에서 생기는 부산물이라고 생각한다. 롤리에 있는 동안 나는 이런 마음가짐으로 헌터와 함께 프레더릭 필립스 파이크Frederick Philips Pike라는 한 화학자의 연구를 도와주었다. 그는 뛰어난 유머감각을 가지고 있었고, 우리는 꽤나 친하게 지냈다. 그는 로키 산맥에 있는 파이크 봉의 높이를 최초로 측량한 파이크 중위의 먼 친척이라고 했다.

파이크는 젊었을 때 차를 몰고 파이크 봉 정상 부근까지 갔다가 차를 돌려 내려오려는데 누군가 차 문을 열고 타더니 산 아래까지 태워달라고 했다고 한다. 술 취한 사람이 분명했지만 태워줄 수밖에 없었는데, 그 사람은 산을 내려오면서 자기는 3일 전에 집을 나왔고, 집을 나오기 전에 부인과 심하게 싸웠으며, 이웃과 친척들까지도 싸움에 말려들었다고 이야기를 늘어놓았다고 했다. 이후 한동안 아무 말 없이 내려오다가, 산을 반 쯤 내려왔을 때 그 사람은 정신이 좀 들었는지 자기가 뭔 짓을 했냐고 파이크에게 물었다고 한다. 파이크는 사람 마음을 읽는 능력이 있다고 했고, 그 사람이 믿지 않자 그 사람이 자기에게 해준 이야기를 그대로 들려주었다. 파이크가 예상한 대로 그 사람은 자기가 그런 이야기를 한 사실을 전혀 기억하지 못했고, 의심스러운 눈초리로 파이크를 쳐다보았다. 파이크가 그 사람을 집 앞에 내려주자 그 사람은 집에 들어갔다 다시 나오더니 "어떻게 자초지종을 다 알고 있지? 당신 내 마누라와 바람 폈지?" 라고 말했다. 이에 신변의 위험을 느낀 파이크는 잽싸게 차를 몰고 달아났다고 했다.

롤리에서는 대부분 프레드 플레처Fred Fletcher라는 DJ가 진행하는 아침 라디오 프로그램을 들었다. 그는 정말 재미있는 친구였다. 프레드는 '할머니의 가성소다 비누Grandma's Lye Soap'라는 광고음악을 틀기도 했는데, 아직도 몇 소절이 기억난다.

궤양으로 힘들었는데,
할머니의 가성소다 비누 한 조각을 먹었더니
궤양이 더 없이 깨끗해졌네.
_ 1952년 존 스탠들리John Standley와 아트 도슨Art Thorson이 지은 '할머니의 가성소다 비누'의
광고음악 중에서

누군가가 팔 것이 있다고 하면 플래처가 그 물건을 광고해 주었다. 나도 플래처가 광고한 피아노를 40달러에 구입했다. 맥주 얼룩이 잔뜩 있었지만 소리는 나쁘지 않았다.

내 연구실이 대학원생들을 위한 공간이 있는 패터슨 홀 1층에 있었기 때문에 난해한 강의를 듣고 나면 가끔 나에게 물어보러 오는 대학원생들이 있었다. 그런 학생 중 몇 명은 나중에 친구가 되었다. 롤리에서 생활한 지 반 년 정도 지나 이사를 해야 했기 때문에 대학원생인 시드 위너에게 믿을 만한 이삿짐센터를 추천해 달라고 했다. (브루클린 출신인 위너는 항상 시가를 물고 다녔다.) 그는 "교수님, 정말로 이삿짐센터를 부르려고요? 우리가 옮겨 줄게요."라고 했다. 그는 대학원생 몇 명을 동원하고, 트럭을 빌려서 이삿짐을 옮겨 주었다. 피아노를 옮길 때까지는 모든 일이 순조로웠다. 새로 이사하는 집은 2층이었으며, 2층으로 올라가는 계단 중간에 오른쪽으로 꺾이는 지점이 있었는데 피아노를 들고 그곳을 통과하는 것이 문제였다. 갖은 노력을 다하는 그들의 모습에서 성조기를 들고 있는 3명의 해병대 그림이 떠올랐다. 아마 그들도 영국인 방문교수에게 못한다는 이야기를 차마 할 수 없었을 것이다. 어쨌든 그들은 우여곡절 끝에 피아

노를 2층으로 옮겨 주었다.

아버지는 기분이 처지면 "한 곡조 할까?"하고 말하곤 했다. 행진곡을 특히 좋아했는데, 그건 나도 마찬가지였다. 어느 날 별 생각 없이 내가 남부에 있다는 걸 잊은 채 '조지아로 진군하자'라는 행진곡을 연주했다. 그러자 수위가 문을 열고 들어오더니 "여기 남부에서 그런 노래를 연주하면 큰일 납니다."라고 단호하게 이야기했다.

롤리 캠퍼스를 돌아다니려면 뭔가 이동수단이 필요했다. 나는 자전거를 사려고 했지만, 대학원생들은 고개를 저으면서 차를 사는 것이 좋다고 했다. 알렉스 칼릴도 그 중 한 명이었다. 칼릴에게 중고차를 살 생각이라고 말하자 자기가 도와주고 싶은데 그날 오후 시험이 있다고 했다. 만약 내가 담당교수에게 전화해서 칼릴의 도움이 필요하다고 말하면 시험을 연기해 줄지도 모른다고 했다. 시험은 연기되었고, 칼릴의 조언에 따

제시와 처음으로 구입한 영국 차 힐만

라 한 중고차 매장에서 괜찮은 차를 골랐다. 시험운전을 한다고 차를 끌고 나왔다 돌아가는 길에 다른 중고차 매장에 들러서 "저쪽 매장에서 골랐는데 한번 살펴봐 주시겠습니까?"라고 말했더니 우리에게 차를 팔 욕심에 이것저것 여러 가지 문제점을 말해 주었다. 중고차 매장으로 돌아온 우리는 다른 매장에서 들은 문제점들을 지적하면서 가격을 깎아달라고 요구했다. 이런 식으로 세 군데의 중고차 매장을 다닌 끝에 싼 값에 괜찮은 차를 살 수 있었다.

롤리의 대학원생들은 채플힐에서 강의를 듣기도 했는데, 학교차를 운전해서 채플힐에 가야 했기 때문에 돌아가면서 강의를 들어야 했다. 칼릴이 운전할 때 일어난 재미있는 이야기가 캠퍼스에서 회자되었다. 그날 칼릴은 차를 좌우로 움직이면서 운전을 했다고 한다. 잠시 후 경찰차가 따라왔는데, 술 취한 사람이 운전한다고 생각했던 것 같다. 차를 세운 경찰은 칼릴에게 운전면허증 제시를 요구하면서 냄새를 맡았다. 별다른 문제점이 발견되지 않자 경찰은 칼릴에게 "차가 좌우로 왔다 갔다 해서 무슨 문제가 있나 하고 세운 겁니다."라고 말했다. 칼릴은 "보다시피 난 이집트 사람입니다. 이집트에선 낙타 타는 법을 배우죠. 낙타를 탈 땐 몸이 좌우로 흔들리게 내버려두어야 해요." 경찰이 칼릴을 노려봤지만 그는 천연덕스러운 표정을 지었다. 그러자 경찰이 말했다. "여기 운전면허증 가진 사람 있습니까?" 누군가 면허증을 보여 주자 경찰이 말했다. "이집트 사람 아니죠? 그럼 이 분과 자리를 바꾸시죠."

그 후 37년이 지나 이집트에서 개최된 국제통계학회에 참석한 나는 컴컴한 방에서 강연을 듣고 있었다. 그때 누군가 내 옆에 앉더니 작은 목소리로 "박스 교수님"하고 속삭였다. 칼릴이었다. 통계학계를 떠난 칼릴은 오렌지를 재배하고 있었다.

노스캐롤라이나에 있을 때 나는 한 여성에게서 운전교습을 받았다. 그녀는 나에게 "손은 천천히, 발은 빠르게 움직여야 할 것 같습니다."라고 말하곤 했다. 교습이 진행되면서 운전면허증을 가진 사람의 동승을 조건으로 운전할 수 있게 되었고, 헌터가 과감히 동승해 주었다. 하지만 얼마 되지 않아 운전면허시험을 치라고 한 걸 보면 동승하는 게 지겨워졌던 것 같다. 당시 노스캐롤라이나 운전면허시험은 경찰이 담당하고 있었다. 운전 실력이 별로였던 나는 긴장까지 하는 바람에 뭐 하나 제대로 한 게 없었다. 이를 처음부터 지켜본 헌터는 경찰이 시험을 통과했다고 서류에 기재하자 깜짝 놀랐다. 이를 알아챈 경찰은 "교통법규를 어긴 건 하나도 없어요."라고 말했다.

여전히 운전이 미숙했던 나는 어느 날 좌우도 살피지 않고 불쑥 간선도로로 진입했다. 간선도로 오른쪽을 달리고 있던 차는 가까스로 내 차를 피해 도로 반대편에서 멈춰 섰다. 영국에서 이런 짓을 했다면 엄청나게 욕을 얻어먹었을 것이다. 그런데 차창을 내린 운전자가 한 말이라곤 "이 봐요, 괜찮아요?" 한마디뿐이었다.

어느 일요일 아침 운전 중에 펑크가 났다. 한 남자와 그 가족이 탄 차가 옆에 다가와 멈추더니 무슨 문제가 있느냐고 물었다. 모두들 깔끔하게 차려 입은 걸로 봐서 교회에 가는 길이었던 것 같았다. 타이어를 교체할 줄 모른다고 말하기가 민망해서 타이어 교체하는 걸 가르쳐 줄 수 있느냐고 물어봤다. 그러자 그는 "내가 교체해 줄 테니 내가 하는 걸 잘 보고 배우시죠."라고 말했다. 그는 옷이 더러워지는 걸 개의치 않고 타이어를 교체해 주었다. 나는 그의 친절이 너무 고마워 어찌할 바를 몰랐다. 그는 "서로 도우며 살아야죠. 잘 아시잖아요."라고 말하곤 차를 몰고 가 버렸다. 영국으로 돌아온 후 누군가 미국을 부당하게 비판한다고 생각될 때마다 나는 이 이야기를 들려주었다.

롤리에서 지낸 일 년 동안 생소했던 미국 사회의 관습에 대해 나름의 견해를 갖게 되었다. 헌터의 박사과정 연구를 도와주는 것이 내가 맡은 일이었지만, 또 다른 박사과정 학생인 시거드 앤더슨Sigurd Anderson의 연구도 도와주었다. 앤더슨은 샐리와 결혼한 지 얼마 되지 않았었고, 헌터도 태디와 결혼한 유부남이었다. 우리는 같이 어울리면서 많은 추억거리를 만들었다. 나는 대학원생 모임을 만들었는데 미국 친구들은 이 모임을 '십시일반 회전초밥식 회식'이라고 불렀다. 첫 집에서 준비한 한 가지 음식을 먹은 다음, 다음 집으로 이동해서 그 집에서 준비한 한 가지 음식을 먹고, 또 다른 집으로 이동하는 그런 모임이었다. 제시와 나는 식전 음료를 준비하기로 했지만 여기에 대해 아는 것이 별로 없었다. 미국인들은 식전에 칵테일을 마신다는 정도만 알고 있었는데 이것도 영화에서 본 것이 전부였고, 좀 독해야 한다는 것 외엔 뭘 어떻게 섞어야 하는지도 몰랐다. 첫 번째 집에서의 식사가 끝나기도 전에 한 부인이 정신을 잃는 것을 보고 나서야 아무것도 섞지 않은 진 정도의 음료를 제공해야 한다는 걸 알게 되었다.

롤리에서의 일 년이 거의 끝나갈 즈음 콕스는 4~5주 정도 휴가를 줄 테니 미국을 돌아보는 것이 어떻겠냐고 말했다. 제시와 나는 캐나다에서 개최하는 학회에 참석하는 것으로 여행을 시작했다. 왜냐하면 학회에 참석한 많은 통계학자들이 미국과 캐나다 국경인 세인트로렌스 강 사우전드 아일랜드 보트관광에 나섰기 때문이다. 배에 기름을 넣기 위해 미국 측에 잠시 보트를 멈추었을 때 미국 이민국 직원이 보트에 타더니 우리에게 어디서 왔느냐고 물었다. 앤더슨은 '덴마크', 나는 '영국', …… 등 보트에 탄 사람들은 각기 자신의 나라 이름을 댔다. 마지막으로 바실리 호에프딩Wassily Hoeffding이 특유의 악센트로 '러시아'라고 말하자 이민국 직원은 "그만! 당장 배를 빼시오."라고 소리쳤다. 냉전은 그렇게 끝났다.(기름값이나 지불하고 배를 뺐는지 모르겠다.)

어쩌다 보니 통계학자

당시 나와 사촌 간인 펠럼 삼촌의 아들과 딸이 시카고에 살고 있었는데, 그때까지 한 번도 본 적이 없어 여행 기간 동안 만나보기로 했다. 그러나 찾을 길이 막막했다. 나는 무작정 시카고 시장에게 편지를 썼다. 그리고 얼마 되지 않아서 답장을 받았다.

제시와 나는 노스캐롤라이나에서 시카고까지 차를 몰고 갔다. 내 운전 실력은 여전히 별로였으며, 특히 복잡한 시내에서는 더욱 그랬다. 하필이면 가장 붐비는 러시아워에 중심가인 시카고루프에 들어섰다. 우회전을 하고 싶었지만, 신호가 바뀔 때마다 엄청나게 많은 사람들이 길을 건넜기 때문에 우회전을 하지 못하고 멈춰 서 있었다. 그때 한 경찰이 차 안으로 고개를 들이밀더니 "이봐. 맘에 드는 신호가 없어서 그런 거야?"라고 말했다.

사촌 에블린은 시카고 시의회에서 일하는 변호사와 결혼해 살고 있었다. 그는 친절했고, 시의회가 어떻게 돌아가는지 알 수 있도록 시의회 회

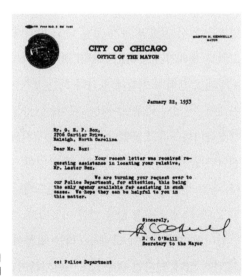

시카고 시장으로부터
받은 편지

의를 참관하게 해 주었다. 사촌 레스터는 시카고에서 20마일 정도 북쪽에 있는 자동차회사에서 일하고 있었으며, 그의 가족은 무척 활기차게 생활하고 있었다. 우리가 방문하는 동안에 밤 11시에 춤추러 나가기도 했다. 밤 11시면 우리에겐 매우 늦은 시간이었다.

시카고에 있는 동안 시카고 대학에서 일하던 영국 친구 브라운리 Brownlee 교수를 만났다. 그는 미국의 아름다움을 열정적으로 설명했다. 내가 어디를 여행해야 할지 모르겠다고 하자 자기 연구실로 데리고 가서 미국 여행을 하면서 찍은 수백 장의 슬라이드를 보여 주었다. 지도를 보면서 여러 가지 설명도 해 주었다. 브라운리 교수와 우리는 취향이 상당히 비슷했다. 둘 다 그랜드캐니언을 비롯해 콜로라도 강, 유타 주 산후안 강, 콜로라도 거니슨 국립공원의 블랙캐니언, 애리조나 북부에 있는 오색 사막 같이 구불구불하게 흐르는 강을 좋아했다. 결국 우리는 브라운리 교수가 대충 잡아 준 경로를 따라 여행하기로 했다.

복잡한 시카고 도심을 벗어나자 서부로 가는 우리 여행에 더 이상 걸리적거리는 것은 없었다. 그랜드캐니언을 200마일 남겨두고 칼릴과 갖은 방법을 써서 골랐던 차가 고장 나고 말았다. 고치는 데 이틀이나 걸렸고, 그것도 오래가지 못하고 그랜드캐니언 지척에서 다시 고장 났다. 갑자기 이렇게 고생하며 여행해야 하나 하는 생각이 들었다. 그래서 근처 기둥에 기대어 서 있던 카우보이처럼 보이는 남자에게 "그랜드캐니언이 어떻게 생겼습니까?"라고 물었다. 그는 잠시 생각하더니 "그러니까 말하자면, 당신이 지금까지 본 어떤 것보다 큰 구멍이 땅에 나 있다고 생각하면 됩니다."라고 말했다. 어쨌든 우리는 그랜드캐니언에 갔다. 그리고 보았다. 정말 그랬다. 상상할 수 없을 만큼 아름답고 경이로운 광경이었다.

인디언 원주민들이 티피tepee라는 원뿔형 천막을 치고 사는 마을에 잠시 멈춰 섰다. 인디언 원주민과 이야기하려면 먼저 선물을 주어야 한다는 말을 들은 적이 있어서 사과를 가져갔다. 한 원주민이 나오더니 사과를 받고 안으로 들어가더니 다시 나오지는 않았다.

사막을 지나가야 했기 때문에 항상 물통을 채우고 출발해야 했다. 듣던 대로 미국의 서부는 경이로웠다. 메사베르데 국립공원에 있는 아나사지 인디언 마을은 특히 흥미로웠다. 절벽을 파서 조성한 주거지는 수세기 전에 버려졌는데, 거주자들이 황급히 떠난 흔적이 역력했다. 건조한 지역이라 500년 된 여성의 시신이 잘 보존된 상태로 발견되기도 했다. 국립공원관리국에서 개최하는 캠프파이어에서 이 지역에 살았던 원주민의 문화에 대해 더 많은 것을 배울 수 있었다. 인디언 원주민의 후손들이 전통 춤을 보여 주었으며, 우트Ute 족의 침입을 알리는 경계시스템에 대해서도 설명해 주었다. 우트 족의 침입을 알리는 소리를 실제로 들려주었는데, 그 소리는 사람들을 조용하게 만들 때도 사용한다고 했다.

제시와 나는 미국 여행을 제대로 즐겼던 것 같다. 하루는 산중의 좁은 길을 지나다가 엄청난 양떼와 마주쳤다. 길이 양들로 가득해서 전혀 움직일 수 없었다. 할 수 없이 제시가 차 지붕에 걸터앉아서 차 지붕을 두드리며 큰소리를 질러야 했다. 제시가 큰소리를 낼 때마다 양들이 조금씩 길을 터 주었고 우리는 조금씩 차를 몰고 나아갈 수 있었다. 그 모습을 본 원주민 양치기가 나를 보고 "정말 멋진 여자를 아내로 맞았군요."라고 말했다.

우리는 미국 여행의 추억을 안고 영국으로 돌아왔다. 돌아올 때는 '프랑스의 섬Île de France'이란 배를 탔다. 돌아올 때는 갈 때와 달리 배에서도 즐거운 시간을 보낼 수 있었다. 같은 배를 타고 있던 프랑스 공군사관 후보생들은 폭탄 투하기술을 자랑하려는 듯 아래층에서 춤추고 있는 댄서들의 가슴골을 향해 작은 공을 떨어뜨리기도 했다.

영국에 돌아오자마자 우리는 힐만에서 나온 새 차를 구입했다. 하지만 칼릴과 돌아다니면서 구입한 중고차는 결코 잊을 수 없었다.

6장
프린스턴

"그러면 너희 학교는
좋은 학교가 아냐."

나는 노스캐롤라이나 대학에 있는 동안 여러 학교로부터 세미나 초청을
받았다. 프린스턴 대학교도 그 중 한 곳이다. 프린스턴에는 뛰어난 수학
자이자 통계학자인 존 터키John W. Tukey가 있었다. 터키는 프린스턴 대학
에서뿐만 아니라 벨 연구소에서도 중요한 인물이었다. 터키는 벨 연구소
에 통계학을 확산시키기 위해 많은 노력을 기울였다. 터키와 나는 서로
존경했지만 서로 의견이 다를 때도 있었다.

ICI에서의 초기 연구 중 몇몇은 유의성 검증에 관한 것이었다. 어떤 효
과가 '통계적으로 유의하다'란 말은 우연히 나타난 결과일 것 같지 않다
는 의미이다. 예를 들어 신약의 효능을 검증한다고 하자. 그러면 신약과
기존에 표준적으로 사용하던 약의 효능 차이가 실험오차에 불과한 것이
아니라는 것을 보이고 싶을 것이다.[26] 유의성 검증은 분명히 생각해 봐야
할 문제이다. 유의성 검증이 없다면 과학자들은 헛것을 좇거나 작지만 중
요한 차이를 놓칠 수 있기 때문이다.

우리가 골라 써야 할 정도로 다양한 유의성 검증법이 있지만, 각 검증

법은 나름의 가정에 기반을 두고 있다. 특히 자료의 확률분포(잡음의 확률분포)를 알고 있다고 가정하는데, 대부분 이 분포를 정규분포라고 가정한다. 정규분포가 현실을 잘 근사하는 때가 많다는 것도 사실이다. 실제 분포가 정규분포와 조금 차이가 나더라도 크게 영향을 받지 않는 검증법도 있지만, 그렇지 않은 것도 있다. 1953년 내가 가정이 조금 틀려도 큰 영향을 받지 않는 검증을 로버스트 검증이라고 부른 다음부터 이 용어가 널리 사용되었다. 특정 검증법의 로버스트성은 검증법과 가정 모두에 영향을 받는다는 것을 알아야 한다. 예를 들어 "A가 B보다 큰가?"라는 질문에 답할 때는 정규분포 가정이 중요하지 않을 수 있다. 하지만 "A의 변동이 B의 변동보다 더 큰가?"라는 질문에 답할 때는 그렇지 않다. ICI에서 내가 연구한 문제가 바로 로버스트한 검증법을 개발하는 것이었다. 로버스트한 통계적 방법이 특정한 가정 하에서 최적의 방법은 아니지만, 이것은 다양한 현실적인 가정에서 유용하게 사용될 수 있다.

밥 호그Bob Hogg를 비롯해서 로버스트 통계학을 연구하는 학자들이 상당히 많았다. 다재다능한 터키는 특정한 가정의 위반에 로버스트한 통계량을 생각해내는 재능을 가지고 있었다. 터키와 달리 나는 여러 가지 가정이 위반되는 경우를 고려해서 베이즈 방법으로 로버스트성을 달성하는 것이 좋다고 생각했다. 이런 접근법의 차이 때문에 콜 포터가 작곡한 'Let's do it'이란 노래를 개사해 'Let's Go Robust'란 노랫말을 썼다.

존도 로버스트성을 연구하고,
호그도 로버스트성을 연구하네.
유행에 민감한 통계학자들은 전부 로버스트성을 연구한다네.
그렇게 하세.
로버스트해지세.

어쩌다 보니 통계학자

특이점들도

질 나쁜 자료도

이 추정량은 다 걸러내네.

그렇게 하세.

로버스트해지세.

내가 여기 프사이Psi 함수를 가져왔네.

아무 결점이 없는 함수야.

이 함수는

당신들이 쓰는 함수보다 훨씬 더 좋은 거야.

이 학생도

저 학생도

요즘 학생들은 예전 학생들보다 더 로버스트해졌어.

그렇게 하세.

로버스트해지세.

양쪽 끝을 좀 잘라내면[27]

자료가 아주 좋아진다네.

자료를 제거하는 것은

로버스트성 이론의 기본이지.

우리는 어려운 문제에 도전한다네.

우리는 50보 밖에서도 특이점을 맞출 수 있어.

이런 움직임에 동참하세.

로버스트해지세.

박스는 단지
모형을 통해서 로버스트성을 연구하지만,
수없이 많은 방법으로 연구할 수 있어.
박스도 배웠다네.
베이즈라는 전도사에게서.

명예도 성공도
같이 나눌 수 있어.
조금 대담한 로버스트한 방법을 찾아내면
지금 바로 그걸 향해 나아가게.
그러면 로버스트해질 거야.

오늘날 유의성 검증과 로버스트성이 다루는 문제는 피셔 입장에서는
이미 오래전에 해결된 것으로 볼 수 있다. 편향된 결과를 피하기 위한 방
도로 임의화를 주장했을 때 피셔는 임의화 자체가 비모수적 유의성 검증
이라는 점을 분명히 지적했다. 임의화로 인한 통계량의 모든 가능한 값을
바탕으로 우리가 얻은 결과가 어떤 것인지를 판단한다. 컴퓨터가 없던 초
창기에는 이런 방법을 사용할 수 없었지만 지금은 가능하다.

노스캐롤라이나에서 영국으로 돌아온 이후에도 터키는 수차례 전화를
주었다. 터키는 내게 ICI를 그만두고 프린스턴에 와서 새로 설립할 통계
기법연구단Statistical Techniques Research Group 단장으로 일하라고 종용했
다. 1956년 제시와 나는 그 제안을 받아들였고, 새로 입양한 아들 사이먼
Simon을 데리고 프린스턴으로 갔다. 터키는 우리의 거처로 숲 속 통나무

어쩌다 보니 통계학자

집을 구해 놓았다. 몇 달이 지난 후 헌터 가족과 저녁식사를 하는 자리에서 제시는 통나무집에서 살면서 예쁜 고양이와 친해졌다고 말했다. 제시는 이 고양이가 어떻게 생겼는지 자세하게 설명했는데, 헌터와 그의 아내는 제시가 말한 동물이 고양이가 아니라 스컹크라고 알려 주었다.(영국에는 스컹크가 없다.) 일 년 후에 통나무집에서 교내 숙소로 거처를 옮겼음에도 야생동물은 더 자주 볼 수 있었다.

통계기법연구단은 몇 년 동안 탁월한 연구실적을 올렸으며 다수의 출판물도 발간했다. 방문연구자도 많았지만, 헌터, 돈 벤켄Don Behnken, 콜린 멜로우스Colin Mallows, 제프 왓슨Geoff Watson, 메르브 밀러, 드레이퍼, 헨리 셰페Henry Scheffé, 마틴 빌Martin Beale 등이 연구원으로 일하고 있었다. 곱슬머리 루카스H. L. Lucas는 콜럼비아 대학에서 온 방문연구자였지만 중요한 인물이었다. 그는 연구원들의 육체적 정신적 건강을 걱정하며 점심시간마다 우리를 수영장으로 끌고 갔다. 평생연구원이었던 헌터는 터키의 낡은 스테이션왜건을 몰고 뉴욕에 있는 멜로우스를 만나러 가서 재회의 기쁨을 나누는 순간 멜로우스의 발이 차 바닥을 뚫고 나간 일을 기억하고 있었다.

연구단을 발족하면서 포리스털 캠퍼스 시어볼드 스미스Theobald Smith 관 내에 공간을 마련했다. 우리와 교류하던 사람들 중에 이 주소를 어려워한 사람들이 있었는지 건물 이름을 'The Old Bald Smith'라고 쓴 우편물이 오기도 했다. 나는 나이 들고 머리가 벗겨진 유명인물의 사진을 액자에 넣어 벽에 걸어 두고는 이 분이 바로 그 유명한 'The Old Bald Smith'이며 우리 연구단을 설립한 분이라고 농담하기도 했다. 전통이 있는 것처럼 하면 좀 있어 보이니까.

후에 연구단은 나소 가에 있는 두 개 건물로 옮겼는데, 이 두 건물은 나중에 하나로 합쳐질 예정이었다. 영국을 방문하기 전에 이사 계획안을 결제하면서 1층 벽장을 철거해야 한다고 지시했다. 하지만 돌아와 보니 벽장은 그대로 있었다. 내가 이 점을 지적하자 벽장이 2층 화장실을 지지하고 있어서 철거할 수 없었다고 했다. 프랜시스 스콧 키Francis Scott Key가 소소한 일에 영감을 받은 것처럼 벽장에 영감을 받은 콜린과 나는 다음과 같은 짧은 글을 지었다.

가우스 관을 지나갈 때
안을 들여다보라.
작은 벽장이 보이거든
"저게 뭐하는 거지?"라고 물어보라.
그러면 모든 연구단원이 달려 나와
정규곡선 모양으로 둘러서서
이 노래를 부를 거야.
"그건 우리 화장실과
다른 모든 것을 지지하는 벽장이라네.
이 벽장이 없다면 모든 것이 허물어진다네.
그건 우리 화장실을 받치고 있는 벽장이라네."

우리는 나소 가에 있는 건물을 가우스 관이라고 불렀다. 그건 우리 모두 위대한 수학자 칼 프리드리히 가우스Carl Friedrich Gauss를 존경했기 때문이다. 우리는 건물 이름을 새긴 표지판도 달았다. 당시 프린스턴 대학에는 크리스천 가우스Christian Gauss란 이름을 가진 유명한 학장이 있었기 때문에 가우스 관이란 표지판은 상당한 오해를 불러일으켰다. 비가 심하게 오는 어느 날 건물을 나서던 뮐러는 우산을 쓴 채 건물 표지판을 보고 있던 나이든 여성이 "가우스 학장이 이 건물에서 일한 적이 없는데 이상하네."라고 말하는 걸 들었다. 밀러는 우산도 쓰지 않고 비에 젖는 것도 무릅쓰고 가우스의 수많은 업적을 설명하며 건물 이름의 유래를 설명해 주었다. 그러나 그 여성은 전혀 동요하지 않고 "아무리 그래도 가우스 학장이 이 건물에서 일한 적이 없단 사실은 맞잖아요."라고 말했다.

1950년대 가장 흥미를 끌었던 것 중 하나는 미분방정식으로 표현되는 화학반응기제 모형을 개발하는 것이었다. 이런 모형개발은 비선형추정 분야로 많은 계산을 요했기 때문에 나는 공대 교수 한 사람과 연구비를 합쳐 IBM 650 컴퓨터를 임대하기로 했다. 오늘날의 기술 수준에서 보면 IBM 650은 느리고 메모리도 작지만 당시엔 최고 수준의 컴퓨터였다. 컴퓨터를 임대하기 위해 연구비를 지출하려면 학장의 허가를 받아야 했다. 학장은 우리가 하는 일을 막지는 않았지만, 어리석은 짓을 한다고 생각했다. 학장은 교내 교수들의 의견을 들어보니 그렇게 성능이 좋은 컴퓨터는 1년 동안 할 계산을 반나절 만에 다 해버리고 놀고 있을 거라고 우려했다. 학장의 예상은 보기 좋게 빗나갔다. 몇 달도 되지 않아 우리가 임대한 컴퓨터는 하루 24시간 쉬지 않고 돌아갔다. 낮에는 우리 연구단에서 사용했고, 일과 후에는 다른 사람들이 무료로 사용할 수 있도록 개방했다.

고든연구회Gordon Research Conference에는 1953년 노스캐롤라이나 대학에 있을 때 처음 참가했다. 고든연구회는 존스 홉킨스 대학의 화학자 닐 고든Neil Gordon 교수의 이름을 딴 연구회이다. 발표만 마치고 사라져버리는 소위 대가라는 사람들의 행태가 마음에 들지 않았던 고든 교수는 비공식적인 토론이 학문 연구에 상당히 중요하다고 생각했다. 1930년대에는 체서피크 만에 있는 깁슨 섬에서 연구회를 개최해서 모든 참가자들을 일주일 동안 고립시킨 적도 있었다.

이런 고든연구회의 취지는 다른 분야, 다른 지역으로 확산되었다. 1951년에는 화학과 화학공학 분야의 고든연구회가 뉴햄프셔에 있는 사립 기숙학교인 뉴햄프턴 고등학교에서 여러 번 개최되었다. 5일 동안 계속된 이 고든연구회에는 전국의 통계학자, 화학자, 화학공학자들이 참가했다. 대부분의 사람들은 비행기를 타고 보스턴으로 가서 학회에서 준비해 둔 버스를 타고 뉴햄프셔로 갔다. 하지만 돈 벤켄과 나는 차를 몰고 갔다. 그는 "고든연구회로 가는 자동차 여행은 웃고 노래하며 운전하느라 정신없었지만 학회에서는 기억에 남는 대화를 많이 나누었다."고 회상했다.[28]

나는 프린스턴에 있는 동안 돈Don과 그의 부인 니타와 가깝게 지냈다. 1943년부터 1946년까지 해군에서 복무한 돈은 다트머스와 예일에서 물리학으로 학사학위를 받은 후 콜롬비아에서 MBA를 받았다. 박사과정은 1956년 롤리에서 시작했는데, 그의 친구 앤더슨이 나와 공부하라고 종용했다고 한다. 하지만 내가 프린스턴에 있었기 때문에 돈은 롤리에서 박사학위를 받는다는 약속을 해야 했고, 2번의 여름을 나와 함께 프린스턴에서 보냈다. 1960년 나는 돈과 함께 반응표면분석을 위한 실험설계법인 이른바 박스-벤켄 설계법을 개발했다.[29] 박스-벤켄 설계법은 각 변수의 수준이 3인 설계법으로, 적은 실험횟수로도 중요한 모형을 적합할 수 있게 해 주는 설계법이다.

박사학위를 받은 돈은 코네티컷 노워크에 있는 아메리칸 사이안아미드에 통계학자로 취업했다. 나중에 아메리칸 사이안아미드의 자문위원으로 활동하면서 다시 돈과 함께 일할 기회가 생겼고 그의 가족도 다시 만날 수 있었다. 돈이 보트를 잘 몰았기 때문에 돈의 보트를 타고 주말을 보내기도 했다. 한번은 단둘이 보트를 타고 주말 내내 우스갯소리를 하며 보낸 적이 있다. 돈은 내가 우스갯소리를 106번 했고 자기는 30번밖에 안 했다고 주장했다.

또 한번은 돈의 가족과 같이 보트를 타고 롱아일랜드에 있는 섬으로 소풍을 갔다. 그런데 섬에 도착하자마자 갑자기 폭풍이 몰아닥쳤기 때문

어쩌다 보니 통계학자

에 준비해 간 물건들을 서둘러 작은 배에 실어서 보트로 옮겨야 했다. 물건을 싣고 왔던 작은 배를 큰 파도가 덮치기 직전에 보트로 옮겨 탔지만, 파도를 헤치고 안전한 곳에 이를 때까지 어른 아이 할 것 없이 정신없이 보트에서 물을 퍼내야 했다.

고든연구회에서는 정감어린 농담도 주고받지만 연구에 관한 심도 깊은 대화도 나눈다. 고든이 의도했던 대로 고든연구회에서는 이런 대화를 나눌 수 있는 시간이 주어진다. 아침과 저녁은 공식적인 발표와 토론을 하는 시간으로 정해놓고 오후 시간은 일정 없이 비워 두었기 때문이다. 주변에는 산책하기 좋은 곳도 많았고 수영할 수 있는 곳도 멀지 않았다. 배우자(그 당시엔 남편은 없고 대부분 부인들이었다.)도 초대되었기 때문에 그들을 위한 행사도 별도로 마련해 놓고 있었다. 음식도 나무랄 데가 없었고, 마지막 날 저녁엔 전통적으로 바닷가재가 제공되었다. 풍자극도 공연되었는데, 나는 좀 이상해진 내 자신을 풍자했다.

장소는 레디선에 있는 리틀 마쉬 대학 고참 교수 조지 박스의 연구실이다. 그렇게 뛰어나지 않은 조지 박스 교수는 젊은 후임 교수 존을 고든연구회에 보내 새로운 것을 배워 오게 했다. 존 교수가 조지 교수의 연구실로 들어온다.

조지: 이보게 젊은 친구, 자네 누군가? 잘 모르겠는데.

존: 전 조교수입니다.

조지: 어느 과 조교수인가?

존: 교수님과 같은 과입니다.

조지: 아, 그래? 그런데 무슨 일로 왔나? 임금을 올려달라고 온 것 같군.

존: 여기서 고든연구회 참석결과를 보고하기로 했는데요. 학장님은 와 계신가요?

조지: 곧 오겠지. 어디서 빈둥거리고 있을 거야.

존: 이번 학회는 혼란스러웠습니다. 처음엔 내가 동물학회에 잘못 온 게 아닌가 하고 생각했습니다. 다진 생선에서 우유를 짜거나 살충제를 탈모치료제로 바꾸는 이야기만 하더니, 구체적인 문제로 들어가서는 실험을 설계하는 법을 가르쳐 주더군요.

조지: 실험을 설계하는 거야 이미 다 아는 거 아닌가?

존: 예. 그런데 실험에 대해 좀 생소한 개념을 가지고 있더군요. 요인을 한 번에 하나씩 변경하지 않고, 한꺼번에 변경하던데요.

조지: 정말 비과학적이군. 말도 안 돼! 자네 SNAFU Southern Neural Fundamentalists Network가 지원한 내 유명한 실험들을 알지 않나. 그 실험으로 유성생식을 반박했지. 역겨우니 세세한 이야기는 하지 않겠네. 그 실험에 토끼 암수 한 쌍을 사용했어. 사람들은 암수가 짝짓기를 해서 새끼를 낳을 거라고 했지만 내가 그렇지 않다는 걸 증명했어.

조지 박스 교수는 오버헤드 프로젝터를 이용해 여러 자료를 보여 준다.

조지: 그래서 새끼 토끼는 황새가 데려와서 구스베리 나무 밑에 숨겨놓는다는 대립가설을 받아들일 수밖에 없었지. 아, 늙다리 학장이 이제 오는군. 이 친구에게서 고든연구회에 다녀온 보고를 받기로 돼 있네. 근데 자네 이름이 뭐라고 했나?

학장: 아, 그렇지. 존, 자네구만.

조지: 학회에 온 사람들이 모든 요인들을 변경하면서 실험해야 한다는 이상한 생각을 한다고 해서 우리가 한 토끼 유성생식 실험에 대해서 이야기해 주고 있던 참일세.

학장: 왜 유명한 벼룩실험도 있지 않나.

어쩌다 보니 통계학자

조지: 맞아. 그 실험으로도 그들이 틀린 걸 증명했지. 책상 위에 벼룩을 두고 책상을 쾅 쳤더니 벼룩이 점프를 하더군. 책상을 다시 쾅 쳤더니 벼룩이 또 점프를 했지.

존: 반복도 했군요.

조지: 말도 안 되는 소리! 그냥 한 거라고. 이번엔 벼룩 다리를 잘라낸 다음 책상을 쾅 쳤어. 벼룩이 점프를 하지 않더군. 다시 쾅 쳤는데 역시 점프를 하지 않더군.

존: 또 반복했군요.

조지: 이봐, 젊은 친구, 말도 안 되는 소리 하지 말라니까 그러네. 나는 벼룩이 다리를 잃으면 청각을 잃는다는 걸 증명한 거라고.

고든연구회에 빠지지 않고 참석했던 프랭크 윌콕슨Frank Wilcoxon은 상당히 재미있는 사람이었다. 윌콕슨과 그의 부인 프레디는 고든연구회에서 만나고 싶은 사람들이었다. 저녁을 먹기 전에 식전주나 마시자며 나를 초대했던 때가 기억난다.

1892년에 태어난 윌콕슨은 모험적인 젊은 시절을 보낸 후 32세 나이에 물리화학 분야에서 박사학위를 받았다. 그는 1920년대 중반 보이스 톰슨 식물연구소Boyce Thompson Institute for Plant Research에서 박사후과정을 밟으면서 구리화합물을 이용한 살진균제에 관해 연구했다. 그와 그의 동료였던 잭 유덴Jack Youden은 1925년 출판된 피셔의 책 『연구자를 위한 통계적 방법Statistical Methods for Research Workers』을 가지고 공부했다.[30]

윌콕슨은 1943년부터 아메리칸 사이언아미드에서 일했으며, 그곳에서 살충제와 살진균제 연구팀을 이끌었다. 그러는 동안 윌콕슨의 관심은 자연스럽게 화학에서 통계학으로 이동했으며, 1945년에는 통계학계를 깜짝 놀라게 하는 논문을 발표했다.[31] 윌콕슨이 이끄는 연구팀은 여러 가지 새로운 화합물의 효과를 가장 좋다고 알려진 화합물의 효과와 비교해야 했는데 통계적 유의성을 검토해야 할 화합물의 조합이 너무 많았다. 성능이 좋지 않은 1940년대의 계산기로 당시 표준적인 방법으로 사용되고 있던 고셋Gossett의 t-검증을 여러 차례 실시하려면 상당히 많은 시간이 걸렸다. 그래서 윌콕슨은 시간이 얼마 걸리지 않는 검증법을 개발해야 했다. 윌콕슨이 개발한 새로운 검증법은 두 표본이 겹치는 부분만 주목하면 되었고, 윌콕슨이 작성한 표만 있으면 유의성도 계산할 수 있었다.

윌콕슨은 1950년부터 1957년 퇴직할 때까지 아메리칸 사이언아미드의 레덜리 연구실에서 통계자문단을 이끌었다. 1960년부터 새로 설립된 플로리다 주립대학 통계학과에서 초청교수로 강의하던 윌콕슨은 1965년 11월 18일 세상을 떠났다. 1967년 1월, 플로리다 탤러해시에서 열린 윌콕슨 추모 강연에 참석한 나는 윌콕슨의 아내 프레디와 많은 동료들을 만날 수 있었다. 윌콕슨과 프레디는 열렬한 자전거 애호가였지만, 나이 든 다음에는 오토바이를 타고 다녔다.

고든연구회에 빠지지 않고 참가한 사람 중에는 커스버트 다니엘Cuthbert Daniel도 포함된다. 1904년 태어난 다니엘은 선천적으로 개성이 강하고 독립적인 인물이었으며, 그런 성향은 죽을 때까지 변하지 않았다. 화학공학자인 다니엘은 통계학 과목은 수강한 적도 없고 단지 생화학을 공부하던 아내 자넷이 집에 가져온 피셔의 『연구자를 위한 통계적 방법』을 읽어 본 것이 전부였다. 그런 배경을 가진 다니엘이 산업계에 요인실험factorial experiment을 도입하고 요인실험으로 수집한 자료를 분석하고 이상치도 찾을 수 있는 간단한 도식적 방법을 개발한 것은 놀라운 일이다. 그는 1940년대부터 1980년대 중반까지 다국적 화학기업 유니언카바이드Union Carbide, 다양한 소비재를 제조/판매하는 다국적 기업 프록터앤드갬블Proctor and Gamble, 철강회사 유에스스틸U. S. Steel, 제약회사 스큅E. R.

Squibb과 같은 기업의 통계자문을 하면서 독창적이고 유용한 연구를 수행했다.

다니엘은 어리석은 사람들을 견디지 못하는 성격이었다. 때때로 어리석은 사람들을 비난이라도 하듯이 끼고 있던 보청기 스위치를 꺼버리곤 했다. 하지만 그는 뛰어난 유머감각을 가지고 있었으며, 이론가들에게는 기죽은 척도 할 줄 알았다. 그는 말하는 중간 중간 "지금까지는 괜찮아요."라고 말하는 습관이 있었다. 한번은 같이 듣고 있던 발표가 신통치 않자 작은 목소리로 "조지, 눈도장 찍는 거 말고는 건질 게 하나도 없어."라고 말했다.

다니엘은 격식에 얽매이는 사람이 아니었다. 피츠버그에서 자문을 하던 어느 날 저녁 갑자기 자기 누이가 출연하는 연극을 보러 가자고 했다. 어떻게 그곳에 갔는지 기억나지는 않지만 상당히 멀리 떨어진 곳까지 가야 했다. 연극이 끝나자 피츠버그로 돌아갈 방법이 없었다. 그는 지나가는 차를 세우더니 타고 있는 중년부부에게 "피츠버그에 가십니까?"라고 물었고, 그들이 그렇다고 대답하자 다짜고짜 뒷자리에 타는 나보고 타라며 문까지 열어 주었다. 그러고는 어디까지 간다며 목적지를 말했다. 차에 타고 있던 중년부부는 폭력배라도 만난 듯 겁에 질려 있었던 것이 틀림없었다. 그들은 우리를 목적지까지 데려다 주었고, 우리는 고맙다는 말을 하고 내렸다.

나는 1950년대 중반 다니엘이 보낸 편지를 아직도 가지고 있다. "친애하는 E. P."로 시작하는 편지도 있지만, 아래 편지는 "친애하는 조지"로 시작했다.

친애하는 조지.

일 년에 한두 번 편지를 쓰면서도 능력의 한계를 느끼네. 능력이 부족함에도 불구하고 편지를 쓰고 있으니 부족한 건 이해해 주기 바라네. 습도가 높은 날씨라 품질관리학회를 빼먹고 집에서 밀린 일을 하고 있네. 이 절반정규도 half-normal plot를 보고 자네 의견을 말해 주게. 찰거머리 같은 날 떼어 버리거나 피셔 추종자라는 말보다 더 심한 말을 하면서 컴컴한 다른 세상으로 보내 버려야 인연을 끊을 수 있을 거란 생각은 아예 하지도 말게.

다니엘과 나는 1997년 다니엘이 92세의 나이로 세상을 떠날 때까지 우정을 나누었다.

헌터와 나는 같이 여행할 때가 많았다. 같은 회사의 자문위원일 때도 있었고, 미국이나 유럽의 여러 회사에서 일주일 정도의 일정으로 강의를 자주 같이 했기 때문이다. 헌터와 내가 프랭크 라이어던Frank Riordan 박사를 만난 것은 고든연구회에서였다. 화학회사 캠스트랜드Chemstrand에서 화학공학자로 일하던 라이어던은 상당히 어려운 문제에 봉착해 있었다. 나일론을 독점적으로 생산하던 듀폰DuPont은 공정거래를 제한한다는 이유로 소송을 당했다. 몇 년에 걸친 소송 끝에 1951년에 듀폰은 플로리다 펜사콜라에 기존 공장과 동일한 규모와 기술수준을 가진 나일론공장을 짓는 데 합의했다.

라이어던은 새로 지은 나일론 공장의 공정개선 책임자였다. 수년 동안 나일론을 생산한 경험이 있는 기존 공장과 경쟁하는 것은 쉬운 일이 아니었지만, 통계적 실험설계와 자료 분석을 잘 이용하면 이 차이를 극복할 수 있을 것이라고 생각하고 있었다. 라이어던은 헌터와 나를 자문위원으로 초청해 이사회에 참석토록 했다.

마침내 2,000에이커에 이르는 거대한 공장이 완공되었다. 이 공장은 초기에 듀폰이 운영하다가 새 회사에 양도하게 되어 있었다. 양도받을 새 회사가 바로 캠스트랜드였으며, 다국적 농업생물공학기업 몬산토Monsanto

의 계열사가 될 예정이었다. 그 다음부터 듀폰과 캠스트랜드는 서로 경쟁자가 되는 것이었다. 새 공장의 최고관리자가 생산개시 전에 공장을 돌아보다가 직원으로부터 누구냐는 질문을 받자 "내가 이 공장 최고관리자요."라고 말했다. 그러자 그 직원은 한눈에 다 들어오지 않는 거대한 공장을 쳐다보면서 "정말 대단한 일을 하셨습니다."라고 말했다고 한다.

라이어던은 규모는 크지 않았지만 화학자와 엔지니어로 구성된 상당히 괜찮은 팀을 이끌고 있었다. 헌터와 나는 몇 년 동안 정기적으로 라이어던이 이끄는 팀을 만나 많은 문제를 해결했는데, 대부분 실험을 통해 해결했다. 자동차 타이어에 사용되는 나일론 코드와 관련한 문제는 아직도 기억에 생생하다. 새 공장에서 생산한 나일론 코드의 품질이 듀폰을 따라가지 못하는 것이 문제였다. 영업사원들이 이 점을 지적했고, 잘못하면 시장을 송두리째 듀폰에 뺏길 지경이었다. 그러나 아무도 그 문제를 해결하려 들지 않았기 때문에 라이어던이 이끄는 팀이 이 일을 맡아야 했다. 라이어던은 방문에 '캘훈Calhoun'이라고 써 붙여 놓았는데, 이 단어는 한 고등학교 미식축구팀에 얽힌 우스갯소리이다. 경기가 상당히 어렵게 진행되자 축구팀 코치가 계속 "캘훈에게 공을 줘! 캘훈에게 공을 주라니까!"라고 외쳤는데, 정작 캘훈은 "아니, 나한테 주지 마!"라고 말했다는 이야기이다.

헌터와 나는 1950년대만 해도 소나무 숲밖에 없는 해안지대였던 펜사콜라로 여러 번 출장을 갔다. 그곳에 머무는 동안 시간이 나면 수영도 하고 신선한 해산물을 먹으면서 멕시코 만을 마음껏 즐겼다. 라이어던은 요리도 잘했지만 무엇보다 재즈 마니아였다. 라이어던이 악기를 연주하는 친구들을 모아서 재즈 파티를 열어 준 덕분에 나는 활기차게 자문활동을 할 수 있었다. 하지만 다른 연주자와 함께 기타를 치는 것은 쉬운 일이 아니었다.

헌터와 나는 길을 나서면 계획대로 안 되는 경우가 있다는 것을 경험으로 배웠다. 불시에 비행기가 결항하는 것도 그런 경우에 속했다. 한번은 앨라배마 주 디케이터에 가기 위해 비행기를 탔는데 내려 보니 조지아 주 디케이터였다. 언젠가 헌터가 뜻대로 안될 때 도움이 되는 이야기를 해 주었는데, 그 이야기는 이랬다. 쌍둥이 아들을 둔 부부가 있었다. 한아이는 지독하게 비관적이었고, 다른 한 아이는 말릴 수 없을 정도로 낙관적이었다. 부부는 생일을 맞아 아이들의 이런 성질을 고쳐 보려고 했다. 비관적인 아들에게는 방 안 가득 원하는 선물을 채워놓고 그 방으로 안내해 주고, 낙관적인 아들에게는 말 배설물밖에 없는 마구간으로 데리고 가서 그 안에 선물이 있다고 했다. 그리고 한 시간 후에 아이들이 어떻게 하고 있나 살펴보았다. 비관적인 아이는 울고 있었다. 왜냐하면 장난감 설명서를 이해할 수 없었고, 몇 개는 부서져 있었기 때문이었다. 낙관적인 아이는 얼굴에 웃음을 띤 채 "어딘가에 망아지가 있을 거야."라고 중얼거리며 마구간을 뒤지고 있었다. 실제로 이 이야기가 도움이 될 때가 있었다.

1950년대에 나와 헌터 그리고 다니엘은 통계학을 기술 분야에 응용하는 사람들을 위한 학술지가 필요하다는 데 의견을 같이했다. 20세기 전반 피셔와 월터 슈하트Walter Shewhart 같은 이들 덕분에 과학연구에서 통계학의 가치가 입증되었으며, 이와 같은 추세는 고든연구회와 미국품질관리학회American Society for Quality Control와 더불어 지속되었다. 응용통계학자들이 아직 전면에 등장하지는 않았지만, 전후 산업이 급격히 성장하면서 통계학을 기술 분야에 응용하는 것에 대한 관심이 커지고 있었다.

프린스턴에서 생활한지 몇 달이 지난 어느 날, 그해 고든연구회 의장을 맡은 화학공학과 존 휘트웰John Whitwell 교수가 반복실험에 관한 강연을 부탁해 왔다. 고든연구회에서는 비공식적인 토론을 통해 새로운 학술

어쩌다 보니 통계학자

헌터, 나, 다니엘

지가 필요하다는 것에 대한 공감대가 형성되었다. 그해 말 러트거스에서
통계학을 가르치면서 품질관리학회 화학분과 교육위원회 위원장을 맡고
있던 호러스 앤드류스Horace Andrews가 공정개선을 위한 통계학 교육과정
을 개발해 달라고 부탁해 왔다. 헌터, 다니엘과 함께 교육과정을 개발하
면서 새로운 학술지에 대해 다시 한 번 논의했다. 1958년에는 품질관리
학회 회원들에게도 새로운 학술지에 대해 이야기했고, 토론을 거쳐 새 학
술지는 통계적 방법을 물리학과 공학 분야에 응용한 연구를 발표하는 장
이어야 한다는 결론에 도달했다.

새 학술지는 미국품질관리학회와 미국통계학회American Statistical
Association, ASA가 공동으로 발간하고 이사회도 두 학회의 회원으로 구성

하기로 결정했다. 이런 결정의 배경에는 품질관리학회가 새 학술지의 기반을 다지고, 학술지의 질적 수준을 통계학회가 담당하게 하자는 생각이 있었다.

새 학술지를 시작하기 위해서는 약 10,000달러의 자금이 필요했다. 품질관리학회는 즉시 5,000달러를 지원했지만, 통계학회는 지원을 망설였다. 나는 헌터, 다니엘과 함께 특별강연을 개최해 5,000달러의 기금을 조성한 다음 통계학회에 전달했다.

1959년 '화학, 물리학, 공학 분야 실험에 관한 학술지'란 부제가 붙은 창간호가 나왔다. 첫 편집장은 헌트였고, 학술지 이름으로 테크노메트릭스란 이름을 추천한 피셔는 '자연과학연구를 위한 수학적 확률'이란 논문을 기고해 주었다.[32]

프린스턴에서 강의를 할 의무는 없었지만 1959년 화학공학과에서 실험계획 강의를 부탁해 왔다. 대학원생을 위한 과목이기 때문에 시험을 치거나 성적을 낼 필요는 없다고 했다. 그런데 학기를 마치자 담당자가 전화를 걸어 윌리엄 고든 헌터William Gordon Hunter라고 불리는 빌 헌터 학생이 받은 학점이 뭐냐고 물었다. 내가 "아니, 성적을 낼 필요가 없다고 하지 않았습니까?"라고 말하자, 담당자는 빌 헌터는 특별히 허락을 받아서 대학원 과목인 내 강의를 수강한 학부생이기 때문에 성적을 내야 한다고 했다. (후에 빌 헌터는 이 과목을 수강하기 위해 5명의 학장들로부터 허락을 받아야 했다고 말했다.)

담당자는 당혹스러워 하는 나에게 구두시험을 치는 것도 괜찮다고 알려 주었다. 나는 그때까지만 해도 빌 헌터를 평범한 학생으로 생각하고 있었다. 하지만 구두시험을 치르면서 나는 그의 박식함에 감탄을 금할 수 없었다. 프린스턴은 성적을 1에서 7까지 7단계로 주었으며, 7이 가장 높은 성적이었다. 학과사무실에 빌 헌터의 성적이 7이라고 전하자, 담당자는 빌 헌터가 수석으로 졸업하게 되었다며 잘된 일이라고 했다. 일리노이에서 화학공학 석사 학위를 받은 빌 헌터는 위스콘신 대학에서 내 지도를 받으며 박사 과정을 마치고 싶어 했다.

7장

매디슨에서의 새로운 삶

"사과를 캐고 있는 중입니다."

프린스턴에서의 생활은 만족스러웠고 정교수가 될 수도 있었다. 그러나 1959년 나는 이혼의 아픔을 겪었고, 제시와 사이먼은 영국으로 돌아갔다. 나는 조앤 피셔Joan Fisher와 결혼할 예정이었는데, 이런저런 소문 때문에 조앤이 고통 받지 않게 하려면 프린스턴을 떠나야만 했다. 학과장이었던 샘 윌크스Sam Wilks는 일이 년만 지나면 다 잊혀질 거라면서 프린스턴에 남으라고 설득했다. 하지만 내 결심은 바뀌지 않았고, 다른 일자리를 찾아보기로 했다. 콜럼비아, 시카고, 버클리에서 관심을 보였지만, 새로 시작하기에는 위스콘신이 가장 좋을 것 같았다.

위스콘신 주립대학교 매디슨에 귀착하게 된 과정은 이렇다. 프린스턴 대학 통계연구단에서 같이 일했던 헨리 셰페는 버클리 통계학과 교수였다. 그는 훌륭한 통계학자가 되기 위해서는 수학 이외의 것이 필요하다고 생각하는 사람이었다. 셰페는 내 논문을 읽고 '박스의 탁월한 생각'이란 제목의 세미나를 개최하기도 했다. 한편 위스콘신 대학 수학연구센터 Mathematics Research Center 센터장이었던 수학자 루돌프 랭거Rudolph Langer

는 수학연구센터에서 일할 인재를 찾고 있었다. 수학자뿐만 아니라 통계학자도 물색하고 있었던 랭거는 셰페와 알고 지내던 사이였다. 아마도 나를 랭거에게 추천한 사람은 셰페였을 거라고 생각한다.

매디슨에는 200명 정도로 구성된 통계사단Division of Statistics이라는 느슨한 모임이 있었다. 특별한 요건이 있는 것도 아니었고 통계학에 관심만 있으면 가입할 수 있었다. 이들은 매디슨에도 통계학과가 있어야 하며, 내가 수학연구센터 소속으로 일하면서 통계학과를 설립하는 일을 할 수 있을 것이라고 생각했다.

그들은 기술적인 문제에 관한 세미나뿐만 아니라 학과를 설립해야 한다면 어떤 일을 할 것인지에 대한 세미나에도 나를 초청했다. 나는 세미나에서 농업, 공학, 의학, 경영학 등과 연계된 중앙통계단을 구성해야 한다고 말했다. 다음날 학장은 "위원회는 그 계획이 마음에 든다고 합니다. 여기 와서 현실화시키는 게 어떻겠습니까?"라고 말했다.

대학에서 학생들을 가르쳐 본 경력이 없는 나를 정교수로 임용하면서 학과장 직무를 수행할 수 있게 해 준 것은 상당히 좋은 채용 조건이었다. 나는 노스캐롤라이나에서는 '방문연구교수'였고, 프린스턴에서는 '선임연구원' 신분이었다.

새 학과 업무는 1960년 9월 새 학기에 맞춰 시작하기로 되어 있었기 때문에 그 전 몇 개월은 수학연구센터에서 일하면서 새 학과에 대한 구상을 해야 했다. 어윈 가움니츠 경영대학 학장의 도움으로 무엇보다 필요했던 추가적인 재정적 지원을 받을 수 있었다. 신설 초기에 통계학과의 시설은 그저 그랬다. 통계학과는 제2차 세계대전이 끝난 후 대학에 진학한 수많은 제대 군인들을 수용하기 위해 지은 퀀셋Quonset 건물 중 하나에 위치했는데, 호수 가까이 있었기 때문에 가끔 물에 잠기기도 했다. 통계학과가 문을 연 초기에 물에 젖어가면서 건물을 지키는 사람은 나와 조교 한 명뿐이었다.

나는 교육 경력이 전무한 상태로 매디슨에 왔지만, 교실에서 하는 일이나 군대나 ICI에서 하는 일이 크게 다르지 않을 것이라고 생각했다. 군대나 ICI에 있을 때 과학자들이 통계적 방법으로 문제를 해결할 수 있게 도우면서 그들과 가까이 지냈으며, 문제해결 방법에 관한 강연을 하기도 했었다. 강연 포스터를 붙이면 예닐곱 명 정도가 강연을 들으러 오곤 했다. 샐포드 전문대학에서는 야간 강의를 하기도 했었다. 과거의 이런 활동이 대학 강의에 어느 정도 도움이 되리라고 생각했다.

매디슨에서 처음으로 강의한 과목은 '고급 통계이론'이었다. 매주 등사한 강의 노트를 배부했고, 피어슨의 제자답게 제일 먼저 네이만-피어슨 가설검정이론을 가르쳤다. 유니버시티 칼리지를 떠난 후 표준적인 가정이 옳지 않을 때 어떤 일이 생기는지에 대해 연구했기 때문이기도 했지만, 좀 더 타당하다고 생각했기 때문에 베이즈 방법이 더 설득력이 있다고 생각하고 있었다. 그 때문에 시간이 갈수록 나의 강의는 베이즈 통계학으로 기울었다.

나는 과학적 탐구에서 통계학이 핵심적인 역할을 하는 변화의 최전선에 있다는 것을 처음부터 강조했다. 또한 통계학이 뭔가를 배우고 발견할 수 있게 하는 촉매 역할을 하며 과학과 공학 분야에서 유용하게 사용된다는 사실을 학생들이 알았으면 했다. 이에 그치지 않고 교실 밖에서도 토론하고, 기업체에서 활약하는 통계학자들을 만나 그들이 문제를 해결하는 방법을 배우기를 바랐다.

나만큼 전도유망한 학생들을 많이 만난 운 좋은 교수는 없을 것이다. 나의 첫 제자인 탸오, 빌 헌터, 샘 우Sam Wu는 1963년 위스콘신에서 박사학위를 받았다. 1960년대 후반에 온 딘 비혜른Dean Wichern은 1969년 경영대학 교수가 되었다. 첫 10년간 졸업한 제자 중에서 드웨인 미터Duane

Meeter, 데이비드 베이컨David Bacon, 폴 뉴볼드Paul Newbold 등은 미국, 캐나다, 영국 대학의 교수가 되었다. 존 베츠John Wetz, 빌 힐Bill Hill, 데이비드 피어스David Pierce, 제이크 스레드니Jake Sredni 등은 기업체와 정부기관으로 진출했다. 그중에서 탸오는 경고등 같은 학생이었다. 그의 표정이 좀 이상하다 싶으면 내가 칠판에 뭔가 틀리게 썼다는 것을 알 수 있었다.

베이컨은 내 수업시간에 특이한 설명이나 낯선 표현이 나오면 공책 여백에 적어 두었다고 한다. 그는 1960년대부터 보관하고 있던 공책에서 찾은 여러 가지 글을 보내 주었다.

- 피셔가 여기에 대해서는 조금 '땍땍'거리죠. (사전 지식이 없을 때 균등분포를 사전분포로 사용하는 것이 합리적이라고 할 수 없다면서)
- 가능도법은 영리하긴 하지만 분별력이 없는 어린아이와 같다.
- 오늘날 훌륭한 연구란 것도 옆을 못 보게 하는 눈가리개를 오른쪽으로 3도 정도 돌린 것에 지나지 않는다.
- 나와 같은 속도로 여행하는 조난당한 외로운 형제가 있을지도 모른다.
- 이 중에 교수형시켜야 할 문제는 없다.
- 우리는 선행이 보답 받을 때 놀란다.
- 이 시점에 화학공학자가 바닥에 침을 뱉으며 나가버리지 않았으면 한다.
- F-검증 결과가 유의적이었다고 해서 대략적인 결론을 내릴 수 있을 거라고 생각한다면 천만의 말씀이다.
- 지금 필요한 것은 잘 지워지는 칠판이다.
- [월요일 밤 맥주 모임에서 한 말] 문리대학에 너무 화가 나서 무슨 말을 할지 잊어버렸다.
- 불쌍한 제프리즈Jeffreys. 우리가 벨라Bella 양을 데려오면 안 될까?
- 데이터가 항상 명확한 것은 아니다.

- 모형을 구축할 때 대체로 뭔가를 제거하기보다는 포함하려는 경향이 있다. 사람도 마찬가지이다.
- [자세하게 증명하면서] 전차궤도에 코가 끼지 않도록 조심하라.
- 이제 숭고한 것에서 저속한 것으로 옮아가야 한다.
- '어머니와 같이 살기' 같은 라디오 프로그램이 시작할 때처럼 편안한 자세로 앉아 계신가요? 그럼 시작해 볼까요?
- 뒷줄에 앉은 친구가 망치로 머리를 얻어맞은 표정인 걸 보니 다시 설명해야겠군.
- 대부분의 수리통계학회Institute of Mathematical Statistics 회원들은 모형을 본 적도 없고, 보려고도 하지 않으며, 데이터엔 관심조차 없어. 2주 후면 그들이 여기 올 테니 어떤 사람들인지 볼 수 있을 거야. 그래도 친절하게 굴어야 하네. 알다시피 그들도 분명히 사람이니까.

통계학과는 몇 년 동안 네 번이나 이사를 다녀야 했다. 퀸셋 건물에서 잠시 있다가 존슨 가에 있는 상당히 괜찮아 보이는 건물로 옮겼다. 어느 날 연구실에 앉아 있는데 한 남자가 들어오더니 벽을 두드리기 시작하는 것이었다. 왜 그러냐고 물어보니 그는 천장을 받치는 들보의 위치를 찾고 있다고 했다. 왜 들보 위치를 찾느냐고 물어보니 "아시겠지만, 다음 주에 이 건물을 철거할 겁니다."라고 말했다. 나는 바로 담당자에게 전화를 걸어 문의했다. 그러자 담당자는 "교수님, 그 건물이 언젠가는 철거될 거란 건 맞습니다. 그렇지만 일이 년 후인 걸로 알고 있습니다."라고 말했다. 나는 한숨을 돌리면서 전화기를 내려놓았다. 15분 정도 지난 후 담당자에게서 다시 전화가 왔다. 그는 당황한 목소리로 "교수님 말씀이 맞습니다. 오늘 오후 이사해야겠습니다."라고 말했다.

다음으로 이사한 곳은 유니버시티 가에 있는 약국 건물이었다. 욕실이 많은 걸 보면 세를 놓기 위해 지은 건물이 틀림없었다. (욕실은 대학원생들이 자전거 주차장으로 활용했다.) 세미나실은 L자 모양이었는데, 강연이 재미없을 때는 굽어져 안 보이는 곳에 앉아 있을 수 있어서 나름 쓸모가 있었다.

이 건물에 있을 때 나중에 총장이 된 영Young 학장이 방문했는데, 나는 어떻게 이 건물을 구했는지 물었다. 그는 "이 건물에 들어오려는 사람들이 줄을 서 있었어요."라고 말했다. "그런데 어떻게 우리가 들어올 수 있었습니까?"라고 묻자, 학장은 "박스 교수 덕분에 지원을 받을 수 있었으니까요."라고 말했다. 우리 학과가 국립과학재단National Science Foundation에 재정지원을 요청하자 재단이 현장실사를 나왔는데, 학과 조교였던 준 맥스웰June Maxwell이 우리 학과에서 나온 보고서를 확대해서 눈에 잘 띄는 벽에 걸어두고, 지원이 시급하다는 것을 보여 주기 위해 현장실사단원이 지나갈 때 천장에서 회반죽 조각이 떨어지게 해 두었다고 했다.

1964년에는 컴퓨터과학과가 신설되었다. 이 신설 학과에는 경험 있는 선임교수가 없어서 수학과의 스티브 클레이니Steve Kleene 교수가 임시 학과장을 맡았다. 클레이니 교수는 세계적으로 유명한 논리학자였으며 인간적으로도 아주 매력적인 인물이었다. 클레이니와 나는 통계학과 컴퓨터과학은 서로 교류하고 상호보완할 수 있을 것이라고 생각했다. 우리는 이런 생각을 바탕으로 여러 기관과 접촉한 끝에 국립과학재단의 지원을 받을 수 있었다. (클레이니 교수가 재정지원 요청 강연을 듣는 두 사람의 이야기를 해 주었는데, 아마 내가 좀 장황하게 설명했기 때문인 것 같았다. 강연을 시작한 지 5분 정도 지나자 한 사람이 다른 사람에게 "20달러 정도 주는 게 어때?"라고 말했다. 강연이 10분을 경과하자 "5달러 정도 주면 되겠네."라고 했고, 20분이 지나자 "에이, 그냥 보내 버리자."라고 했다는 이야기였다. 나는 그가 무슨 말을 하는지 알아들었고, 그의 조언을 받아들였다.)

클레이니와 나는 통계학과와 컴퓨터과학과가 자연스럽게 서로 교류할

어쩌다 보니 통계학자

수 있도록 두 학과의 연구실과 사무실을 번갈아 배치했다. 그리고 커피를 마시며 토론할 수 있게 라운지는 한 개만 만들어 공동으로 사용하게 했다. 하지만 상황은 우리가 생각한 대로 돌아가지 않았고, 이 구상은 실패하고 말았다. 통계학자와 컴퓨터과학자는 교류할 생각이 전혀 없었고, 얼마 지나지 않아서 두 학과는 서로 독립된 공간을 사용하게 되었다. 컴퓨터과학과는 통계학과보다 훨씬 빠르게 성장했고, 2003년이 되자 통계학과는 현재의 건물로 밀려났다. 과거에 병원이었던 건물로.

컴퓨터과학과가 설립된 지 얼마 되지 않았을 때였다. 컴퓨터과학과의 새 학과장이 나를 찾아와서 학위 수여 규정에 대해 물었다. 나는 "규정이라니요?"라고 되물었다. 컴퓨터과학과 학과장은 자기가 문의해 봤더니 새로 설립된 학과는 학위 수여 등에 관한 여러 규정을 만들어서 위원회의 승인을 받아야 한다고 했다. 나도 이런 일을 한 적이 없었기 때문에 딱히 도울 방법이 없었다. 통계학과를 설립하는 임무를 부여받았기 때문에 학위 수여 규정도 내가 정할 수 있다고 생각했던 것 같다. 실제로는 런던 대학교의 규정에 기초해 박사학위를 수여하고 있었다. 규정이라고 해봐야 박사학위 청구자가 청구 논문을 제출하고, 논문 심사위원들이 (1)통과시키거나, (2)구두시험이나 필기시험을 치르게 하거나, (3)탈락시키거나 하면 되는 것이었다. 이 일을 계기로 통계학과의 학위 수여 규정도 다른 학과와 같이 길고 복잡하게 변했다. 초기 박사학위 취득자 중에는 훌륭한 통계학자들이 많았지만 이들이 적법한 절차를 밟았는지에 대해서는 확신이 없다.

조앤과 나는 영국 시민이었기 때문에 1959년 미국으로 오기 전에 외국인 등록증을 발급받았다. 외국인 등록증을 발급받기는 어렵지만, 일단 받고 나면 여러 부분에서 미국 시민과 동등한 혜택을 받을 수 있었다. 외국인 등록증 신청서처럼 큰 신청서는 아직 본 적이 없다. 수많은 질문에 답해야 하는데, "뉴욕사진협회 회원이거나 회원이었던 적이 있습니까?" 같은 질문도 있었다. (암실에서 어떤 일을 하는지 상상하게 하려나 보다 생각하고 그냥 내버려두었다.)

하지만 문제는 복잡하게 돌아갔다. 나는 이미 미국에 와 있었고, 조앤은 태어난 지 석 달 된 헬렌을 데리고 뒤에 오기로 되어 있었다. 영국에서 태어난 헬렌이 외국인 등록증이 없는 것은 당연했다. 그래서 헬렌이 태어나기 5개월 전부터 새로 태어날 아기의 비자가 필요한지 문의했다. 나는 이 일로 여러 번 편지를 주고받아야 했다.

뉴욕에 있는 ACNS American Council for Nationalities Service에 편지로 문의했더니 1960년 5월 16일 무슨 말인지 전혀 알 수 없는 장문의 편지가 왔다. 이 편지에 국무부 규정 22 C.F.R. 42.36절이 언급되어 있어, 국무부에 직접 편지를 써서 문의해 보니 어린아이에게는 이 규정을 적용할 수 없다고 했다. 이런 복잡한 과정을 거쳐 1961년 2월 2일이 되어서야 ACNS로부터 처음과는 다른 내용의 편지를 받을 수 있었다.

마침내 조앤이 미국으로 왔다. 어린 헬렌을 품에 안고 아무 문제없이 모든 입국 절차를 마쳤다. 그런데 나중에 헬렌이 미국 영주권을 받는 방법을 알아보다가 헬렌이 불법으로 체류하고 있다는 놀라운 사실을 알게 되었다. 이를 해결하려면 일단 미국을 떠났다가 다시 입국해야 한다고 했다. 또 다시 관료들과 요식적인 서신을 교환하고 나서야 헬렌을 내 여권에 올릴 수 있었고, 헬렌의 의도치 않은 범죄 행각에도 종지부를 찍을 수 있었다.

수년이 흐른 후 나는 또 다른 문제로 이민국과 갈등을 겪어야 했다. 미국 정부는 모든 외국인의 지문을 등록하기로 결정했다. 메디슨에서 가장 가까운 이민국 사무소는 70마일이나 떨어진 밀워키에 있었다. 밀워키 이민국 사무소에서 정말 짜증나게 오래 기다리고 나서야 내 순서가 되었다.

어쩌다 보니 통계학자

하지만 이민국 직원은 내 지문을 채취하지 못했다. 다른 직원의 도움을 받아 내 손가락을 이리저리 돌려가며 지문을 채취하려고 했으나 실패했다. 날을 잡아 다시 한 번 들러달라고 해서 그렇게 했다. 두 번째는 다행히 기다리지 않게 해 주었지만, 여전히 지문을 채취하지 못했다. 수차례의 실패 끝에 나는 지문이 없어 채취할 수 없는 사람으로 결정되었다. 헬렌과 마찬가지로 나도 의도치 않게 범죄의 길로 들어선 것 같았다. 불현듯 엘리엇T. S. Elliot의 시가 생각났다.

맥캐버티Macavity는 신비로운 고양이
은밀한 발이라고도 불리지.
그는 법을 개의치 않는 범죄의 대가
런던 경시청을 당혹케 하고 특별기동수사대를 절망케 한다네.
그들이 범죄현장에 도착할 때쯤이면 맥캐버티는 이미 사라지고 없어.

그는 당연히 존경받을 만한 인물이야. (속임수를 쓴다고 말하는 이들이 있겠지만.)
그의 흔적은 런던 경시청 수사파일 어디에도 없다네.[33]

1962년 5월 13일 매디슨에서 태어난 아들 해리는 우리 집안에서 유일한 미국 시민권자가 되었다. 우리는 쇼어우드힐스에 있는 멘도타 호수 인근에 살았는데, 매디슨 시 중심가에 있는 괜찮은 동네였다. 아이들은 가까이 있는 쇼어우드 공립학교에 다니면서 다양한 인종과 뒤섞여 자랐다. 근처에 있는 대학 기숙사에는 세계 곳곳에서 온 대학원생과 방문교수들이 살고 있었고, 이들의 자녀들도 쇼어우드 공립학교에 다녔기 때문에 쇼어우드 공립학교는 대학만큼이나 국제적인 장소였다.

우리 가족은 매디슨을 좋아했다. 호수가 많은 매디슨은 계절에 따라 풍

해리, 헬렌, 애완견 빅터

취가 달랐다. 아이들이 어릴 때부터 작은 돛단배를 구입해서 타고 다녔기 때문에 헬렌과 해리도 돛단배 모는 걸 보고 배웠다. 우리 가족은 겨울에도 호수에 나가 놀았다. 헬렌이 걸음마를 배울 즈음인 어느 겨울날 헬렌과 나는 얼음이 언 멘도타 호수 위를 걷고 있었고 호수에는 얼음낚시꾼들이 여럿 있었다. 헬렌은 얼음낚시꾼을 지날 때마다 뭘 잡았는지 보려고 그들의 양동이를 들여다보았다. 양동이가 비어 있으면 헬렌은 큰소리로 "한 마리도 못 잡았어요! 한 마리도 못 잡았다고요!"라고 소리쳤다.

조앤은 영문학과에 입학해서 공부했고 우수한 성적으로 졸업했다. 그리고 과학사를 공부해서 석사학위를 받았다. 1978년 조앤은 아버지의 전기 『피셔: 한 과학자의 삶 R. A. Fisher: The Life of a Scientist』을 출판해 좋은 평을 받았다.

셰익스피어를 좋아한 조앤과 나는 여름이면 셰익스피어 축제가 열리

　　　　　　　　　　　　　　　　어쩌다 보니 통계학자

조앤이 학위를 받던 날
헬렌과 해리와 함께

는 온타리오 스트래트퍼드에 아이들을 데려 가곤 했다. 공원과 정원이 있고 차를 제공하는 등 영국 정취가 남아 있는 스트래트퍼드는 영국을 그리워한 조앤에게 큰 위안이 되었다. 연극에 출연한 대부분의 배우들도 영국인이었는데, 그중에서 축제 초창기부터 출연한 알렉 기네스Alec Guiness 가 단연 돋보였다.

1960년대 중반 언젠가 하버드 경영대학원의 초청을 받아 가족과 함께 매사추세츠로 출발했다. 하버드로 가는 도중 모텔에서 하루를 보내기로 했다. 조앤과 나는 짐을 내리느라 정신이 없었다. 이때 "신난다!"라며 기쁨에 찬 외침이 들렸다. 팔을 활짝 펼치고 물미끄럼틀을 타고 내려오는 헬렌의 목소리였다. 헬렌이 아직 수영을 배우지 않았을 때였기 때문에 조앤은 옷을 입은 채로 수영장에 뛰어들었고, 가족 절반은 물에 젖은 채로 입실 수속을 해야 했다.

우리는 보스턴 가까이에 있는 휴가 중인 프랑스어 교수의 집을 빌려 살았다. 넓은 대지에 지어진 그 집은 크고 어둡고 으스스했으며, 지붕에는 탑이 있었다. 또한 온도조절장치가 여러 개 설치되어 있었기 때문에 온도 조절하기가 무척 어려웠다. 어떤 방은 시베리아처럼 추웠고, 어떤 방은 열대처럼 더웠다.

마당에는 상당히 많은 나무가 있었다. 가을이 되자 조앤은 낙엽을 모아 영국에서처럼 불태웠다. 그런데 몇 분도 채 지나기 전에 소방차가 들이닥쳤고, 바로 불을 꺼 버렸다. 아이들은 이 장면을 보고 무척 즐거워했다.

대부분의 사내 녀석들이 그렇겠지만 해리도 차나 기차, 비행기를 좋아했다. 해리가 세 살인가 네 살일 때 크리스마스 선물로 페달을 밟아 움직이는 빨간 장난감차를 사 주었다. 해리는 그 차를 너무 좋아해서 차에서 내리려 하지 않았다. 심지어 차에서 밥을 먹기까지 했다.

해리가 일곱 살 때에는 신문광고를 보고 라이오넬 장난감 기차 세트를 사러 갔다. 연기가 나는 기관차, 기찻길, 객차, 역, 전철기로 구성된 멋진 세트였다. 판매원은 자기도 하나 구입해서 딸에게 주었는데, 딸이 전혀 관심을 갖지 않는다고 했다. 나는 그 판매원의 장난감 세트를 구입했고, 큰 합판 위에 설치된 장난감 기차 세트는 아무 문제없이 잘 작동했다.

자초지종이 기억나지는 않지만 매디슨 북쪽에 있는 오스카 마이어 공장에서 일하다 퇴직한 해리 피셔Harry Fischer를 알고 지냈다. 그는 집 지하에 정밀한 모형 철도시스템을 갖추고 있었다. 전철기, 측선, 교차로, 철교 등의 장치가 설치되어 있었기 때문에 철도시스템에 대한 많은 것을 배울 수 있었다. 피셔는 해리를 무척 좋아했고, 우리는 토요일 오전에 피셔의 집을 방문하곤 했다. 가끔 철도시스템 장치를 교환하기도 했는데 피셔는 조금 밑지는 정도는 전혀 개의치 않았다. 그의 너그러움에 조금이라도 보답하기 위해서 우리는 항상 맥주를 사들고 방문했다.

어쩌다 보니 통계학자

라이오넬 장난감회사는 매년 크리스마스에 새 상품을 출시했고, 피셔는 그 모든 것을 다 가지고 있었다. 그가 가지고 있는 서커스 열차에는 기린이 타고 있었고, 열차가 터널로 들어가면 기린이 자동으로 고개를 숙였다. 잠시 멈추어 화물차에 통나무를 싣기도 하고, 역마다 멈추기도 했다. 결국 우리 집도 각종 전자장비와 전철기가 설치된 복잡한 모형 철도시스템을 갖추게 되었고, 해리는 전기회로에 대해서는 거의 전문가 수준의 지식을 갖게 되었다.

헬렌이 여섯 살, 해리가 네 살 때 매디슨에 서커스단이 왔다. 아이들이 가장 좋아한 것은 코끼리와 조련사가 벌인 공연이었다. 코끼리 조련사는 키가 크고 잘생긴 데다 화려한 옷을 차려입고 있었다. 그날은 지독히 추워서 서커스 공연을 보고 집에 가려는데 시동이 걸리지 않았다. 한참동안 애를 쓰다 보니 주차장에는 우리밖에 없었고, 날씨마저 추워 완전히 의기소침해졌다. 도움을 구하기 위해(아마도 전화를 빌리려고 했을 것이다.) 큰 목조 건물로 걸어갔다. 문을 열자 화려하게 차려입은 코끼리 조련사가 있는 것이 아닌가. 게다가 건물 저편에는 코끼리 두 마리도 있었다. 우리가 자초지종을 설명하자, 그는 우리 처지를 이해해 주었다. 우리가 코끼리를 보고 감탄하고 있는 사이 그는 깡통에 휘발유를 채워 주었다. 우리는 추위를 견디며 다시 차로 와서 기름을 넣고 시동을 걸었다. 그는 우리가 떠날 때 손을 흔들어 주었다. 집에 도착하자 아이들은 이번 서커스가 단연코 최고였다고 말했다. 아이들이 최고라고 한 것은 공연이 아니라 코끼리 조련사와의 만남을 두고 하는 말이었다.

우리는 여러 해 동안 헬렌과 해리를 돌봐줄 입주 보모를 두고 있었다. 최고의 보모는 진 테인Jean Thain이었다. 그녀는 피셔의 이웃인 헤스터 부인의 추천을 받아 영국에서 온 보모였다. 테인이 왔을 때 헬렌은 다섯 살이었다. 헬렌은 테인을 메리 포핀스Mary Poppins의 화신이라고 믿었다. 테인은 정말로 일을 잘했고, 특히 아이들과 잘 지냈다. 그녀는 일이 잘 풀려 떠났는데, 그 원인을 제공한 사람은 다름 아닌 나였다.

잭 형에게는 마이클과 로저라는 두 아들이 있었다. 마이클은 머리가 좋아 대학 공부도 하고 나처럼 ICI에서 일했다. 로저도 마이클과 같은 부서에서 일했지만 직급이 낮아 의기소침하게 지냈다. 뭔가 좀 도와주려고 했지만 너무 멀리 떨어져 있어 그러기도 쉽지 않았다. 나는 릴 테이프 녹음기를 2대 구입해서 하나를 로저에게 보냈다. 로저와 나는 이렇게 릴 테이프로 서로 연락했다. 로저가 어려움을 토로하면, 대학에서 수학을 공부했으니 굳이 ICI에서 형과 같이 일할 필요는 없다거나, 자신에게 선택권이 있다거나, 로저 같은 인재를 구하는 곳은 세계 곳곳에 널렸다거나 하는 말을 해 주었다. 캐나다, 호주, 뉴질랜드 같은 나라에 가면 가능성이 크다는 말도 해 주었다.

얼마 후 로저는 미국에서 일할 기회를 얻었다. 매디슨에는 밀러가 책임자로 있는 컴퓨터센터가 있었다. 일할 사람이 필요했던 밀러는 로저에게 일자리를 제안했다. 이 제안을 받아들인 로저는 ICI를 그만두고 미국으로 와서 우리와 함께 살았다. 다행스럽게도 로저는 자기가 맡은 일을 잘해 주었다.

우리 집에 함께 살던 로저와 테인은 서로 사랑에 빠졌고 결국 결혼에 이르렀다. 결혼 후 그들은 호주 멜버른으로 이주했다. 우리가 호주를 방문했을 때 그들은 남부럽지 않게 살고 있었다.

우리 가족이 커가듯 통계학과도 성장했다. 1968년에는 통계학과 교수가 18명에 이르렀다.[34] 그 외에 다수의 방문교수들도 있었다.[35]

다른 학과와 달리 통계학과에서는 초기에 이론과 응용이 균형을 이루고 있었다. 시간이 흘러 1970년대 후반이 되자 세계에서 가장 큰 통계학과로 성장했고, 상황은 변하기 시작했다. 이런 변화에는 내가 책임질 부분도 있었다. 1960년부터 1969년까지 학과장을 지낸 나는 명망 있는 인물을 영입해야 했고, 당시만 하더라도 그런 인물은 이론을 강조한 버클리에서 주로 배출되었다. 그래서 이론에 치우친 사람들을 영입하게 되었는데, 이들은 통계학이 무엇인가에 대한 기본적인 인식부터 완전히 달랐다. 내가 생각한 통계학은 공학, 화학, 생물학, 농학 등에서 발생하는 현실적인 문제를 해결하는 도구였다. 포턴 실험기지에서도 그랬고, ICI에서도 그랬다. 그러나 1978년 대학위원회가 실시한 학과 평가에는 "학생들은 취업시장에서 갈수록 응용통계가 중요해지고 있다고 생각한다. 하지만 이론을 중시하는 교수들은 외부 세계가 어떻게 돌아가는지 잘 모른 채 단지 응용통계와 수리통계의 비중을 지금처럼 유지하면 될 것이라고 생각한다는 것이 학생들의 생각이다."[36]라고 나온다. 하지만 수적으로 우세한 이론가들의 영향으로 말미암아 원래의 취지를 살리려는 모든 시도는 무산되었다.

그런데 문제는 다른 곳에서 일어났다. 통계학회 회장의 임기가 3년이란 사실을 나 자신도 몰랐고 아무도 말해 주지 않았다. 그러니까 회장 당선자 신분으로 1년, 회장으로 1년, 전임 회장 신분으로 1년을 일해야 하는 것이었다. 이 3가지 직함에는 나름대로의 임무가 부여되었다. 물론 이런 일로 얻는 것도 있긴 했다. 나는 1977년 미국통계학회 회장에 당선되었다. 당시 회장은 레슬리 키시Leslie Kish였다. 키시 회장의 측근으로 일하면서 우리는 친구가 되었다. 키시는 재미있는 경력을 가진 인물이었다. 그는 스페인 내전에 참전하여 프랑코에 대항해서 싸웠다. 전투 중에 기관총 사격을 받고 부상당했으나 참호까지 스스로 기어 왔으며, 한동안 병원 신세를 졌으나 퇴원하자마자 포병부대로 다시 참전했다고 했다. 서로에게 끔찍한 짓을 서슴지 않았던 스페인 내전은 참혹한 전쟁이었다. 그런 전쟁에 참전해서 살아남은 키시는 내가 본 사람 중에서 가장 친절하고

사려 깊은 인물이었으며, 같이 일하는 것 자체가 즐거움이었다.[37]

통계학회는 30여 명 정도를 선출하여 위원회를 구성하고 학회를 운영하도록 했다. 이들은 학회장의 주재 하에 정기적으로 총회를 열었다. 이유야 어쨌든 갈수록 회의시간이 길어졌고 내가 회장이 되기 전 당선자 신분일 때는 무려 3일이 걸린 적도 있다. 이렇게 시간이 많이 걸리는 이유는 분명했다. 위원들 중에 거들먹거리는 사람들이 있었고, 그들이 이야기하는 걸 좋아했기 때문이었다. 나는 1876년 헨리 마틴Henry Martin이 쓴 회의주재 방법에 관한 책(Robert's Rules of Order)을 읽고 회장직 수행 준비를 철저히 했다. 이 책의 내용을 잘 기억하지는 못했지만, 마치 잘 알고 있는 듯이 자신 있게 이야기했다. 장황하게 이야기하지 못하게 하려면 단지 "지금 규정을 위반하고 있습니다!"란 말 한 마디만 크게 하면 되었다. 내가 회장직을 수행하던 해는 하루 반 만에 회의를 끝낼 수 있었다. 그해는 워싱턴에서 회의를 했다. 회의를 마친 다음 바로 길 위에 있는 필립스 미술관에서 멋진 전시회가 열리고 있다고 이야기했다. 특히 르누아르의 '선상파티The Boating Party'가 가장 위쪽에 있으니 놓치지 말라고 했다. 나는 요식적인 것보다 이런 것에서 얻을 것이 더 많다고 생각했다.

나는 정기총회에서 응용통계와 이론통계에 대해 생각해 봐야 한다는 내용의 연설을 했다. 나는 매디슨이나 다른 곳에서 온 이론통계학자들과도 잘 지내고 있었기 때문에 다음과 같이 유머를 섞어 순화시켜서 내 생각을 피력했다.

전무이사가 회장의 책무에 대해 설명하면서 회장이 누리는 비금전적 혜택 중 하나가 학회에서 연설을 할 수 있을 뿐 아니라 회원들이 견딜 수 있는 한도 내에서는 원하는 만큼 오래 연설할 수 있는 거라고 하더군요. 프레드Fred 가 "조지, 너무 기술적인 걸 말하진 말게. 심각한 모임도 아니고, 통계학자들만 있는 게 아니라 그들 가족이나 친구도 있으니 말이네. 그 사람들이 뭔 죄가 있나? 지금껏 통계학에 대해서라면 들을 만큼 들었을 거야."라고 하더군요.

프레드의 말에 조금 실망했습니다. 왜냐하면 제목이 '외팔이 비서문제의 현황: 의사결정론적 접근'이고 길이가 50쪽이나 되는 연설을 준비했는데 대부분의 내용이 시그마필드sigma field, 힐버트 공간Hilbert space, 점이 찍힌 이상한 문자들로 되어 있었기 때문입니다. 내키진 않지만 이 연설문은 옆으로 치워놓겠습니다. (아무도 이해하기 어려웠을 겁니다.) 대신 뭔가 다른 걸 말해야겠지요. 잠시 '통계학은 어디로 가고 있는가?'라는 제목을 생각해 봤습니다. 부제는 '여기가 출발점이 아닌가 보다.'라고 할 생각이었고요. 하지만 다 포기했습니다. 그러던 중 갑자기 통계학회 회원들이 마주치는 많은 문제들이 일반인들이 마주치는 문제와 크게 다르지 않다는 생각이 떠올랐습니다. 바로 이것에 대해 말씀드리고자 합니다.

여기 계신 분 중에는 최적 또는 최선의 의사결정 절차에 관해 연구하는 분도 있겠지만, 최선이 항상 좋은 것은 아닙니다. 일상생활에서 예를 들어 보겠습니다. 내가 면도날로 목을 자를지 녹슨 못으로 목을 찌를지 결정해야 한다면 당연히 면도날을 택해야겠지요. 제시한 문제와 맞아떨어지지는 않지만, "가능한 모든 방법을 다 생각해 봤나?"란 의문이 듭니다.

요즈음 관심을 받기 시작한 주제가 로버스트성입니다. 이 분야에서는 어떤 경우에 대해 최적이라고 주장하지 않습니다. 대신 현실에서 발생할 가능성이 큰 여러 경우에 최적은 아니지만 그럭저럭 작동한다고 주장합니다. 사람 손을 들여다보십시오. 우리 손이 우리가 사용하는 도구보다 잘하는 게 있습니까? 도구는 특정한 것밖에 못하지만 우리 손은 우리가 살면서 해야 할 여러 가지 일을 조금씩 다 해냅니다.

다시 말씀드리지만 최적화가 틀렸다는 말은 절대 아닙니다. 하지만 우리가 살면서 마주치는 많은 경우를 나타내는 분포에 대해 최적화를 해야 한다는 말씀입니다. 우리의 잘못은 아주 소수의 대안 중에서 가장 좋은 것을 선택하는 부분 최적화를 하는 것입니다. 단순화한 문제를 해결하는 과정에서 뭔가 배울 수 있다고들 합니다만, 그때 배우는 것은 우리를 잘못 인도할 수 있습니다. 면도날과 녹슨 못 중에서 하나를 선택하는 문제에서처럼 말입니다.

세상이 진실로 어떻게 생겼는지 알아내려는 위험하고 힘든 일을 할 준비가 되어 있지 않으면 아무리 로버스트한 방법을 취하더라도 좋은 결과를 기대할 수 없습니다. 현실에 대한 지식이 있어야만 가능한 일입니다.

통계학회 회원, 명예회원, 회장들 중에는 세상에 대해 관심이 없는 분들이 있을지도 모르겠습니다. 몇 년 전 친구 한 명이 옥스퍼드에 다니는 딸 이야기를 했습니다. 그 친구 딸은 똑똑했지만 정치에 관심이 많았어요. (1960년대 이야기입니다.) 친구 딸은 공부를 제대로 하지 못했고 졸업은 다가왔지요. 아시겠지만 영국에는 학사학위에도 등급이 있습니다. 친구 딸은 대학이 침을 뱉은 것과 다름없는 '통과' 등급을 받을지, 3등급, 하위 2등급, 상위 2등급, 1등급 학위를 받을지 걱정하기 시작했습니다. 그래서 지도교수와 상의해 보기로 했습니다. 구석진 곳에서 겨우 지도교수를 찾은 친구 딸이 어렵게 "만약 등급이 낮은 학위를 받으면 세상에 나가 사는 데 지장이 있을까요?"라고 묻자 지도교수는 놀란 표정을 지으며 "세상? 난 세상에 대해 아는 게 없다네." 라고 말했다고 합니다.

통계학과가 출범한 지 얼마 지나지 않아서 우리가 너무 이론적으로만 가르치는 게 아닌가 걱정되기 시작했다. 이런 우려 때문에 매주 월요일 밤에 우리 집 지하에서 '월요일 밤 맥주 모임'을 시작했다. 이 모임은 학교에서 공식적으로 개설하는 과목이 아니어서 학점도 없고 평가도 없었다. 그냥 오고 싶으면 오는 그런 모임이었다. 전공도 상관없고 학생이든 교수든 누구든 참여할 수 있었다.

'월요일 밤 맥주 모임'에 참가한 사람들은 외투를 탁구대나 모형 기타 세트 위에 벗어 놓고 이야기를 나눴다. 그냥 아무렇게 늘어놓은 걸상이나 한때 좋은 시절이 있었던 낡은 소파에 앉아서 이야기를 했고, 검게 칠한 찬장 문을 칠판으로 사용했다. 사실 맥주는 그렇게 중요하지 않았고, 많이 마시지도 않았지만, 항상 마련해 두었다. 모임시간이 될 때까지 맥주 사놓는 걸 깜빡 잊었을 때는 누군가에게 맥주를 사오라고 전화를 하기도 했다.

가끔은 외부 인사를 초청하기도 했다. 공학, 의학, 경영학 분야의 전문가들을 모임에 초청하기도 했는데, 주로 대학원생들이 이런 일을 담당했다. 대학원생들은 공대나 농대 교수를 찾아가 강연을 부탁하거나 좋은 강연자를 추천해 달라고 부탁했다. 그 중에서 케빈 리틀Kevin Little은 토목공학과 켄 포터Ken Potter에게 수문학에서의 시계열 응용에 대한 강연을, 동

GEORGE BOX's

MONDAY NIGHT BEER & STATISTICS

PROFESSOR PETER BOSSCHER
Department of Civil and Environmental Engineering

BAD FOAM BEGATS BAD CARS

Monday, April 4, 1988

7:30 P.M.

2238 Branson Road, Oregon WI

If you need or can give a ride, or need a map, contact Stephen Jones (263-4273).

Everybody is welcome.

월요일 밤
맥주 모임 포스터

물학을 연구하는 워렌 포터Warren Porter에게 동물생리학분야에서의 모형 구축에 대한 강연을 부탁했다.

토론하는 과정에서 새로운 것을 발견하기도 했는데, 이때 통계학이 촉매 역할을 한다는 것을 학생들이 경험할 수 있도록 기업체 생활에서 얻은 경험을 비슷하게나마 보여 주려고 애썼다. '월요일 밤 맥주 모임'은 큰 성공을 거두었다. 문제 해결에 도움을 받은 사람들은 다음 모임에서 자신들의 일이 어떻게 진행되고 있는지 말해 주곤 했고, 그 결과 여러 사람이 공동으로 작성한 논문이 나오기도 했다. 이 모임은 내가 퇴직할 때까지 계속되었다. 매디슨에서 가장 좋았던 것이 바로 '월요일 밤 맥주 모임'이었다고 말하는 졸업생들도 있었다.

헬렌은 생각지도 못한 선물을 잘했는데, 한번은 맥주제조기를 나에게 선물했다. 맥주제조기를 시험가동할 때에는 아무 문제가 없었다. 하지만 제조한 맥주를 병에 옮겨 담는 과정에서 예기치 못한 폭발이 일어나 맥주를 뒤집어썼고, 이 모습은 아주 가관이었다. 맥주를 병에 담는 과정을 익힌 후 '월요일 밤 맥주 모임'에 내가 만든 맥주를 내놓았다. 하지만 학생들은 내가 만든 맥주를 좋아하지 않았고, 나는 이 방면에 소질이 없다는 결론을 내리지 않을 수 없었다.

1966년 제너럴일렉트릭General Electric은 일 년에 20,000달러씩 3년간 지원할 테니 알아서 쓰라고 했다. 나는 그 돈으로 통계상담실과 상주 통계학자 프로그램을 재정적으로 지원했다. 상주 통계학자 프로그램은 경험이 많은 외부 통계학자를 학교에 상주시켜 통계적 문제에 도움이 필요한 사람을 돕는 프로그램이었다. 이 프로그램은 필수적으로 실험실에서 한 학기를 보내야 했던 대학원생들에게 현실 세계의 통계적 문제를 접하고 전문가로부터 상담기법을 배울 수 있는 기회를 제공했다. 1967년부터 1974년까지 6명의 상주 통계학자를 영입했는데 일부는 학계, 일부는 산

업계 인사였다.[38)]

제너럴일렉트릭의 지원이 중단된 다음에는 소요 임금의 반을 위스콘신 대학 동창회 연구기금에서 지원해 주어서 프로그램을 유지할 수 있었다. 1974년 상주 통계학자로 영입된 브라이언 조이너는 1983년까지 있었다. 조이너는 미국표준국에서 8년간 통계자문을 했고, 펜실베이니아 주립대학교 통계학과 교수이자 통계상담실장을 4년간 역임했다. 미니탭 Minitab을 개발한 세 사람 중 한 사람인 조이너는 매디슨에 미니탭을 도입했다. 조이너는 통계적 품질관리를 공부했는데, 1963년 처음으로 에드워드 데밍Edwards Deming을 만났다고 한다.

앞에서 말했듯이, 매디슨에서 처음 강의한 과목은 나중에 교과목 번호로 709가 부여된 '고급통계이론'이었다. 나중에는 이 과목과 교과목번호가 710인 연계과목을 수학자들이 강의했는데, 죽음의 과목으로 악명을 날렸다. 대학원생들은 이 두 과목을 필수적으로 들어야 했는데, 너무 어렵게 가르쳐서 이 과목 때문에 매디슨에서 공부하는 것을 포기한다는 말까지 나돌 정도였다. 수학자들은 내가 가르친 것이 진짜 가르쳐야 할 것의 일부분에 지나지 않는다고 생각했지만, 내가 가르친 것과 그들이 가르친 것은 완전히 다른 것이었다. 조이너는 원래의 취지에 맞는 새로운 과목을 신설하려고 했지만 다수의 이론통계학자들에 의해 무산되었다. 이를 계기로 조이너는 사직을 했고, 통계자문회사를 차려 성공했다. 이에 대해서는 뒤에서 다시 이야기하겠다.

통계학과에는 전공 분야가 여럿 있었지만 우리는 파티도 같이 하면서 잘 어울려 지냈다. 가장 기억에 남는 것은 2010년 학과 설립 50주년 축제와 매년 우리 집에서 열리는 크리스마스 파티였다. 크리스마스 파티 때는 학생과 교수가 각각 촌극을 하는 것이 전통이었다. 촌극이라고는 하지만 상당히 공을 들인 수준 높은 공연이었다. 경쟁이 치열했고, 때때로 학생들이 더 잘하기도 했다. 수준 높은 촌극 대사를 쓸 정도면 논문도 잘 쓸 수 있다고 생각했기 때문에 이런 모습이 보기 좋았다. 독창성과 재치는 관련이 많다.

학생들이 공연한 촌극 중에서 기억에 남는 하나를 꼽으라면 1970년대 후반 영화 「스타워즈」 1편을 패러디한 촌극이다. 개인용 컴퓨터가 나오기 전 학과에 큰 메인프레임 컴퓨터가 있을 때 공연한 교수의 공연도 기억에 남는다. 당시 한 학생과 그의 지도교수는 다차원 공간에서 계산하는 복잡한 일을 하고 있었는데, 반드시 이 일에 빗댄 촌극을 공연해야 한다는 공감대가 형성되어 있었다.

이 촌극은 밤에 컴퓨터 작업을 하고 있는 조이너의 모습으로 시작했다. 조이너가 컴퓨터를 만지작거리고 있는데 갑자기 번쩍하더니 전등이 다 꺼져버렸다. 불이 다시 들어왔지만 조이너의 모습은 온데간데없었다. 결국 조이너가 n차원 공간에서 실종되었다는 결론을 내리고, 다음 장면에서는 어떻게 하면 조이너를 다시 데려올 수 있는가에 대해 기술적으로 검토한 다음 프로그램을 작성하고 커다란 종이상자를 컴퓨터와 연결했다. 당시 조이너는 멋진 콧수염을 기르고 있었는데, 어느 정도 계산을 하고 나자 상자 한 쪽 구석에서 조이너의 콧수염과 똑같이 생긴 가짜 콧수염이 매달린 자동차 안테나가 천천히 올라왔다. 이것은 조이너에 대한 일차원적 표현이었다. 한참을 더 논의하고 계산하자 조이너의 대형 사진이 붙어 있는 커다란 판지가 올라왔다. 이 사진은 조이너에 대한 이차원적 표현이다. 더 많은 노력을 경주하자 섬광과 함께 상자가 활짝 열리면서 삼차원 세계의 실물 조이너가 뛰어나왔다.

몇몇은 직접 노래를 작곡해서 크리스마스 파티 때 부르기도 했다. 드레이퍼가 괜찮은 노래를 몇 개 썼는데, 그중에서 윌리엄 길버트William S. Gilbert 경이 쓴 대본에 아서 설리번Arthur Sullivan 경이 곡을 붙인 오페레

　　　　　　　　　　　　　　　　어쩌다 보니 통계학자

우주 공간에서
되돌아온 조이너

타 「펜잔스의 해적Pirates of Penzance」에 나오는 '경찰은 불행해'를 패러디
한 '회장님은 불행해'라는 노래가 기억에 남아 있다. 한 파티에서 전임 회
장들이 이 노래를 같이 불렀다. 다른 노래들은 시사적이고 통계적인 흥밋
거리에 관한 것이었다. 역확률의 타당성이 논란의 대상이었을 때 지은 노
래가 '베이즈 정리만한 정리는 없다네'였다. 베이즈 정리는 1701년에서
1761년까지 생존한 토마스 베이즈Thomas Bayes 목사가 세운 정리이다. 그
는 내가 태어난 곳에서 약 25마일 떨어진 턴브리지 웰즈Tunbridge Wells에
서 사목활동을 했다. 베이즈는 자신의 연구 결과를 정식으로 출판하지 않
았고, 그가 사망한 다음 친구 리처드 프라이스Richard Price가 베이즈의 연
구 결과를 왕립학회에 전달했다.

　사람들은 복잡한 심정으로 베이즈 정리를 지켜보았고, 베이즈 정리의

논리를 회피하기 위해 네이만-피어슨 이론과 피셔의 신뢰추론이 제안되었다. 하지만 나를 포함한 많은 통계학자들은 베이즈가 옳다고 믿게 되었고, 어빙 벌린Irving Berlin이 부른 '연예계 사업만한 사업은 없다네'란 노래 멜로디를 따라 이 노래를 불렀다.

1절

모형, 오매불망 기다리는 자료,

세타theta, 베타beta, 시그마sigma, 로rho

정규분포, 푸아송Poisson분포, 코시Cauchy분포, *t* 분포

우리가 모르는 걸 기술해야 한다면

우리가 수집한 자료의 가능도를 기술하려면

사전분포만 잘 선택하면 된다네.

후렴

베이즈 정리만한 정리는 없다네.

우리가 알고 있는 어떤 정리도 안 돼.

베이즈 정리는 정말 멋있어.

모든 면이 '와'야.

이미 알고 있는 걸 다 표출하자고.

지금껏 감추고 있던 것들 말이야.

베이즈 정리 추종자만한 사람은 없다네.

좀 괴짜들이긴 하지만.

며칠 전까지만 해도 제대로 했다고 생각했겠지만,

내 말 좀 들어봐. 아직 기뻐하긴 일러.

린들리의 역설은 항상 뒤에 온다네.

어쩌다 보니 통계학자

그 다음엔 스톤이 문제를 제기할거야.[39)]

후렴

베이즈 정리만한 정리는 없다네.

우리가 알고 있는 어떤 정리도 안 돼.

이제라도 베이즈 정리를 공부하면,

더 이상 착잡한 표정을 짓지 않아도 될 거야.

야한 책보다 더 재미있어.

박스와 탸오가 같이 쓴 책을 보면 알게 될 거야.

베이즈 추종자들의 신조만한 신조는 없다네.

자신이 옳다고 확신할 수 있어서 좋아.

내가 알고 있는 박식한 신뢰론자가

정곡을 찌르는 줄 알았어.

하지만 세미나 세 번 했더니 혼란스러워졌고

눈앞이 캄캄해졌어.

후렴

베이즈 정리만한 정리는 없다네.

우리가 알고 있는 어떤 정리도 안 돼.

피셔는 베이즈 정리 사용을 자제해야 한다고 했어.

쥐가 가족계획을 할 때나 사용해야 한다고.

그건 서로 다른 것이 결합한다는 것을 정확하게 이해한 말이야.

나도 그 생각을 지지해.

후회하지 않아.

베이즈 방법으로 구한 해결책만한 것이 없다네.

알기 쉽고, 깔끔하고 세밀하지.

스타인Stein의 난제도 순식간에 풀 수 있어.[40]

순식간에 최고의 추정량을 구할 수 있지.

무엇이 추정량을 축소시키는지도 알 수 있고,

추정량 성질도 정말 좋아.

2절

라이파와 슐라이퍼가 있고, 모스텔러와 프렛Pratt도 있어.

가이저, 젤너, 노빅Novick, 힐, 탸오도 있어.

자신이 뭘 하는지 알고 하는 사람들이 많아.

그들은 통계학에서 가장 아름다운 꽃을 그리고 있는 거야.

다른 것엔 동조하지 않겠지만

우리하고는 같이 노래할거야.

후렴

베이즈 정리만한 정리는 없다네.

우리가 알고 있는 어떤 정리도 안 돼.

B형 영역에서 벗어나면서

피어슨이 네이만에게 한 말을 생각해 봐.

"리먼Lehman에게 설명하는 건 정말 힘들어.[41]

베이즈 방법 같은 단순함이 없어서 그런 가봐."

베이즈를 싫어하는 사람만큼 남을 싫어하는 사람은 없어.

그들은 사전분포만 보면 침을 뱉지.

사후분포를 보여 줄 땐 조심해.

문 밖으로 차 버릴지도 모르니까.

어쩌다 보니 통계학자

그렇더라도 심하게 아프지 않으면 다른 쪽 뺨도 대주게.

그들도 실수에 지쳐갈지 모르니까.

후렴

베이즈 정리만한 정리는 없다네.

우리가 알고 있는 어떤 정리도 안 돼.

비평가들은 베이즈의 우유부단함을 나무라네.

자신이 해온 것을 확신하지 못했다고.

죽은 다음에도 글을 써서

모든 사람들에게 설명할 거야.

천국에 오른 베이즈가 인터뷰를 자청하자

여호와는 급히 베이즈가 옳다고 말했고,

베이즈는 한밤중에 지상으로 내려와

리처드 프라이스에게 저작권을 양도했다는 걸.

베이즈 방법이 이상하게 보일지 모르지만 사실이라네.

앞에서 말했듯이 의견 차이로 학교를 떠난 조이너는 1983년 아내와 함께 조이너어소시에이츠Joiner Associates란 품질개선 자문회사를 차렸다. 그의 사업은 엄청난 성공을 거두었고, 세계적인 명성을 얻었다. 사업을 시작한 지 10년 쯤 지났을 때 조이너는 자신이 자문했던 회사들이 뻔히 보이는 환경문제에 전혀 신경 쓰지 않는다는 사실에 크게 걱정했다. 1996년 일본에서 개최된 세계품질대회World Quality Congress를 마친 조이너는 이웃한 중국을 방문했다. 그는 중국이 한때 미국이 그랬던 것처럼 자원을 낭비하는 산업을 추구하고 있는 상황을 목격했다. 그는 머리를 식히려고 쌍둥이 아들 데이비드와 케빈을 데리고 23일간의 네팔 오지여행을 갔다. 그리고 물질적 풍요 없이도 만족한 삶을 사는 그곳 사람들로부터 큰 감명을 받았다. 회사 동료인 통계학 박사 케빈 리틀은 여행에서 돌아온 조이너에게 빌 맥키벤Bill McKibben이 쓴 『소망, 인간과 자연: 세상을 가볍게 사는 참된 이야기Hope, Human and Wild: True Stories of Living Lightly on the Earth』란 책을 선물했다. 그 책은 환경문제를 염려하고 함께 하는 사회를 추구하는 세 단체에 관한 것이었다. 이 책은 조이너의 삶을 송두리째 변화시켰다. 결국 조이너와 로리는 회사를 처분하고 사회운동에 전념했다.[42]

나는 통계학이 이론통계학과 테크노메트릭스라고 부르는 응용통계학으로 분리되어야 한다고 생각한다.[43] 또 화학자와 공학자뿐만 아니라 수리통계학자들도 응용통계학 과목을 들어야 한다고 생각한다. 응용통계학 과목들은 통계적 실험계획과 분석을 이용한 문제해결에 초점을 맞추어야 하고, 순차적 자료의 독립성과 같은 허울만 그럴 듯한 가정은 피해야 한다.

나는 현재의 통계학 교육에 대한 염려를 담은 크리스마스 파티 노래도 지었다. 오페레타 「펜잔스의 해적」에 나오는 '나는 장군의 표상'이란 노래를 본떠 만든 것이다.

나는 통계학 교수의 표상이야.
이국적이고 신비한 이론들을 다 이해하지.

내가 중요하게 생각하는 것은 논리이고,
그 논리는 오류를 범할 가능성에 초점을 두고 있어.

나는 예상하기 어려운 사태마저도 가차 없이 찾아내어
엄격하고 가혹하게 짓밟아버려.

로마 문자, 그리스 문자, 심지어 설형문자도 알고
코시분포부터 균등분포까지 모든 분포를 다 알아.

합창

코시분포부터 균등분포까지 모든 분포를 다 알아.
코시분포부터 균등분포까지 모든 분포를 다 알아.
코시분포부터 균등분포까지 모든 분포를 다 알아.

나는 모든 보조정리를 세세히 증명할 수 있지만,
추정량을 로버스트하게 하는 데는 조심스러워 해.
그러니까 문제를 논리적, 수학적, 이상적으로 해결하는
나는 통계학 교수의 표상이야.

합창

문제를 논리적, 수학적, 이상적으로 해결하는
그는 통계학 교수의 표상이야.

나도 통계학 교수의 표상이야.
내가 하는 일은 오류가 없고 순수해.

내 얼굴이 아니라 내 안의 영혼으로 나를 판단해 줘.
힐버트 공간을 재현할 때 잠시 정신을 팔더라도 이해해 주고.

학생들은 서로 어울려 사는 법을 배워야해.
여기에 다른 대안이 있을 수는 없어.

어리석고 도덕적으로 비난받을 일에는 절대로 굴하지 않아.

터무니없든 합리적이든 나는 항상 가정을 기술해.

합창

터무니없든 합리적이든 그는 항상 가정을 기술해.

터무니없든 합리적이든 그는 항상 가정을 기술해.

터무니없든 합리적이든 그는 항상 가정을 기술해.

내 태도는 얌전하긴 하지만 조금은 우스꽝스럽기도 해.

내 오류는 타원형이거나 구형일 때가 있지만 정규분포를 해.

허울만 그럴듯하든 현실적이든 모든 면에서

나는 통계학 교수의 표상이야.

합창

그는 통계학 교수의 표상이야.

그는 통계학 교수의 표상이야.

그는 통계학 교수의 표상이야.

나도 통계학 교수의 표상이야.

이국적이고 신비한 이론들도 다 이해해.

내 강의의 모든 상세한 설명이

이론과 현실을 연결시키기만 한다면

내가 최적이라고 한 실험설계가

이론에 그치지 않고 적용가능하다면

자문이 귀찮은 실습일 뿐이라고 생각하지 않는다면
그러면 체조선수와 유전학자를 구별할 수 있을 거야.

합창
그러면 체조선수와 유전학자를 구별할 수 있을 거야.
그러면 체조선수와 유전학자를 구별할 수 있을 거야.
그러면 체조선수와 유전학자를 구별할 수 있을 거야.

의사결정론이 단순한 결정을 내리는 데라도 도움이 된다면
교수회의에서의 내 발언이 힘을 갖겠지.

그러면 현실적이고 경험적인 문제에 대해서도
통계학 교수의 표상이 될 수 있을 거야.

합창
그러면 현실적이고 경험적인 문제에 대해서도
통계학 교수의 표상이 될 수 있을 거야.

후에 철의 장막 너머에 있는 여러 나라를 방문하면서 그곳의 통계학자
들도 우리와 같은 문제로 갈등하고 있는 것을 보았다. 철의 장막이 걷히
기 6년 전인 1982년 불가리아에서 개최된 통계학회에 초청을 받았다. 미
국 정부는 자국민이 소련이나 소련의 우방국과 관계를 가지는 것을 허락
하지 않지만, 나는 영국인이기 때문에 참가할 수 있었다. 매디슨에서

통계학을 가르치는 방식에 영향을 준 것과 동일한 오래된 문제가 불가리아에서도 진행되고 있었다. 당시 이론 통계학자들이었던 소련의 통계학자들은 불가리아의 응용통계학을 하찮게 여기고 있었는데, 이러한 소련 통계학자들에 대응하기 위해 나를 초청한 것이다. 나를 초청한 사람들은 내가 소련 학자들의 일반적인 접근법과 가정에 의문을 제기하는 것을 내심 좋아했다.

나는 낙천적인 불가리아 사람들이 좋았다. 내가 삶이 어떠냐고 물었더니, 한 사람은 "가난하지만 직장은 있습니다."라고 대답했다. 불가리아 사람들이 물질적 빈곤에도 긍정적인 삶의 자세를 가지는 것은 유머와 스토리텔링을 소중히 하는 문화를 가졌기 때문이 아닌가 생각한다. 한번은 가브로보라는 도시를 지나는데 한 남자가 무대를 설치하고 의자를 줄지어 놓고 있었고 길 건너편에는 다음 주에 전국유머축제가 열린다는 현수막이 걸려 있었다. 유머축제에서는 아무나 무대에 올라 경연에 참가할 수 있었다. 참가 부문도 아이들에 관한 유머, 장모에 관한 유머, 화장실 유머와 같이 여러 가지였고, 마지막에는 시상도 했다. 그곳에는 심지어 유머박물관도 있었다.

불가리아에 있는 동안 지적이고 영어가 유창한 여성 가이드 한 명이 줄곧 나를 안내해 주었다. 요금을 내지 않고 대중교통을 이용하는 그녀에게 왜 요금을 지불하지 않느냐고 물었다. 그녀는 레지스탕스 단원으로 나치 독일에 대항해 싸웠기 때문에 정부가 평생 무료로 대중교통을 이용할 수 있는 혜택을 주었다고 했다. 우리는 가게 앞에서 사람들이 줄지어 기다릴 때도 순서와 상관없이 항상 제일 먼저 응대를 받았는데, 불가리아 사람들은 이것이 외국인을 접대하는 예의라고 생각한다고 했다.

불가리아 사람들은 형식에 구애받지 않았다. 내 가이드는 교통신호를 완전히 무시하고 살았다. 정지 신호를 연속적으로 무시하고 운전하는 그녀를 보고 내가 비명을 지르자 그녀는 "다니는 차가 없어서 괜찮아요." 라고 말했다. 한번은 내 가이드가 소피아(불가리아의 수도-옮긴이)에서 공연 중인 오페라를 보여 주었다. 오케스트라 단원이었던 그녀의 아버지는 우리를 보자 공연 중임에도 오케스트라 단원과 관객 중간에 있는 차단벽 위로 올라와 나와 악수하며 인사를 나누었다.

초청자의 배려로 나는 불가리아의 독특한 정취를 경험할 수 있었다. 우리가 탄 버스는 장미가 끝없이 피어 있는 긴 계곡을 달렸는데, 장미가 절정인 시기여서 장미 향기가 가득했다. 불가리아가 향수를 만드는 데 필요한 향유를 수출한다는 사실을 그때 처음 알게 되었다.

지은 지 수 세기가 된 오래된 성도 방문했는데, 성의 반은 있는 그대로 두고 나머지 반은 원래 모습으로 복원되어 있었다. 참으로 훌륭한 아이디어라고 생각했다. 원래의 멋진 모습으로 복원된 성을 보는 것은 특별한 경험이었다.

불가리아를 떠나기 전에 한 교수가 동료와 함께 저녁이나 하자며 자신의 아파트로 초대했다. 아파트는 상당히 남루하고 비좁았지만 함께 있던 사람들은 따뜻하기 그지없었다. 그날 나는 매우 독특한 선물을 받았다. 그것은 동물의 뿔로 장식한 로마신화의 주신 바커스Bacchus의 두상이었다. 불가리아 사람들은 전통적으로 흉한 모형을 포도덩굴에 걸어두고 악령의 접근을 막는다고 했다. 이때 받은 바커스 두상은 현재 우리 집 벽난로 위에 걸려 있다.

소련을 방문하고 나서야 왜 불가리아 사람들이 유머와 삶에 대한 긍정적인 의지에 의존하며 사는지 알 수 있었다. 소련을 방문해 본 사람이면 소련의 해체가 전혀 놀랍지 않았을 것이다. 1980년대 학회에 참석하기 위해 소련 방문을 계획하고 있을 때였다. 일반석과 일등석은 오래 앉아 있기 힘들다고 해서 그나마 앉을 만하다는 고급석으로 비행기표를 끊

우리 집 벽난로 위에 걸려 있는 뿔이 달린 바커스 두상

었다. 고급석 승객이 선택해서 받을 수 있는 오페라 표와 발레 표 중에서 발레 표를 달라고 했지만 정작 받은 것은 오페라 표였다. 호텔에 도착하자 나는 친절하고 영어를 할 줄 아는 관광국 직원을 찾았다. 데스크에는 비행기 표를 취급하는 직원과 관광 업무를 담당하는 직원이 따로 있었다. 그들을 통해 오페라 관계자를 찾은 나는 오페라 표를 발레 표로 바꿔 줄 수 있는지 물었다. 그는 곤혹스러운 표정을 짓더니 동료와 상의해 보겠다고 했다. 몇 분 동안 러시아 말로 격렬하게 이야기하더니 갑자기 웃음을 터뜨렸다. 담당자가 웃으면서 "내 생각에 그냥 오페라를 보는 것이 좋겠습니다. 틀림없이 좋아할 겁니다."라고 말했고, 나는 "무슨 말인지 알겠습니다. 하지만 저는 발레가 보고 싶으니 표를 바꿔 주면 안 될까요?"라고 재차 말했다. 그는 "이론적으로는 표를 바꾸는 것이 가능합니다. 그런데 오페라와 발레는 서로 다른 부서에서 담당합니다. 먼저 오페라 담당부

어쩌다 보니 통계학자

서에 가서 교환을 신청한 다음 모스크바에 가야 할 겁니다. 모스크바에서 담당자를 만나면, 그 사실이 윗선으로 전달될 겁니다. 담당부서장이 승인하면, 그가 발레 담당부서장에게 연락해 줄 겁니다. 발레 담당부서장이 승인하고 이 승인이 다시 아래로 전달되고 나서야 표를 받을 수 있을 겁니다. 그런데 그게 몇 주나 걸리는 일일뿐 아니라 그 결과가 어떨지도 장담할 수 없습니다." 우리는 이렇게 비대하고 비효율적인 조직이 어떤 결말을 맞았는지 잘 알고 있다. 당시의 소련은 학습 지진아와 다르지 않았다.

8장
시계열

"이 일에 대해
뭐 아는 거 없나?"

1960년대에는 다섯 명의 친구와 4권의 책을 썼다. 먼저 드레이퍼와 진화 공정에 관한 책을 썼다.[44] 두 번째 책은 귈림 젠킨스Gwilym Jenkins, 세 번째 책은 탸오와 함께 썼다. 오랫동안 구상한 네 번째 책은 스튜 헌터, 빌 헌터와 함께 쓴 『실험자를 위한 통계학Statistics for Experimenters』이다.

시계열은 유니버시티 칼리지에서 통계학을 공부할 때 처음 접했다. 굉장히 이론적인 과목이어서 당시엔 어디에 써먹을 수나 있을지 반신반의했다. ICI에서 주로 실험설계와 관련한 일을 할 때 정보부서에서는 월 매출액을 예측하는 일을 하고 있었다. 월 매출액을 예측하는 전문가집단은 인도에서의 남색 염료 수요 전문가, 특정 염료에 대한 중국의 수요 전문가 등으로 구성되어 있었고, 이들이 제시한 각 지역 예측값을 합한 것을 예측값으로 사용하고 있었다. 나는 이 예측값과 실제 관측된 값을 비교하면서 한 가지 의문을 가지기 시작했다. 예측이 잘되었다면, 예측값과 관측값 차이인 예측오차를 예측할 수 없어야 한다고 생각했다. 하지만 정보부서의 예측 결과는 그렇지 않았다. 나는 과거 자료를 검토해서 간단한 이동평균이 전문가들의 예측보다 낫다는 것을 알아냈다. 전문가집단의 구성원들이 나의 이런 발견을 좋아할 리는 없었지만, 더 이상 내가 고민할 문제는 아니었다. 삶의 터전을 ICI에서 프린스턴으로 옮겼기 때문이다.

하지만 시계열의 예측문제는 자동최적화automatic optimization라는 다른 분야에서 다시 불거져 나왔다. 내가 의뢰받은 문제는 이러했다. 한 공정의 온도 x와 수율 y간의 관계는 촉매의 성능이 쇠퇴함에 따라 변한다. 온도와 수율의 관계를 예측할 수 없으면, 최대 수율도 예측할 수 없다. 문제는 어떻게 하면 최대 수율이 나오도록 온도를 자동으로 설정할 수 있는가 하는 것이었다. 나는 온도가 고정되지 않고 설정된 값을 중심으로 변할 수 있도록 온도 x에 약간의 진폭을 가진 사인파를 더해 온도가 최적으로 설정되지 않을 경우 이 사인파가 수율로 전파되게 했다. 전파된 사인파가 수율 y에 있는지 찾아내기 위해서는 동일한 진폭과 위상을 가진 새로운 사인파 z를 y에 곱한 후 다 더하면 된다. 나는 Σyz가 양이면 자동적으로 온도를 올리고, 반대로 음이면 온도를 내리도록 공정을 개선했다. 나보다 먼저 이런 생각을 한 사람이 있다는 이야기를 들었기 때문에 이 아이디에 대해 어떠한 우선권을 주장할 생각은 없다.

이런 최적화기기를 만들어 보면 배울 게 많겠다고 생각해서 화학공학과와 공동으로 하나 만들어 보려고 했지만 성사되지는 않았다. 1959년 스탠포드 대학 통계학과에 방문교수로 있던 젠킨스는 박사학위논문 지도교수였던 바너드에게 스탠포드에서의 생활이 재미없다고 말했다. 바너드는 프린스턴에 있는 나에게 보낸 편지에 "컬럼 젠킨스는 시계열 분야에 뛰어난 재능을 보이는 친구야. 시계열에 관해서는 존 터키보다 컬럼 젠킨스의 의견을 따르겠네."라고 썼다. 이 편지를 터키에게 보여 주자 터키는 "이 친구를 여기 데려와야겠군."이라고 말했다. 이렇게 해서 젠킨스를 만났다. 그는 얼마 후 내가 위스콘신으로 터전을 옮겼을 때도 나를 따라왔다.

어쩌다 보니 통계학자

젠킨스

위스콘신에서 퇴직을 눈앞에 두고 있던 저명한 화학공학자 올라프 하우겐을 만났다. 그는 자동최적반응기를 만들자는 내 생각에 동조했고, 과학재단에 연구비를 신청했다. 하우겐 교수는 같이 일할 대학원생 두명도 이 연구에 전념할 수 있는 상황이라 여건이 좋다고 말했다.(같이 일한 대학원생들은 켄 코트너Ken Kotnour와 토니 프레이Tony Frey였는데 그들은 이 반응기를 이용해서 학위논문을 쓸 예정이었다.)[45]

과학재단에 신청한 연구비가 나오자마자, 우리는 곧바로 일에 착수했다. 하우겐 교수가 퇴직했지만, 자동최적반응기에 대한 연구는 로저 올트피터Roger Altpeter 교수의 도움으로 계속 진행되었다. 나는 최적화문제를 확정적인 문제로 접근했지만, 비행기를 설계하면서 역학관계뿐만 아니라 잡음도 고려해야 한다는 것을 경험한 젠킨스의 생각은 달랐다. 특히 역학관계는 전파된 사인파의 위상을 변화시키거나 잡음을 비정상적으로 만들 수도 있었다.[46] 결국 우리는 역학관계와 잡음의 모형을 계차방정식으로 구축했다. 연구의 진척은 느렸다. 3년이란 시간이 지나서야 제대로 작동하는 반응기가 완성되었다.

시간이 지나면서 우리는 자동최적화가 피드백 제어의 일종이며 피드백 제어가 비정상시계열의 예측과 연관되어 있다는 것을 알게 되었다.[47] 이런 과정을 거치면서 젠킨스와 나는 시계열 자료에 대한 모형구축과 예측에 관심을 갖게 되었다.

그때까지의 시계열 연구는 고정된 평균을 중심으로 안정적으로 변하는 정상시계열에 집중되어 있었다. 그러나 우리가 연구하면서 경험한 것은 정상시계열 모형은 별 소용이 없다는 것이었다. 경영, 산업, 공해 문제를 연구하면서 접한 어떤 시계열도 정상인 것이 없었다. 홀트Holt와 윈터스Winters를 비롯한 응용과학 분야 학자들이 지수가중평균을 이용해서 경험적으로 예측하고자 한 것도 바로 비정상시계열이었다. 이들은 최근 자료에 더 많은 가중치를 주고 가중치가 기하급수적으로 감소하는 가중평균으로 예측했다. 일리가 있긴 했지만, 계차방정식으로 표현할 수 있는 비정상시계열의 특정 경우에 불과했다. 이런 인식이 바로 ARIMA 시계열 모형의 시작이었다. 허먼 월드Herman Wold를 비롯한 많은 학자들이 자기회귀모형으로 정상시계열을 연구했지만 비정상시계열에 대한 연구는 전무하다시피 했다.

젠킨스를 처음 만난 것은 1959년 후반이었고 우리의 첫 연구논문이 1962년에 나왔으니 연구는 상당히 빨리 진행된 편이었다.[48] 이 논문을 기점으로 많은 연구주제가 등장했다. 존슨과 카츠Katz 같은 사람들은 우리 논문을 정체되어 있던 시계열 분석의 돌파구였다고 평가했다. 젠킨스와 인근에 있는 골프장을 걸으면서 토론했던 문제여서 '골프코스문제'라고 불렀던 문제가 있다. 이 문제는 목표에서 벗어난 비정상시계열을 언제 얼마만큼 조정하는 것이 좋은가를 결정하는 것이었다. 품질관리에서 사용하는 조정한계도가 여기서 나왔다. 우리는 비정상시계열, 목표에 벗어난 것에 대한 이차손실함수, 고정된 조정비용 가정 하에서 동적계획법으로 골프코스문제를 풀었다. 우리는 마지막 관찰치가 한계를 벗어났다고 가정하고 시간을 거슬러가며 계산했다. 중요한 문제 중 하나는 공정을 조정하기 위해서는 평균적으로 얼마나 많은 관찰을 해야 하는가 하는 것이었다. 연구를 해나가면서 이에 대한 좋은 해를 구할 수 있었다. 또 다른 문제는 미분방정식 모형과 계차방정식 모형의 관계와 관련이 있는 '잼 병 jam jar' 문제였다.

1960년대부터 1970년대까지 젠킨스와 나는 공군과학연구소Air Force Office of Scientific Research, AFOSR의 지원을 받아서 연구를 수행했다. 처음에는 연구 결과를 공군에 제출하는 보고서 형태로 발표했는데, 1963년에 젠킨스가 책을 쓰자고 제안했다. 관심 있는 사람이 많지 않을 거라고 생각했기 때문에 출판을 하는 것이 좋은지 확신하지 못했다. 그러나 젠킨스가 옳다는 것을 알기까지는 그리 오랜 시간이 걸리지 않았다.

불행히도 젠킨스가 호지킨병Hodgkin's disease에 걸렸다. 면역체계인 림프계에 발생한 암인 호지킨병은 당시로는 치료가 불가능한 병이었다. 그는 심하게 아팠다가 일시적으로 회복하기도 했다. 젠킨스는 용기 있게 맞서 싸웠고, 1982년 죽을 때까지 연구와 강의를 중단하지 않았다.

젠킨스가 여행하기 어려울 정도로 병이 깊어졌을 때에도 우리는 연구를 계속했다. 겨울에는 녹음테이프를 항공우편으로 주고받았고, 방정식과 그래프가 적힌 종이를 테이프 주위에 둘둘 말아서 보냈다. (문제 해결을 위해 나눈 이야기들은 지금 들어도 의미 있게 다가온다. 우리 둘 다 "왜 전에는 이런 생각을 못했지?"라는 말을 자주 했다.) 여름방학 동안에는 영국 랭커스터Lancaster로 가서 젠킨스 가족과 함께 지냈다. 젠킨스는 랭커스터 대학 교수였고, 대학에서 4마일 정도 북쪽에 있는 아름다운 집에서 살고 있었다. 이전 집 주인이 하인을 두고 있었기 때문에 2층에는 하인들이 숙소로 사용하던 공간이 있었다. 덕분에 침실뿐만 아니라 연구실 공간까지 두고 지낼 수 있었다. 2층에는 긴 복도가 있었고 복도 끝에 젠킨스의 연구실이 있었다. 내가 젠킨스의 연구실로 가기도 했고, 젠킨스가 내 연구실로 오기도 했다.

우리는 공군과학연구소의 지원을 받아서 연구하고 있었기 때문에 영국과 미국을 오갈 때 공군의 항공수송서비스를 무료로 이용할 수 있었다. 공군의 항공수송서비스는 안락함이나 안전함이 들쭉날쭉해서 운이 필요했다. 장군이 타는 고급 비행기는 민간 항공기 일등석 못지않았다. 운이 나쁠 때는 200명 이상을 수송하는 사병 수송용 비행기를 타기도 했다. 이런 비행기는 좌석을 많이 만들어 놓았기 때문에 어느 좌석이나 불편하긴 마찬가지였다.

당시 나는 작은 촬영기를 가지고 여행을 다녔다. 어느 날 아침 대서양 상공에서 멋진 일출을 맞이했다. 나는 그 장면을 놓치지 않기 위해 촬영을 했다. 그런데 촬영 중에 우리 비행기 엔진 4개 중 하나가 멈춰 있고, 프로펠러가 바람에 천천히 돌아가는 것을 발견했다. 한 승객이 뭐 하냐고 물어서 작동이 멈춘 엔진을 촬영한다고 말했다. 곧이어 3개 엔진으로도 비행하는 데는 지장이 없고 아일랜드의 샤논에 착륙하겠다는 기장의 기내방송이 나왔다. 샤논에 내렸지만 아무데도 가지 못하게 해서 면세지역에서 12시간이나 기다려야 했다. 면세지역에서 살 만한 것이라곤 아일랜드 위스키뿐이었기 때문에 대체기가 와서 우리를 데려갈 즈음 몇몇 승객은 상당히 취해 있었다.

이런 우여곡절을 겪으면서 랭커스터에 도착하면 젠킨스가 항상 반갑

게 맞아주었다. 젠킨스의 집은 멋진 전원에 홀로 우뚝 서 있었고, 정원도 널찍하고 연못도 있었다. 처음에는 오전에만 일하고 오후에는 젠킨스와 함께 산책을 했다. 시간이 지나면서 젠킨스가 산책을 할 수 없을 정도로 쇠약해지자 나 혼자 산책을 가야 했다. 계곡을 따라 흐르는 아름다운 룬 강에서 수영을 하기도 했다. 가끔 연어 낚시꾼을 만나기도 했지만 룬 강은 항상 조용했다.(옛날에는 그 마을을 룬 강의 성, 즉 룬캐스터라고 불렀지만, 후에 랭커스터가 되었다고 한다.)

웨일스 사람인 젠킨스는 일곱 살이 될 때까지 영어를 한 마디도 못했다고 한다. 102세까지 산 젠킨스의 할머니도 60세가 될 때까지는 영어를 배울 생각도 하지 않았고, 그때까지도 마을에 영어를 아는 사람이 한 명도 없었다고 한다. 젠킨스는 친척들의 반대에도 불구하고 잉글랜드 여자와 결혼했다. 메그Meg는 훌륭한 여성이었고, 젠킨스의 건강을 잘 챙겼다. 그녀는 젠킨스에게 좋을 거라며 텃밭에서 채소를 재배했는데, 채소재배 마니아인 그녀 아버지 버트 벨링햄이 많이 도와주었다. 벨링햄과 나는 가까운 친구가 되었다.

벨링햄과 나는 저녁에 펍에 가서 한 봉지에 2펜스 하는 바삭바삭한 감자칩을 안주로 삼아 반 파인트 잔으로 맛이 쓴 비터 맥주를 두어 잔 마시고 돌아왔다. 한두 해 정도 그렇게 보냈을 때 펍이 다른 사람에게 넘어갔다. 새 주인은 그곳을 고급스럽게 바꾸려고 했다. 그런 것도 모르고 그곳에 들린 우리는 예전과 다름없이 반 파인트 비터 맥주 두 잔과 감자칩을 주문했다. 그러자 주인은 약간 오만한 목소리로 "감자칩은 팔지 않습니다."라고 대답했다. 벨링햄이 "그럼 뭘 팝니까?"라고 묻자, "샌드위치를 팝니다."라고 대답했다. "어떤 샌드위치를 파는데요?"라고 다시 묻자, 주인은 "연어 샌드위치입니다."라고 했다. 벨링햄이 가격을 물었고, 주인이 말한 가격은 감자칩에 비해 엄청나게 비쌌다. 벨링햄은 할 수 없이 "다른 샌드위치는 없습니까?"라고 물었고, 주인은 "바닷가재 샌드위치가 있습니다."라고 답했다. 한동안 이런 식의 대화가 진행되다가 벨링햄은 "샌드위치는 주문하지 않겠습니다."라고 말하고 테이블로 돌아왔다. 맥주를 다마신 다음 벨링햄은 "이번엔 자네가 갔다 오게."라고 말했다. 주인은 나를 보자 "감자칩은 없습니다."라고 했고, 나는 뭘 파느냐고 물었다. 다시온갖 샌드위치의 이름을 대고 가격을 물어보는 대화를 반복하다가 "샌드위치는 주문하지 않겠습니다."라고 말하고 테이블로 돌아왔다. 우리는 다른 펍을 알아보기로 했다.

벨링햄은 상당히 붙임성이 좋은 사람이었다. 하루는 우리가 외출하려고 하자 메그가 토마토 묘목을 사오라고 부탁했다. 새로 찾아낸 펍에 도착하자 벨링햄은 "누구 토마토 묘목 파는 곳 좀 알려주시죠?"라고 외쳤다. 잠시 주변이 웅성거리더니 누군가 "나이든 찰리를 만나보시오. 8시 30분이면 여기 오니까 15분만 기다리면 만날 수 있겠네요."라고 말했다. 덕분에 좋은 가격에 좋은 토마토 묘목을 가지고 집으로 돌아올 수 있었다.

펍에 오는 사람들은 여러 가지 게임을 즐겼다. 특히 다트가 인기 있었는데 단골들의 다트 실력은 놀라웠다. 한번은 도미노 게임 참가자들 주변에 사람들이 몰려 있어서 우리도 같이 구경했다. 그런데 이들이 사용하는 도미노 골패에는 점이 9개가 있었다. 지금까지 내가 본 골패는 모두 점이 6개였다. 내가 물어보자, 9점 골패는 몇몇 마을에서만 사용한다고 했다. 아주 작은 시골마을까지 들먹이며 어느 마을에서는 어떤 골패가 사용된다는 이야기가 한동안 지속되었다. 펍 주인은 어떤 게임이든지 우승자에게 항상 상을 주었다. 우승자에 대한 시상은 게임에 대한 흥미뿐만 아니라 맥주의 매출도 높였다.

랭커스터에서 보낸 여러 차례의 여름방학 이후에도 벨링햄과 나의 우

어쩌다 보니 통계학자

정은 이어졌다. 내가 그의 집을 방문하거나 그가 말년을 보낸 실버타운을 방문할 때면 벨링햄은 항상 "여기 내 짝 조지 박스가 왔구먼."하고 말했다.

젠킨스의 집에서 조금 내려오면 물고기 부화장이 있었다. 메그는 송어 40마리를 구입해서 집에 있는 연못에서 길렀다. 연못에서 헤엄치며 노는 송어를 보는 것은 즐거운 일이었다. 어느 날 아침 메그가 "창밖을 내다보는데 큰 새가 날아와서 송어를 잡아먹더라고요."라고 말했다. 시골에서 자란 메그는 다음 날 마을에 나가더니 소총을 빌려 왔다. 소총을 빌려준 사람은 메그가 본 새가 왜가리라고 했다고 한다. 메그는 새가 다시 나타나길 기다렸다가 공중으로 총을 쏴 쫓아버렸다. 깜짝 놀란 젠킨스가 "메그, 집에 총을 둘 수는 없소."라고 말했지만, 메그는 들으려고 하지 않았다. 내가 "군복무를 한 내가 쏘는 게 낫지 않을까요?"라고 말하자 두 사람 모두 내 말에 동의했다. 며칠 후 아침 6시에 메그가 나를 깨우더니 "그 녀석이 나타났어요."라고 말했다. 창문을 내다보니 송어를 잡으려고 연못가에 조용히 서 있는 녀석이 보였다. 나는 공중으로 총을 쏴서 그 녀석을 내쫓았다. 그 이후로 다시 돌아오지 않았던 걸로 기억한다.

이 사건을 계기로 메그는 송어를 잡아서 요리를 하는 것도 나쁘지 않겠다는 생각을 하게 되었다. 우리는 송어를 잡기로 하고 채비를 했는데, 한 마디로 가관이었다. 젠킨스는 짧은 줄에 꾸부린 핀을 달고는 지렁이를 미끼로 낚시를 하려고 했고, 메그는 그물을 준비했으며, 나는 사각형으로 자른 철망을 들고 있었다. 나는 송어가 구석에 올 때까지 기다렸다가 철망으로 덮쳐서 잡을 생각이었다. 우리는 송어는 한 마리도 잡지 못했지만 즐거운 시간을 보냈다. 그러던 중 메그는 우편집배원이 열성적인 낚시꾼이란 사실을 떠올렸다. 집에 들른 우편집배원에게 부탁하자 금방 송어를 잡아주었고, 우리는 그날 저녁을 맛있게 먹을 수 있었다.

젠킨스와 내가 계절 변동이 있는 시계열의 예측문제를 연구하고 있을 때였다. 유명한 컨설팅회사인 아서 리틀Arthur D. Little의 일을 하나 맡아서 하고 있었는데, 그 회사는 다항모형에 지수적으로 감소하는 가중치를 적용하여 예측하고 있었다. 하지만 예측 결과가 신통치 않았다. 연습 삼아 수년에 걸쳐 월별 대서양 횡단 비행기 탑승 객수 자료를 분석해 보았다. 이 시계열은 12개월을 주기로 하는 패턴을 가지고 있었다. 해마다 정도의 차이는 있지만 겨울에는 탑승객 수가 적고, 여름에는 많은 패턴이었다. '항공사 모형'은 바로 여기서 유래했다. 우리는 황금알을 낳는 거위를 갖게 된 것이나 다름없었다. 모수가 두 개밖에 안 되는 모형이었지만, 진동수가 다른 12개의 사인곡선을 합친 계절 변동을 표현할 수 있었기 때문이다.

가능도에 관한 것은 바너드에게 많이 배웠다. 뭔가를 추정해야 할 때면 가능도에서 출발하는 것이 자연스럽게 여겨지던 그런 시절이었지만 베이즈 정리에 대한 나의 관심이 높아지던 시기이기도 했다. (나는 가능도가 베이즈 정리를 소심하게 적용하는 것에 지나지 않는다고 생각했다.) 게다가 우리가 주로 다루던 표본 크기에서는 어떤 방법을 쓰나 별 차이가 없었다.

어떤 시계열이든지 추정과 관련해서 어려운 점은 초기에 어떤 일이 일어나는가 하는 것이고, 이것은 그 이전에 어떤 일이 일어났는가에 의존하지만 이것을 모른다는 것이다. 우리는 이것을 뒤집어 생각할 수 있다는 것을 깨달았다. 가장 최근의 관측치에서 시작해서 시계열을 거꾸로 예측해 나가면서 우리가 모르는 것을 추정하는 것도 가능하다고 생각했다. 이 방법을 여러 시계열에 적용해서 시험해 보았고, 후에는 수학적으로도 입증했다.

때로는 시계열 간의 관계를 찾아야 할 때가 있었다. 잘 알려진 예를 들면 수십 년 간에 걸친 돼지 공급량, 돼지 가격, 옥수수 가격, 옥수수 공급량, 농장 일꾼 임금 시계열이다.[49] 시계열 간의 관계를 고려하면 각 시계

어쩌다 보니 통계학자

열을 더 정밀하게 예측할 수 있다는 생각은 다른 분야에서도 유효하기 때문에 탸오와 나는 학생들에게 다중 시계열을 추정하는 프로그램을 작성하게 했다. 이 작업은 시카고에 있는 일리노이 대학의 론-뮤 류Lon-Mu Liu 교수의 지도하에 진행됐다. 젠킨스도 랭커스터 대학에서 독자적인 다중 시계열 분석 프로그램을 개발했다.

시스템공학과를 설립한 젠킨스는 학과를 지역 기업체와 긴밀하게 연계시켰다. 학생들이 기업체에서 일하는 과학자들과 공동으로 문제를 해결해야만 학위를 받을 수 있게 했다. 젠킨스가 세운 시스템공학과는 큰 성공을 거두었고, 재정적으로도 학교에 크게 기여했다. 하지만 이런 성공을 시샘하는 학과들 때문에 어려움도 겪어야 했다. 이런 이유로 1974년 학교를 떠난 젠킨스는 '귈림 젠킨스와 동료들'이란 회사를 설립해 자신의 뜻을 더 넓게 펼쳤다.

우리는 시계열 책을 홀덴데이Holden-Day 출판사를 통해 출판하기로 했다. 1970년 『시계열분석: 예측과 제어Time Series Analysis: Forecasting and Control』의 초판이 나왔다. 하지만 홀덴데이 출판사는 인세를 제대로 주지 않았다. 젠킨스는 샌프란시스코에 있는 자신의 변호사 노먼 매클라우드 Norman Macleod에게 전화해서 이 문제를 상의해 보라고 했다. 어떻게 이 변호사를 알게 되었냐고 물었더니 영국 영사관이 소개해 주었다고 했다. 매클라우드 변호사에게 전화하자 심한 영국 말투로 "박스 교수님, 젠킨스가 전화할 거라고 해서 기다리고 있었습니다."라고 말했다. 미국 변호사 같지 않다고 말하자, 그는 "영국 사람이었죠. 변호사 시험을 치고 미국에서 개업했습니다."라고 말했다. 그는 우리가 인세를 받지 못할 때마다 제시할 수 있는 항구적인 법적 조치를 취해 주었다. 홀덴데이 출판사는 나중에 파산했다.

홀덴데이 출판사와의 다툼이 진행되는 동안 젠킨스의 건강이 급속히 나빠졌다. 나는 책을 쓰면서 나누었던 이야기를 녹음한 테이프를 보내 주면서 젠킨스가 좋아하는 영국 라디오 코미디 프로그램인 군쇼The Goon Show와 재즈를 녹음한 테이프도 함께 보냈다. 젠킨스가 죽기 직전인 1982년 봄에 그에게 보낸 편지를 최근에 찾았는데 그 편지에는 다음과 같이 적혀 있었다.

지난주 육군 운용연구단 장교들을 대상으로 시계열에 관한 단기 강좌를 열었네. …… 이런 강좌는 수강자 전원이 우리 책을 가지고 와야 한다는 조건 하에서 한다네. 그들이 사인을 해달라며 책을 들고 오면, 난 자네 이야기를 해 준다네. 우리가 이 책을 쓰면서 얼마나 즐거워했는지. 전이함수 예제를 들 때 누군가 왜 9초 간격으로 자료를 수집했는지 물었어. 그래서 이야기해 주었지. 그건 그날 우리를 도와주던 메그 때문이라고. 메그가 자료를 수집할 수 있는 가장 짧은 시간 간격이 9초였고, 우리는 "그게 바로 우리가 원하는 거야."라고 말했다고 말이야.

우리 집 애완견 빅터와 함께 인근에 있는 골프 코스를 산책할 때면 자네 생각이 난다네. 우리가 골프 코스를 거닐면서 '잼 병' 문제에 대해 토론하던 때도 생각나네. 어느 날 내가 지겨워하자 호수 반대편에 있는 산을 보고는 자네가 "저기 저 산이나 오르세."라고 했지. 물론 우리는 그 산을 올랐지. 홀턴그린하우스에서의 산책도 생각이 나는군. 그곳의 전경이 아직도 기억에 생생하다네. 아래쪽 길을 걸으면서 올려다본 전경도 생각나고, 농장에서 내려오면서 본 전경도 생각나네. 진입로도 기억나고, 가끔은 정원을 가꾸던 메그도 볼 수 있었지 않은가. 송어를 키우던 연못 말일세. 각자 다른 방법으로 송어를 잡으려고 했지만 아무도 잡지 못했던 것 기억하나? 난 철망으로 잡을 수 있을 거라고 생각했어. 하지만 송어 생각은 우리와 달랐던 게지. 총을 쏴서 왜가리를 쫓아버리자 그 다음엔 오리가 왔었지 아마.

어쩌다 보니 통계학자

곧 불가리아로 출발할 예정이네. 돌아오는 길에 영국에 들를 생각이야. 그때 자네를 볼 수 있을 거야.

사랑을 담아서

조지 박스

시계열 책은 2판부터 프렌티스홀Prentice-Hall에서 출판되다가, 매디슨에서 같이 일하던 동료 그레고리 라인셀Gregory Reinsel이 공저자로 참여한 이후에는 와일리Wiley에서 출판되었다.[50] 현재 4판인 이 책은 세계 여러 곳에서 번역되었다. 이 책이 처음 나왔을 때 비평가들의 반응은 썩 좋지 않았다. 어떤 사람은 수학적으로 엄밀하지 않다고 했고, 또 어떤 사람은 새로운 것이 별로 없다고 했다. 독창적인 연구는 본래 적대감을 불러일으키게 되어 있다고 생각했기 때문에 크게 개의치 않았다.[51] 반응표면분석에 관한 첫 논문도 그랬고, 로버스트라는 용어를 처음 사용한 논문도 그랬다. 두 논문 모두 게재하기조차 힘들었다. 새로운 발상은 항상 사람들을 자극하는 것 같다. 시계열 책에 국한해 보면 계차를 구하는 것에 대한 논의가 많았다. 우리가 의도한 것은 단지 뭔가가 발생할 비율을 더 잘 표현할 수 있었다는 것뿐이었다. 하지만 발전을 거듭한 끝에 공적분cointegration과 단위근unit root은 계량경제에서 중요한 문제로 자리 잡았다.

시계열 책의 첫 쪽에 이 책에서 다루는 다섯 가지 문제를 분명히 밝혔다.

1. 시계열의 미래를 예측하는 문제
2. 한 시스템의 입력과 출력이 어떻게 동적으로 연결되는지 파악하는 문제
3. 시계열에 개입하는 사건의 영향을 파악하는 문제

4. 여러 시계열의 관계를 표현하는 문제

5. 목표를 벗어난 것을 복구하기 위한 조절계획 문제

여기서도 명백하게 드러나지만, 자동최적반응기에 관한 연구는 시계열 연구의 실마리 이상의 의미를 갖는다. 이론을 개발하는 최선의 방법은 현실 문제를 세심하게 탐구하는 것이라는 우리의 생각을 새삼 확인시켜 주었다.

시계열 책은 제어에 대한 기존 생각을 변화시켰고, 경제학과 경영학 분야에도 큰 영향을 미쳤다. 계량경제모형은 복잡한 화학 반응을 표현한 동역학모형과 상당히 비슷하다. 젠킨스와 나는 경험을 통해 이것을 알고 있었다. 후에 다수의 화학자와 화학공학자가 오존 생성과 대기오염을 설명하기 위해 여러 동역학모형을 제안했지만 기존 자료로는 추정할 수 없을 정도로 모수가 많다는 문제를 안고 있었다. 유사한 문제가 계량경제학에서도 일어난다. 이럴 때는 모형에서 시작하기보다 자료에서 시작하는 것이 낫다. 자료에서 간단한 동적확률모형을 유도하고, 이를 검증이 가능한 이론적 구조와 관련시켜 보는 것이다. 이런 방법은 상당히 효과적이었기 때문에 경제학자들과 공동연구를 추진해 봤지만 아무런 결실도 얻지 못했다.

제자들이 논문 주제를 정할 시기가 오면, 먼저 관심을 갖고 있는 분야를 알아본 다음 그걸 더 깊이 연구할 필요가 있는지에 대해 이야기한다. 매디슨에 공부하러 온 제자 중에서 비헤른, 폴 뉴볼트Paul Newbold, 래리 하우Larry Haugh, 이 세 명은 예전부터 시계열에 관심이 있었고 결국 시계열에 관한 훌륭한 논문을 썼다. 1970년 시계열 책이 출판된 다음에 온 학생들도 시계열에 대한 감을 어느 정도 가지고 있었는데 보바스 에이브러햄Bovas Abraham, 요하네스 레돌터Johannes Ledolter, 그레타 융Greta Ljung

이 그런 학생이었다.

에이브러햄은 남인도에서 왔다. 매디슨에 오기 전 케랄라 대학에서 통계학 석사학위를 받고, 가나의 케이프 코스트Cape Coast에서 2년 정도 중학생들을 가르쳤다고 했다. 그는 캐나다의 궬프 대학에서 또 다른 석사학위도 받았다. 내 연구실을 찾아온 에이브러햄은 시간제 연구조교를 한다는 조건으로 1971년에 매디슨에 왔다고 했다. 그는 상당히 어려운 도표를 작성해 보겠다고 자청했지만 얼마 지나지 않아서 어떻게 해야 할지 모르겠다고 다시 들고 왔다. 그렇지만 대단한 열정으로 그 문제를 해결하려고 노력했고, 마침내 도표를 작성할 수 있는 프로그램을 찾아냈다. 일년 후 자격시험을 통과한 에이브러햄은 내게 논문지도교수가 되어 달라고 부탁했다.[52]

나는 항상 좋은 논문을 써야 한다고 제자들을 독려했고, 영어를 잘하든 잘하지 않든 상관없이 논문 쓰는 일이 중요하다는 것을 일깨우기 위해 애썼다. 1970년대에는 자주 출장을 다녔기 때문에 학생들 논문을 읽고 느낀 점과 개선점을 테이프에 녹음해서 전달해 주곤 했다. 지금 생각해도 이 방법이 괜찮았다고 생각된다. 에이브러햄과도 이 방법을 사용했다. 물론 얼굴을 맞대고 이야기한 적도 많았다. 주중에 출장을 가는 경우에는 주말에 학생들을 만났는데 여러 명이 함께 차를 타고 우리 집으로 오곤 했다. 에이브러햄은 훌륭한 학위논문을 썼고, 그를 기초로 여러 편의 논문도 발표했다.[53] 그는 나중에 온타리오에 있는 워털루 대학 통계학 교수가 되었다.

에이브러햄은 2000년에 워털루 대학 명예수학박사학위 수여자로 나를 추천했고, 학위수여식 날 저녁에 자기 집에서 멋진 축하연을 열어주었다. 맛있는 인도 음식을 준비해 준 그의 아내 아나마Annamma는 아름다운 인도전통의상을 입고 있었다. 에이브러햄은 딸이 둘 있었는데 그중 한 명이 내가 워털루에 머무는 동안 결혼하기로 되어 있었다. 아나마는 결혼식이 열리는 호텔의 요리사에게 인도요리법을 가르쳐 주었으며, 특히 어떤 쌀을 어떻게 요리해야 하는지 자세히 가르쳐 주어야 했다. 워털루를 떠날때 아나마는 매운 인도 피클 한 병과 카레를 만들 때 필요한 여러 가지 양념을 싸 주었다.

에이브러햄은 학생 시절 레돌터와 친하게 지냈다. 하네스라고 불리기도 했던 레돌터는 일 년 정도 기한으로 매디슨에 온 오스트리아 친구였고 당시 스물한 살이었다. 앳된 얼굴을 한 레돌터가 연구실로 찾아와서는 이번에 강의할 시계열에 대해 물어보았다. 나는 젠킨스와 함께 쓴 시계열 책을 빌려주며, "이 책을 한 번 들여다보게. 이 책이 마음에 들면, 시계열 강의를 좋아할 걸세."라고 말했다. 레돌터는 그 책을 재미있어 했고, 강의 또한 마음에 들어 했다. 결국 대학원에 진학한 레돌터는 내 지도를 받았다. 레돌터는 2년 연속으로 시계열 과목의 강의조교를 했기 때문에 내 시계열 강의를 3번이나 들었다며 농담하기도 했다. 당연히 시계열 분야의 주제로 학위논문을 쓰기 시작했는데, 도중에 징집영장을 받았다. 그때까지 학생들의 비자 문제를 도우기 위해 이런저런 편지를 많이 써 봤지만 징집을 면제해 달라는 편지는 처음 써 봤다.

레돌터도 에이브러햄과 같이 시계열을 연구했다. 에이브러햄이 캐나다로 가서 교수가 된 후 레돌터는 아이오와 대학 교수가 되었다. 둘은 오랫동안 같이 연구했다. 남인도에서 온 친구와 오스트리아에서 온 앳된 친구의 인생 여정이 1971년 가을 매디슨에서 교차하면서 우정과 동료애가 싹트기 시작했던 것이다.[54]

이때쯤 융이 통계학을 공부한다며 핀란드에서 매디슨으로 왔다. 융 역시 시계열에 관심이 있었다. 핀란드에서는 어릴 때부터 영어를 배운다는 것을 감안하더라도 융의 영어 실력은 출중했으며 내가 만난 학생들 중에서 가장 글재주가 좋아 다른 학생들과 달리 학위논문을 쓸 때 아무런 문제가 없었다. 융과 나는 여러 편의 논문을 공동으로 발표했고, 그 중 한 편이 바로 융-박스 검증에 관한 것이다.[55]

융은 수년 동안 MIT에서 강의하다가 최근 재난예측시스템회사인 에어월드와이드AIR Worldwide로 자리를 옮겼다. 그녀는 그곳에서 열대성 폭풍, 뇌우, 번개 등에 대한 통계모형을 개발하고 있다.

9장
조지 탸오와 베이즈 추론

"더 쉬워질 거야."

1958년 뉴욕 대학에서 경영학 석사학위를 받은 탸오는 국제금융을 공부해 박사학위를 받을 생각으로 위스콘신에 왔다가 방향을 계량경제 쪽으로 선회했다. 내가 강의한 기초과목을 수강한 탸오는 베이즈 방법에 특히 관심이 많았다. 학부생 시절에 나와 공동으로 베이즈 방법에 관한 논문을 써서 바이오메트리카*Biometrika*에 실었다.[56] 탸오의 학위논문은 선형모형의 로버스트성을 베이즈 관점에서 살펴보는 것이었다.[57]

베이즈 방법을 사용하면, 서로 독립이고 동일한 정규분포를 하는 오차를 가정하지 않아도 된다. 예를 들면 다음과 같은 것들을 탐구할 수 있다.

1. 정규분포로부터의 이탈이 통계적 검증에 어떤 영향을 미치는가? 오차가 서로 독립이 아닌 경우도 이 문제에 포함된다.
2. 정규분포로부터 이탈한 경우에 적합한 통계적 방법은 어떻게 개발하는가?

나는 탸오가 통계학과를 발전시킬 인물이라고 판단하여 1962년 탸오가 박사학위를 받자마자 경영대학과 통계학과 양쪽 모두에 소속된 조교수로 영입했다. 1965년부터 1966년까지 일 년 동안 하버드 경영대학에 초청을 받았을 때는 탸오도 같이 갈 수 있게 했다. 하버드에서 보낸 일 년 동안 베이즈 추론에 관한 책을 같이 쓸 수 있었다.[58]

하버드에서 살 집을 물색하고 다니던 탸오는 괜찮은 두 집을 후보로 추천했다. 한 집은 방은 많으나 오래되고 어두웠다. 바로 이 집이 앞에서 우리 가족이 살았다고 이야기한 그 집이다. 탸오 가족은 우리 집에서 멀지 않은 곳에 위치한 좀 더 저렴한 집에서 살았다. 침실 하나를 연구실로 삼아 그곳에 논문이며 책, 온갖 끄적거린 메모를 펼쳐놓고 일했다. 한 해가 저물어 갈 즈음이 되자 베이즈 추론에 관한 책도 제 궤도에 오르기 시작했다.

다음 이야기를 들어 보면 탸오가 얼마나 논리적인지 알 수 있다. 탸오는 케임브리지에 있을 때부터 하버드 대학의 학내 주차규정이 엄격하다는 것을 들어 이미 알고 있었다. 한번은 크고 무거운 녹음기를 차에 싣고 경영대학으로 옮겨야 했다. 최대한 차를 건물에 가까이 주차하려고 둘러보다가 딱 좋은 자리를 발견했다. 하지만 그 자리는 주차금지구역이었다. 처음 위반하면 노란 딱지, 두 번째 위반하면 빨간 딱지, 세 번째 위반하면 교내 전 지역 주차금지를 받게 된다는 경고문이 붙어 있었다. 내가 탸오에게 여기에 주차하면 안 된다고 하자 그는 "무슨 말씀입니까? 두 번이나 주차할 수 있는데요."라고 말했다.

매디슨으로 돌아온 우리는 시간이 날 때마다 책을 쓰기로 했다. 하지만 학교생활을 하면서 공동연구를 한다는 것은 그렇게 만만한 일이 아니었다. 그런 와중에도 1968년 우리는 특이점 문제를 베이즈 방법으로 접근하는 논문을 발표해 많은 관심을 받았다.[59] 결국 1970년부터 1971년까지 일 년 동안 함께 에섹스 대학으로 휴가를 가서야 책을 마무리할 수 있었다.

어쩌다 보니 통계학자

에섹스로 갈 수 있었던 것은 바너드의 초청 덕분이었다. 1963년 영국 남부 에섹스에 새로운 대학이 설립되었고, 1966년 바너드는 임페리얼 칼리지를 떠나 에섹스 대학 수학과 학과장으로 부임했다. 그리고 몇 년 후 나를 에섹스로 초청했다. 당시 나는 박사과정 세 명(하우, 히로 카네마스Hiro Kanemasu, 존 맥그리거John MacGregor)을 지도하고 있었고, 탸오와는 베이즈 추론에 관한 책을 쓰는 중이었다. 같이 에섹스로 가기로 한 탸오도 지도하던 박사과정 학생 두 명(윌리엄 클리블랜드William Cleveland, 데이비드 팩David Pack)을 데리고 갈 수밖에 없었다. 결국 탸오와 나, 그리고 가족들, 다섯 명의 박사과정 학생, 몇몇 학생들의 가족 모두 에섹스로 갔다. 바너드는 이 대규모 방문객을 따뜻하게 맞아주었다. 하우는 아내 제인과 한 살 된 딸을 데리고 갔고, 빌 클리블랜드의 아내는 그곳에서 첫 아이를 낳았다. 후에 하우는 영국에서 살기 힘들었다고 말했다. "제인과 나는 전형적인 영국 시골 마을인 위븐호에 살았습니다. …… 에섹스 캠퍼스에서 멀리 떨어진, …… 영국 시골 마을에서 산다는 건 만만한 일이 아니었습니다. …… 난방비 아끼려고 스웨터를 껴입고 지내야 했고, 우편집배원 파업이며 철도 파업이며, ……"[60] 하지만 누가 알았겠는가? 6년 후 미국의 지미 카터Jimmy Carter 대통령이 난방온도를 낮추라고 하리란 것을.

우리는 바너드의 요청에 따라 피셔의 초기 연구에 관한 세미나를 열고 각자 논문 한 편씩을 공부해서 발표했다. 피셔는 1919년 로댐스테드에 부임하면서 장기간에 걸쳐 수집된 토양 비옥도 실험 자료를 분석해야 했다. 19세기 중반에 시작한 실험은 그때까지 계속되고 있었다. 밀을 심은 넓은 실험지는 긴 고랑으로 나누어져 있었고, 각 고랑에는 1843년 이후 계속 동일한 비료를 주고 있었다. 비료에 따른 밀 수확량의 차이는 분명히 드러나 보였기 때문에, 그 외에 추가로 알아낼 수 있는 정보가 있는지 파악하는 것이 피셔의 임무였다. 피셔는 '수확량 변동에 관한 연구

Studies in Crop Variation'라는 일련의 논문을 통해 맡은 임무 이상을 수행했다.

피셔의 논문을 공부하면서 우리는 기대 이상의 것을 얻을 수 있었다. 피셔가 했을 것이라고 생각하지 못한 것들도 많았고, 오래 시간이 흐른 다음 후학들이 했을 것이라고 생각했던 연구도 접할 수 있었다. 자기회귀를 하는 잔차의 분석, 분배시차 모형, 회귀계수의 다변량분포가 그런 것이었다. 피셔는 후에 이런 연구를 '거름더미 뒤지기'라고 말했다. 왜냐하면 기존에 해오던 실험에서 수집된 자료로는 이런 연구에 필요한 정보를 얻을 수 없는 경우가 많았기 때문이다. 이것은 피셔로 하여금 실험자가 알고 싶은 특정 효과를 효율적으로 그리고 동시에 연구할 수 있는 실험을 설계하게 하는 계기가 되었다.[61] 이 세미나 이후 실험설계는 나와 내가 지도하는 학생들의 중요한 연구주제가 되었다.

추운 영국의 겨울 날씨는 사람을 무기력하게 만들기도 한다. 카네마스와 팩은 크리스마스를 따뜻하게 보낼 수 있는 곳이 어디인지 물었다. 내가 스페인이 좋겠다고 하자 그들은 스페인으로 여행을 떠났다. 돌아와야할 때쯤 돈이 다 떨어졌다고 하여 아메리칸 익스프레스를 통해 돈을 보내 주어야 했다. 그러나 중간에 뭐가 꼬였는지 제대로 전달되지 않았다. 재차 돈을 보냈지만 그마저도 전달되지 않았다. 뒤에 들은 이야기에 따르면, 배가 너무 고파 식당에 들어가 음식은 시키지도 않고 그냥 설탕을 퍼먹었다고 했다.

카네마스는 논문을 미처 끝내지 못한 채 세계은행에 일자리를 구해갔다. 카네마스는 워싱턴에서 일하면서도 규칙적으로 노란 종이에 논문의 한 절씩을 손으로 써서 보내왔다. 한 번은 차바퀴 자국이 잔뜩 난 논문 원고를 받았다. 카네마스는 논문 원고를 차 지붕에 올려놓았다는 사실을 깜박하고 차를 출발했다고 했다. 바람에 날린 원고는 백악관으로 가는 펜실베이니아 거리 사방으로 흩어졌고, 카네마스는 아침 내내 차도를 들어

갔다 나왔다 하면서 원고를 주우러 다녔다고 했다. 그때 받은 원고는 읽기는 힘들었지만 내용은 훌륭했다. '모형구축과 관련한 문제들Topics in Model Building'이란 제목이 붙은 학위논문은 1973년에야 완성되었고, 카네마스는 박사학위를 받을 수 있었다.

1940년대 초부터 로스앤젤레스는 스모그로 고통 받고 있었다. 과학자들이 수년 동안 오염물질의 농도를 측정하고 있었기 때문에 자료는 충분히 축적되어 있었다. 1973년 초부터 나는 탸오와 함께 이 문제와 관련한 연구에 참여했다. 같이 일한 로스앤젤레스 카운티 대기오염관리본부 대기오염 수석분석가인 화학자 월터 해밍Walter J. Hamming은 훌륭한 화학자였다. 캘리포니아 주 정부는 대기오염을 해결하기 위해 개방된 장소에서 소각하거나 특정 물질을 배출하는 것을 금하는 법률을 제정했다. 해밍은 대부분의 오염물질이 자동차 배기가스에서 나온다고 생각했지만, 당시에는 아무도 그의 주장에 귀를 기울이지 않았다.

1966년 캘리포니아는 최초로 탄화수소와 일산화탄소 배출기준을 정했다. 탸오와 나는 이 법의 시행으로 대기오염에 변화가 있는지를 알아보기 위해 개입분석을 실시했다. 분석 결과는 명백히 해밍의 주장을 지지하고 있었다.

탸오와 나는 개입분석 이론을 다룬 논문을 발표했다.[62] 이 논문을 계기로 해서 특정 시점에서 일어나는 비정상시계열의 수준 변화를 추정하는 문제가 하나의 연구주제로 정립되었다. 로스앤젤레스 대기오염 자료의 경우 지수가중치함수를 가진 두 시계열의 선형결합으로 추정할 수 있었다. 첫 번째 시계열의 가중치는 양의 가중치를 가졌고, 두 번째 시계열은 음의 가중치를 가졌다. 법 시행 전후의 자료에 가장 큰 가중치가 부여되었기 때문에 법의 시행이 대기오염을 변화시켰다는 결론은 상당히 합리적이었다.[63]

타오는 1962년부터 1982년까지 매디슨에 있다가 시카고 대학으로, 다시 타이완으로 터전을 옮겼다. 타이완에서 학생들을 가르치면서 많은 존경을 받았다. 세월은 흘렀지만 우리의 우정은 여전했다. 1999년 내가 80세가 되던 해 타오는 시카고의 포트나이틀리 식당에서 거창한 생일 축하연을 열어 주었다. 곳곳에 흩어져 있던 내 친구와 옛 동료들이 모였는데 '베이즈 정리만한 정리는 없다네'란 노래가 어울리는 그런 생일축하연이었다.

어쩌다 보니 통계학자

10장
헬렌과 해리의 성장

"알다시피 생일 선물은 일 년에 하루밖에
못 받지만 그냥 선물을 받을 수 있는 날은
364일이나 된다고."

헬렌과 해리는 에섹스에서 기억에 남는 한 해를 보냈다. 우리 가족은 학교에서 12마일 정도 떨어진 스탠스테드홀에서 지냈다. 스탠스테드홀은 14세기에 건축된 성으로 한때 에섹스 백작의 소유물이었다. 당시에도 해자와 긴 진입로, 수위실, 넓은 정원이 있었다고 한다. 하인들의 숙소였던 3층을 숙소로 사용했는데 천장을 떠받치는 거대한 들보에 머리를 부딪치지 않게 조심해야 했다. 본래 이 성의 소유자이자 수상 후보자였던 버틀러 Butler 경이 방문교수와 그 가족의 거처로 사용하라며 성을 대학에 주었다고 한다.

영국에서 차를 구입해서 1년간 타면 무관세로 미국에 반입할 수 있게 해 주는 특별 행사 기간에 튼튼하고 핸들이 왼쪽에 있는 볼보 스테이션 왜건을 구입했다. 나는 학교와 스탠스테드홀 사이에 있는 언덕이 많고 좁고 구불구불한 길을 매일 이 차를 타고 오가다가 미국으로 가져왔다. 이 차는 매디슨의 혹독한 겨울 날씨에도 문제없이 달렸지만 수리비가 제법 많이 들었다.

방문교수 중에는 캐나다에서 온 힐 교수도 있었다. 힐 교수 가족은 성 내 다른 곳에서 지냈다. 힐 교수의 세 자녀 캐롤라인, 사이먼, 벤저민은 당시 아홉 살, 일곱 살이었던 우리 애들과 또래였다. 우리 두 가족은 성에서의 낭만적인 삶을 기억하기 위해 '푸른 기사'라는 영화를 만들기로 했다. 어린 캐롤라인이 공주 역을, 헬렌이 마녀 역을, 해리가 왕자 '푸른 기사' 역을 맡았고, 촬영은 내가 맡았다.

영화는 왕자가 성의 창문을 내다보는 연인에게 장미를 바치는 장면으로 시작했다. 냉정한 공주의 삼촌이 공주를 철저히 경호하고 있었기 때문에 둘은 비밀리에 만나야 했다. 그런 와중에 왕자가 전쟁에 나가게 되면서 둘은 헤어지게 된다. 공주가 혼자 성으로 돌아올 때 마녀와 마녀의 조수가 공주를 납치한다. 마녀의 조수 역은 캐롤라인의 오빠 벤저민이 맡았다. 전쟁에서 돌아온 왕자는 공주가 실종되었다는 사실을 알게 된다. 여기서 영화는 마녀가 공주를 지하 감옥(세트가 아닌 성에 있는 진짜 지하 감옥이다.)에 가두는 장면으로 넘어간다. 왕자는 공주를 구하러 급히 달려가지만 도중에 울창한 숲에서 용을 만난다. 초록색 방수복을 입고 빨간 스키 마스크를 쓴 용은 다름 아닌 힐 부인이다. 왕자는 죽을힘을 다해 용과 싸우다가 칼을 떨어뜨린다. 이 장면에서 떨어뜨린 칼에 비친 결투 장면을 놓치지 않고 보여 주는 카메라맨의 현란한 촬영기술을 볼 수 있다. 왕자는 다시 칼을 주워 용을 처치한다. 하지만 곧이어 거대한 곰을 만난다. 곰 역할은 모피 코트와 모자를 쓴 사이먼이 맡았다. 안타깝게도 연기 중에 곰의 모자가 벗겨졌지만 촬영은 멈추지 않고 계속되었다. 곰을 물리친 왕자는 우여곡절 끝에 지하 감옥에 도착한다. 왕자가 공주를 부르는 소리를 마녀가 듣는다. 큰 열쇠고리를 가지고 나타난 마녀는 왕자도 지하 감옥에 가둬버린다. 방심한 마녀가 열쇠를 둔 채 음식과 물을 가지러 간 사이에 왕자는 감옥을 빠져나온다. (이 장면에서 왕자는 자신이 탈출했음을 나타내

어쩌다 보니 통계학자

기 위해 과장된 연기를 한다.) 그리고 왕자와 공주가 정원을 산책하는 장면이 나오면서 공주가 무사히 구출되었음을 보여 준다. 그때 우물 뒤에서 갑자기 마녀가 나타나고, 또 다시 둘은 격렬하게 싸운다. 마침내 왕자가 마녀를 우물에 빠뜨리고, 마녀의 소리는 더 이상 들리지 않는다. 공주의 삼촌은 여전히 둘 사이를 탐탁지 않게 생각했지만 요정(요정 역도 헬렌이 맡았다.)이 나타나 왕자가 마녀를 물리쳤으므로 공주와 결혼해도 좋다고 선언하자 공주의 삼촌도 허락한다.

나는 어릴 때 상상을 많이 했는데 헬렌과 해리도 그랬으면 했다. 아이들은 침대 머리에서 이야기를 들려주는 것을 좋아했다. 책을 읽어 주기도 했는데, 할머니가 내게 읽어 준 이후 여러 번 읽은 『이상한 나라의 앨리스』도 읽어 주었다.

『이상한 나라의 앨리스』에 나오는 앨리스는 용감하고 독립심이 강한 젊고 완벽한 여성이다. 그 책에는 누구나 기억해 둘 만한 구절들이 많은데 다음과 같은 구절도 있다.

- 어디로 가는지 모를 때 아무 길이나 따라가면 어딘가는 도착할거야.
- 물이 체를 빠져나가듯이 그의 대답은 내 머리에서 빠져나가 버렸다.
- 기억력이 나쁘면 발전할 수 없다.

헬렌은 자라면서 조앤과 사이가 벌어졌고 열네 살이 되자 기숙학교에 가려고 했다. 조앤과 나는 매디슨에서 반경 250마일 내에 있는 여러 학교를 방문한 끝에 인디애나 주에 있는 컬버 군사학교에 보내기로 했다. 컬버 군사학교는 본래 남자학교였지만, 최근 들어 여학생도 받았다. 학급의 규모도 작았고, 학력 수준도 높아서 마음에 들었다. 특히 영어는 내 고향에서 온 선생님이 담당하고 있었다.

남학생은 보병중대, 포병중대, 기마병중대, 군악대 이렇게 4개 중대로 편성되어 있었다. 기마병은 멋진 검은 말을 탄 '흑마부대'였다.[64] 포병중대는 기계화되어 있었고, 작은 야전포를 보유하고 있었다. 남학생을 위한 프로그램은 잘 만들어져 있었지만, 이제 막 시작한 여학생 프로그램은 아직 제대로 정립되지 않은 것 같았다. 헬렌은 학과 성적은 좋았지만, 군대식 규율과 훈련은 좋아하지 않았다. 오래 걷기를 좋아했던 헬렌은 넓은 학교 부지를 마음껏 돌아다녔고, 금지구역 표지판이 붙어 있는 곳까지 돌아다니다가 적발되곤 했다. 선생님들은 헬렌의 이런 태도를 상당히 의아하게 생각했다. 우리가 방문할 때마다 헬렌은 감자 깎는 벌을 받고 있었다.

헬렌을 방문할 때 해리도 데리고 갔다. 해리는 일요일마다 보는 남학생들의 행진을 무척 좋아했다. 4개 중대가 보여 주는 행진은 정말 멋있었다. 군악대가 연주하는 동안 보병중대가 행진하고, 기마병중대와 포병중대가 상당히 어려운 기동연습을 보여 주었다. 이 모든 것이 상급생의 지휘 하에 이루어졌다.

해리도 컬버 군사학교에 진학하고 싶어 했다. 나는 해리를 설득하기 위해 군사학교 생활이 얼마나 힘든지 알려 주려고 애를 썼다. 신입생은 제대로 대우를 받지 못하며, 상급생에게는 무조건 '써Sir'를 붙여 불러야 하고, 신입생은 어딜 가든 교내외를 가리지 않고 행진하듯 걸어야 한다고 알려 주었다. 또 제식훈련도 받아야 하며, 학과 수업은 수업대로 받으면서 추가로 군사훈련을 받아야 한다고 설명했다. 그럼에도 해리는 한사코 컬버 군사학교를 고집했다.

전직 대령인 교장은 하얀 정장을 말쑥하게 차려입고 일요일 예배 행렬에 참석했다. 그러고는 아무도 올라서면 안 되는 교회 바닥의 기념동판에 가까운 곳에 서서 입장하는 학부모들에게 인사를 했다. 해리를 컬버에 보

어쩌다 보니 통계학자

내기로 마음먹고 난 어느 일요일에 헬렌을 보러 갔다. 그날따라 유달리 꾀죄죄해 보이는 해리를 데리고 대령에게 간 우리는 바로 그 금지된 지점에 서서 해리도 내년에 이 학교에 입학할 거라고 말했다. 대령이 여러 차례 헛기침을 했지만 그때는 그가 왜 그러는지 몰랐다.

해리는 컬버 군사학교를 좋아했다. 군악대가 아닌 보병중대에 편성되었지만, 상당히 인기 좋은 재즈 밴드 동아리에서 베이스 파트를 연주했다. 해리는 두 번째로 높은 계급인 중위로 졸업했다. (대위가 한 명 있었고, 중위가 한 명 더 있었다.) 헬렌도 학과 성적은 일등으로 졸업했다. 하지만 군사훈련은 꼴찌 근방이었지 않았나 싶다.

해리는 여름방학 동안 B17을 몰았던 전직 공군 대령이 운영하는 비행학교에서 일했다. 훈련에 사용할 비행기의 연료를 채우고 무전기를 운용하는 것이 해리가 맡은 일이었다. 대령은 아침 커피를 마시기 전에는 무슨 일이 있더라도 자기를 방해하지 말라고 지시했고, 비행학교에 누가 되는 일은 절대 하지 말라고 직원들을 교육시켰다.

비행교육은 아침 일찍 진행되었는데, 어느 날 아침 해리는 비행기 한대가 들판에 내려앉았다는 무전 연락을 받았다. 해리는 이를 보고하지 않고 기다리다가 대령에게 커피를 갖다 주면서 보고했다. 대령은 "뭐라고? 맙소사. 빨리 날 거기 데려다 주게."라며 화를 냈다. 현장에 도착해 보니 비행기도 사람도 모두 무사했다. 대령은 비행기를 밀어서 도로로 옮긴 다음 도로를 활주로 삼아 자기가 직접 비행기를 이륙시켰다. 다행히 도로에는 차가 다니지 않았고, 비행기도 무사히 비행학교에 도착했다. 이 일을 계기로 해리는 아침 커피보다 더 우선해야 할 것이 있다는 것을 알게 되었다. 이후 해리는 뛰어난 비행실력을 갖게 되었고 비행교관으로도 활약했다.

나는 오랫동안 여러 기업의 비상임 자문위원으로 일했다. 이런 활동으로 월급 이외의 추가 수입을 올렸고, 추가 수입은 모두 아이들을 위해 저축했다. 그러다가 랠프 액슬리Ralph Axley라는 유능한 변호사의 법률적 조언을 받아 그동안 저축한 돈을 신탁했다. 액슬리 변호사는 신탁자금의 사용처에 아무런 제약을 두지 않는 것이 좋다면서, 대학 학비뿐만 아니라 예술가나 목수가 되기 위해서도 신탁자금을 사용할 수 있게 하라고 했다. 두 아이는 모두 대학에 진학했고, 대학원까지 졸업했다.

헬렌은 오벌린 대학에서 공부한 후 위스콘신 대학 의과대학에 진학했다. 오클레어에서 험난한 레지던트 과정을 마친 헬렌은 동료 의사들과 함께 힘들고 잠도 제대로 자지 못하는 레지던트들의 삶을 조명한 영화를 제작했다. 이 영화는 실제로 병원에서 촬영되었다. 영화에는 롤러스케이트를 타고 환자와 환자 사이를 이동하는 장면도 있고, 전화가 울려대는데도 불구하고 간이침대에서 쪽잠을 자면서 "아스피린 두 알 드시고 주무세요."라고 중얼거리는 헬렌의 모습도 나온다. 헬렌은 현재 시카고에서 의료 서비스를 제대로 받지 못하는 남미 출신 이민자들을 대상으로 하는 병원의 의사로 일하고 있다.

오랫동안 도시계획가로 활동한 헬렌의 남편 톰 머사Tom Murtha는 현재 시카고의 교통체증을 줄이기 위해 애쓰고 있다. 특히 자전거 길을 개발하는 것에 관심이 많은데, 가끔 오크파크에서 시내까지 자전거를 타고 다니기도 한다.

똑똑하고 힘이 넘치는 헬렌의 두 아들 이름은 아이작 알렉산더Isaac Alexander와 앤드류 제퍼슨Andrew Jefferson이다. 현재 열여섯 살인 알렉산더는 영화와 뮤지컬, 문학을 좋아하고 정치에도 관심이 많다. 지난 여름 덕 리드Doug Reed의 작품 "스콧 워커의 비극"이 매디슨에서 공연되었는데, 알렉산더는 그 연극에 나오는 농담과 풍자를 모두 이해했고, 연극 담당 선생님에게 이 연극을 오크파크에서도 공연하는 것이 좋겠다고 제안하기까지 했다. 최근 전화 통화에서는 "자서전에 버트도 꼭 언급해 주셔야 합니다."라고 말했다. 버트는 우리가 기르는 고양이 이름이다.

열네 살인 제퍼슨은 힘이 넘치고 운동에 관심이 많다. 합기도를 배운지 4년 반이나 되었고, 지금은 어른들과 같이 훈련하고 있다. 축구, 배구, 탁구뿐만 아니라 친구들과 어울려 할 수 있는 온갖 운동은 다 하고, 생각만 해도 피곤할 정도로 바쁘게 지내고 있다. 올 가을이면 고등학교에 진학하는 제퍼슨은 신경외과의사가 되고 싶어 한다. 마음이 바뀌지만 않는다면 분명히 그렇게 될 거라고 생각한다.

해리는 오스틴에 있는 텍사스 대학에 입학해서 영화를 공부했고, 석사 학위를 받고 졸업했다. 조명에 특히 관심이 많았던 해리는 1993년 조명에 관한 백과사전 형식의 책을 출판했는데 4판까지 나왔다.[65] 해리는 돈을 들여서 비행사 교육도 받았다.

몇 년 전 캘리포니아에 있을 때 스티븐 가족의 일화를 그린 디즈니 코미디 시리즈 "이븐 스티븐스Even Stevens"를 촬영하고 있는 해리를 방문했다. 해리는 시리즈의 한 회를 촬영한다고 했지만 우리는 하루 종일 그가 일하는 것을 구경해야 했다. TV에서 상영할 작품을 찍는 일이 그렇게 시간이 많이 걸리는 일인 줄은 미처 몰랐다. 많은 장면을 찍어야 하고, 많은 사람이 필요한 작업이라는 걸 그날 처음 알았다.

우리가 해리를 방문한 날에는 한 여학생이 애완 돼지를 학교로 가져와서 일어나는 사건을 찍고 있었다. 그 여학생은 남자 친구와 함께 운동장에서 점심을 먹고 있었고, 애완 돼지는 근처에 묶여 있었다. 이야기하느라 정신이 팔려 돼지가 자기들 점심을 먹는 것을 전혀 눈치 채지 못하는 두 사람을 보여 주려고 했다. 해리의 카메라가 작동하기 시작했다. 이 장면의 성공적인 촬영 여부는 돼지의 식욕에 달려 있는데 이미 몇 번 실패한 것 같았다. 여자 조감독이 확성기로 "제발 돼지에게 먹을 걸 주지 마세요."라고 소리치며 돌아다녔다.

해리는 아내 스테이시 코셀Stacey Kosier을 헐리우드에서 만났다. 둘은 디즈니 스튜디오에서 멀지 않은 곳에 있는 방갈로를 구입해 살았다. 지금은 로스앤젤레스와 매사추세츠를 오가며 산다. 둘 사이에는 헨리 펠럼과 엘리자 제인이라는 두 아이가 있다. 유머를 좋아하는 펠럼은 네 살 때부터 만화를 그리고 있다. 주간지 뉴요커가 배달되면 제일 먼저 만화를 보고 그 내용을 이해하려고 하고, 매주 사진이나 삽화에 제목을 붙이는 경연대회에도 참여한다. (나이가 어려서 엄마 이름으로 참여한다.) 또 피아노 치는 것을 좋아해 아홉 살의 나이에 작곡을 하기도 한다.

일곱 살인 제인은 집에서 기르는 닭, 염소 같은 동물에 빠져 지낸다. 최근 꼬리 없는 돼지 스텀프를 새로 들였는데 곧바로 숲으로 달아나 버렸다. 어느 날 마당을 어슬렁거리는 스텀프를 본 스테이시가 연유를 바른 씨앗으로 유혹해서 다시 붙잡기도 했다. 음악을 좋아하는 제인은 바이올

펠럼과 제인

어쩌다 보니 통계학자

린을 배우고 있으며, 그림 그리기와 춤추기도 좋아한다.

　시간이 흐르면서 두 아이와 조앤, 그리고 나는 서로 다른 길을 가게 됐다. 하지만 우리 사이에 흐르는 따뜻한 정은 여전하다.

11장
피셔-아버지와 아들

"배가 뒤집히지 않기만
바랄 뿐이야!"

"피셔는 어떤 사람이었습니까?"라는 질문을 받을 때가 많다. 그를 여러 번 만나긴 했지만 잘 모른다는 것이 솔직한 내 대답이다. 1959년 내가 조앤과 결혼함으로써 피셔는 내 장인이 되었다. 내가 영국에 있는 장인을 방문하기도 했고, 장인도 두 번이나 매디슨을 방문했다. 하지만 조앤과 결혼한 지 얼마 되지 않은 1962년 7월에 장인이 사망했다. 장인이 매디슨에 처음 왔을 때 갓 걷기 시작한 헬렌을 데리고 공항으로 마중 나갔다. 장인은 손녀를 본 기쁜 마음에 헬렌을 품에 안았지만 헬렌은 울음을 터뜨렸다.

피셔는 여러 분야에 정통한 과학자였다. 같이 산책하면서 느낀 것은 그가 그 지역의 지질과 동식물에 상당히 조예가 깊다는 것이었다. 하지만 건망증이 아주 심해서, 한 번은 손에 성냥을 든 채 담배에 불을 붙이다가 불이 옮겨 붙는 바람에 손을 크게 데이기도 했다.

피셔를 가장 잘 아는 사람은 친구인 유전학자 포드E. B. Ford였다. 피셔가 사망한 다음에 나는 빈 테이프를 포드에게 보내 추억거리를 녹음해 달라고 부탁했다. 다음은 녹취록의 일부이다.

우리는 1923년에 처음 만났다. 첫 만남의 인상은 말 그대로 전형적인 피셔였다. 내 삶의 좋았던 많은 것들과 마찬가지로 피셔를 만나게 된 것은 줄리안 헉슬리Julian Huxley 때문이었다. …… 헉슬리는 피셔에게 유전학과 진화에 대해 재미있는 아이디어를 가진 학부생이 있다고 말했다. 그 학부생은 나를 두고 하는 말이었다. 당시 케임브리지 카이우스Caius 교수였던 피셔는 33세의 젊은 나이에 이미 유명인사가 되어 있었다. 그 정도 위치의 사람이면 사전에 나에 대해 알아보거나, 한 번 방문해 달라고 요청했을 것이다. 하지만 피셔는 달랐다. 그는 직접 기차를 타고 학부생에 불과한 나를 찾아왔다.

피셔의 개성이라고 생각해야겠지만, 그는 내게 방문 계획을 미리 알려줘야 한다는 생각도 하지 않았던 것 같다. 그가 도착했을 때 나는 외출 중이었다. 피셔는 내 방에 앉아서 나를 기다렸다. 내가 돌아와 방문을 열었을 때 방 안은 내가 싫어하는 파이프 담배 연기로 가득했고, 붉은 머리에 붉은 수염을 기르고 얼굴이 하얀 조그마한 남자가 나를 기다리고 있었다. 그는 앞으로 몸을 살짝 숙이면서 앙상한 손으로 내 손을 꼭 잡았다. 그리고 짧은 순간 나를 훑어보았다. 그러고는 편안한 표정으로 매력적인 웃음을 지었다. 우리의 40년 우정은 그렇게 시작되었다.

나도 남들과 같이 중간에 끼어들어 말을 끊는 사람을 만나기도 했다. 피셔는 확실히 중간에 끼어들어 남의 말을 끊는 사람에 해당한다. 하지만 로저 녹스Roger Knox가 말한 대로 피셔와 나는 서로 잘 맞았다. 우리는 해가 지는 줄도 모르고 이야기하곤 했다. 그렇다고 피셔가 같이 다니기 편한 사람이란 말은 아니다. 그는 만사를 모호하게 처리하고 단정하지 못한 것으로 유명했고, 신경질적이었으며 남에 대한 배려도 부족했다. 자기 일을 우선시했으며, 다른 사람들이 불편해 하는 것에 대해서는 전혀 신경 쓰지 않았다. 일상생활에서 이런 평가는 사실이다. 하지만 중요한 문제에 대해서는 이런 평가와는 사뭇 다른 사람이다. 그는 친구를 어렵게 생각했으며, 때로는 너무 어렵게 생각해서 문제였다.

…… 피셔는 부당한 일은 그냥 넘기지 않는 사람이었다. 영국학술원 회원을 선출하는 자리에서 누군가 후보자가 이혼소송의 유책배우자라고 말했던 때가 기억난다. 그때 피셔는 학술원 회원 선출에 과학적 소양이나 업적 이외의 그 어떤 것도 거론되어서는 안 된다고 주장했다. 내가 기억하기로 피셔는 해당 후보자를 지지하지 않았지만 사람을 부당하게 대하는 것만은 참을 수 없었던 것이다.

…… 어느 여름 날 피셔를 보러 케임브리지에 갔다. 나를 본 피셔는 "자네 피곤해 보이는데 강에 가서 보트나 타세. 내가 보트를 저을 테니 자네는 좀 쉬게."라고 했다. 피셔의 시력이 나쁜데다가 그날따라 강이 붐볐기 때문에 피셔가 젓는 보트는 불안했다. 우리가 탄 보트는 이리저리 부딪쳤고 피셔는 계속 "이봐요. 좀 보고 다닙시다."라고 말했다. 보트가 전복되지 않은 것만으로도 다행이라고 생각해야 했다. 평상복 차림으로 보트를 타는 것이 다른 사람들 눈에는 탐탁지 않았을지도 모른다. 하여튼 끔찍한 경험이었다.

피셔는 어떤 일이건 참여하는 걸 꺼려하지 않았다. 여러 명의 친구들과 소풍 갔을 때의 일이다. 점심을 맛있게 먹고, 몇 차례 돌아가면서 권총을 쐈다. 시력이 나쁜 피셔는 방아쇠에 손가락을 걸친 채 자신 없는 모습으로 권총을 이리저리 흔들었다. 놀란 친구들은 몸을 숙이고 총구를 피하기 바빴다.

…… 피셔가 중간 단계를 건너뛰곤 했기 때문에 동료들은 상당히 곤혹스러워 했다. 상당히 유명한 수학자가 "문제를 제대로 푼 건 확실한데, 어떻게 풀었는지 모르겠단 말이야."라고 말하는 것을 들은 적이 있다. …… 일반적인 결론에 이르는 길은 여러 가지가 있으며, 수학은 그 중 하나에 지나지 않는다는 것이 피셔의 생각이었다. 그가 존경해 마지않는 찰스 다윈도 수학적 재능이 없었다는 것을 피셔는 잘 알고 있었다.

피셔는 그 시대 사람들보다 훨씬 앞서 간 사람이었다. 1952년 그가 『연구자를 위한 통계적 방법 *Statistical Methods for Research Workers*』이란 획기적인 책을 출판했을 때 어느 누구도 좋게 평해 주지 않았다. 1962년 그가 사망했을 때 그 책은 무려 14판이었고, 여러 차례 증판되었으며, 6개 언어로 번역되었다. 1928년인가 1929년인가 피셔가 한 학회에 논문을 투고했는데 심사위원들은 그 논문을 기각했고, 학회의 임원들도 그 일을 대수롭지 않게 생각했다. 그 논문은 1930년 전혀 수정되지 않은 채로 다른 학술지에 게재되었다. 현재 그 논문은 진화생물학 분야에서 가장 중요한 논문 중 하나로 평가받고 있다.

…… 위대한 과학자이자 훌륭한 친구의 삶에 대해 더 할 말은 없다. 다만 한 가지, 지극히 개인주의자이면서 오직 진리에 의거해 산 사람이 있다면 그 사람은 바로 피셔일 것이라고 말하고 싶다.

_ 포드가 녹음한 테이프의 녹취록에서

피셔

어쩌다 보니 통계학자

피셔는 아들 둘과 딸 일곱을 낳았는데, 그중 한 아이는 젖먹이 때 죽었다. 피셔가 가장 사랑했던 맏아들 조지는 제2차 세계대전 때 공군으로 참전하여 전사했다. 피셔는 둘째 아들 해리도 무척 아꼈다고 한다. 1962년 아버지가 사망하자 해리는 가족이 함께 살던 하픈던 집에서 혼자 지냈다. 나는 영국에 갈 때마다 해리를 방문해 그곳에서 며칠씩 보내곤 했다. 당시 해리와 그의 친구들은 열광적인 럭비 팬이었다. 해리와 나는 맥주를 준비해 두고 해리 친구들이 여자 친구들과 모여서 늦게까지 수다를 떨거나 조금은 그렇고 그런 럭비 응원가를 부르면서 놀 수 있게 했다.

옆집에 살던 나이 많은 헤스터 부인은 피셔 집안의 또 다른 엄마 같은 존재였다. 그녀는 어떤 일이든 해내는 사람이었다. 예를 들면 하픈던에도 수영장이 있어야 한다고 생각하고 수영장 건립에 필요한 기금을 조성하는 데 수고를 아끼지 않았다. 그녀의 노력 덕분에 얼마 지나지 않아서 하픈던에도 멋진 수영장이 생겼다. 미국의 걸스카우트와 유사한 걸가이드 Girl Guide의 지역책임자를 맡아달라는 부탁을 받았을 때도 다른 일과 마찬가지로 지역책임자 임무를 성공적으로 수행했다.

우리 아이들도 해리를 무척 좋아했다. 해리는 헬렌이 결혼할 때 결혼선물로 뭘 원하는지 편지로 물어왔다. 헬렌은 선물 대신 결혼식 참석을 원한다고 했다. 해리는 평소 여행을 거의 하지 않았지만 헬렌의 결혼식에 참석하기 위해 비행기를 타고 대서양을 건너 왔다. 해리는 평소 입던 옷을 그대로 입고 왔는데 마치 부랑자처럼 보였다. 나는 "결혼식 때 이 옷을 입어도 괜찮을까?"하고 물어보는 해리에게 단호하게 안 된다고 했다. 나는 예복을 빌려주는 단체로 데려가서 젊은 여직원의 도움을 받을 수 있게 해 주었다. 해리는 이 옷 저 옷 바꾸어 입어 보는 중에도 특유의 유머 감각으로 여직원을 즐겁게 해 주었다. 정장을 입은 해리는 완전히 다른 모습이었다. 외교관이라고 해도 믿을 만큼 멋진 모습이었다.

이 모습을 보면서 바너드가 해 준 그의 아버지 피셔 이야기가 생각났다. 바너드는 한 행사에서 상을 받기로 되어 있는 피셔에게 턱시도를 입는 것이 좋겠다고 조언했다. 바너드의 조언에 따라 턱시도를 입은 피셔는 침실용 슬리퍼를 신고 행사장에 나타났다고 한다.

2008년 해리가 죽었을 때 이웃에 살던 해리 친구 마가렛 홈우드는 다음과 같이 말했다.

1950년대에 해리를 알았지만, 친구가 된 건 5년 정도밖에 되지 않습니다. 하루는 정원을 가꾸고 있는데 해리가 다가왔습니다. 우리는 정원 가꾸기에 대해 이야기했고, 해리는 호박을 가져다 주었습니다. 답례로 줄 상추를 가지러 집 뒤 정원에 같이 갔습니다. 해리는 달팽이가 접근하지 못하도록 채소밭 주변에 마늘을 심는 나의 완벽하게 비과학적인 주먹구구식 방식을 재미있어 했습니다.

같이 차를 마시면서 옆에 놓인 덴비Denby 사에서 만든 푸른 우유병의 장점에 대해서도 이야기했습니다. 좀 가식적으로 들릴지 모르겠지만 그때 내가 "좋은 디자인에는 뭔가 진실함이 있는 것 같습니다."라고 말했습니다. 바로 그것이었습니다. 내가 올바른 비밀번호를 댄 겁니다. 내가 진실함이란 말을 쓰는 순간 해리는 마음의 문을 열고 나를 받아들였습니다.

그 후 몇 시간 동안의 대화에서 나는 해리가 확실성, 증명, 진리를 탐구하고 있다는 것을 알 수 있었습니다. 그는 형이상학, 신비주의, 교리 같은 것은 상대하지 않았습니다. 신의 존재에 대한 어떤 근거도 발견할 수 없었으니까요.

그는 과학과 수학을 탐구했습니다. 진리를 찾으려고 수학을 공부했고, 이것은 그를 철학적으로 만들었습니다. 그는 "철학이나 수학에서 확실한 것은 없다."라고 했습니다.

그는 이런 불확실함을 참기 어려워했고, 도전할 과제라고 생각했습니다.

어쩌다 보니 통계학자

그는 지난 몇 년 동안 자신이 '철학의 연역적 증명 체계'라고 이름 붙인 문제를 해결하려고 노력하고 있었습니다. "수학에 진리를 되살리고, 철학에 진리를 되살리기 위해서"라고 하면서, "전제가 옳으면 결론은 옳을 수밖에 없다."라는 어느 수학자의 말을 인용하더군요. 해리는 기존 체계가 자신이 제안하는 체계로 대체될 것이고 인간 사고를 근본적으로 변화시킬 것이라고 생각했습니다.

하지만 한 가지 문제가 있었습니다. 이 문제는 자신이 하고자 하는 일의 어려움과는 전혀 상관없는 것입니다.

지금껏 내가 말한 대로 해리는 목표를 가진 사람이었습니다. 사명이라고 말해도 괜찮습니다. 하지만 다른 사람에게 상처를 주는 것은 그 사명에 포함되어 있지 않습니다.

해리는 편협한 사람도 아니었고 당연히 근본주의자도 아니었습니다. 하지만 유명한 논리학자인 타르스키Tarski나 신을 믿는 물리학자 폴킹혼Polkinghorne 같은 사람은 타도의 대상으로 생각했습니다. 왜냐하면 그들은 아무 생각 없이 그저 교회에 나가는 사람이나 가족, 친구가 아니라 확고한 종교적 신념을 가진 사람들이었기 때문입니다.

그는 자신이 발견한 체계가 그런 사람들에게 줄 영향에 대해 심각하게 고민했습니다.

리처드 도킨스Richard Dawkins가 그랬고 그 전에 찰스 다윈이 그랬듯이 종교에 대한 의혹은 오래전부터 있었지만 그는 여전히 고민했습니다.

해리는 남다른 사람이었습니다. 말 그대로 특이했고, 외골수였습니다. 어떨 때는 너무 안락함을 추구했고, 지혜로우면서도 동시에 뭔가 좀 모자라기도 한 그런 사람이었습니다. 이상할 정도로 순진무구한 어린아이 같은 사람이었습니다.

열흘 전까지만 해도 해리와 같이 있었습니다. 긴 시간 문진을 마친 수련의가 엑스레이를 들고 근심어린 얼굴로 해리에게 솔직하게 말해도 괜찮은지 물었습니다.

해리가 "제발 그렇게 해 주세요."라고 하자, 수련의는 있는 그대로 이야기했습니다. 잠시 멈칫하더니 해리는 젊은 수련의를 보고 웃으면서 테이블을 두 차례 내리치고는 "훌륭합니다. 훌륭해요."라고 말했습니다.

…… 그건 어려운 일을 제대로 해냈다는 것을 해리가 인정하는 것이었습니다. 단계별로 분석하고, 최종적으로 결론을 내리는 일을 제대로 해냈다는 뜻이지요.

"전제가 옳다면 결론은 옳을 수밖에 없다."

증거에 기초한 진리.

이어서 해리는 "정말 멋진 하루였어요."라고 하더니 "마침내 종착역에 도착했군요."라고 말했습니다.

지금 생각해 보면, 그건 실험의 다음 단계로 넘어가는 것이었습니다. 이 사람의 정신은 예전이나 다름없지만 육체는 죽음을 맞이하고 있었습니다. 과학자인 이 사람은 단지 우리가 실험이라고 부르는 삶의 다음 단계로 넘어가고 있을 뿐이었고요. 아마 실험실의 다른 쪽에서 여전히 진리를 탐구하고 있을 겁니다.

이 정도면 괜찮은 죽음 아닌가요?

나는 그를 알고 지낸 것을 행운이라고 생각합니다.

_ 2008년 훔우드 부인이 나에게 보낸 편지 일부를 허락을 받아 인용함.

12장
빌 헌터와 실험설계에 관한 생각

"저기 가는 저 사람이
빌 헌터야!"

1960년 여름 동안 인디애나 휘팅에서 일을 한 빌 헌터는 그해 가을 매디슨으로 와서 박사과정에 입학했다. 휘팅에서 하고 있던 일이 마음에 들었던 헌터는 새 학기를 일주일쯤 늦게 시작할 수 없냐고 물어왔다. 나는 어려울 것 같다는 편지를 보냈고, 헌터는 학기가 시작하기 직전 매디슨에 도착했다.

매디슨에 도착하는 날부터 헌터가 하는 모든 일은 순조롭게, 그리고 빠르게 진행되었다. 1963년이 되자 그는 이미 훌륭한 박사학위 논문을 완성했고,[66] 우리는 그에게 통계학과 조교수직을 제의했다. 교수가 된 헌터는 처음부터 최고 수준의 강의와 연구 역량을 보여 주었다. 1966년에 부교수가 되더니 급기야 1969년에는 정교수가 되었다. 박사과정 학생에서 정교수가 되는데 8년밖에 걸리지 않았다.

나는 ICI에서 일하던 몇 년 동안 가외로 돈을 벌려고 일주일에 두 번씩 샐퍼드 전문대학에서 통계학을 가르쳤었다. 학교가 블랙리에 있는 ICI와 세일에 있는 집 중간쯤에 위치하고 있었기 때문에 ICI에서 일을 마친 다

스튜 헌터, 나
그리고 빌 헌터

음 싸구려 식당에서 저녁을 먹고 바로 강의하러 갔다. 실험설계와 연관된 과목을 가르쳤는데, 복사한 강의노트를 사전에 배포해서 학생들이 강의에 집중할 수 있게 했다. 이때 작성한 강의노트는 후속 강의의 기초가 되었을 뿐만 아니라 ICI가 두 번째로 출판한 『공업실험의 설계와 분석Design and Analysis of Industrial Experiments』이란 책의 일부분을 쓰는 데도 도움이 되었다. 1954년 출판된 이 책은 편집자의 이름을 따서 '빅 데이비스'라고 불렸다. 이 책과 강의노트는 1960년대 초 빌 헌터, 스튜 헌터와 함께 『실험자를 위한 통계학Statistics for Experimenters』이란 책을 쓸 때도 상당히 요긴하게 사용되었다.

앞에서 말한 바와 같이 1950년대 대부분의 대학은 통계학을 수학의 한 분야로 취급했고, 독자적인 학문 분야로 인정하지 않았다. 통계학을 과학 연구와 기업 활동에 사용하려는 움직임은 학교가 아니라 기업체에서 먼저 일어났다. 『실험자를 위한 통계학』은 통계학의 이런 응용 가능성을 대

　　　　　　　　　　　　　어쩌다 보니 통계학자

중에게 소개하기 위한 책이었다. 1959년 내가 위스콘신 대학으로 자리를 옮기고, 이듬해 스튜 헌터가 위스콘신으로 오면서 이 책의 집필이 시작되었다. 하지만 1962년 스튜 헌터가 프린스턴에 자리를 잡아 떠나고, 각자 하는 일이 많아지면서 공동 작업이 어려워졌다.

통계학과와 공과대학이 공동으로 채용한 빌 헌터의 연구실은 공과대학 건물 5층에 있었다. 빌 헌터는 햇빛을 가리기 위해 자기 연구실 창문에 「뉴욕 타임스」에서 찢은 종이를 붙여 놓았기 때문에 어느 방이 빌 헌터의 연구실인지 어렵지 않게 알 수 있었다. 우리는 빌 헌터의 연구실에서 여러 차례 『실험자를 위한 통계학』 저술 작업을 했다. 공동으로 저술 작업을 하는 동안 워터게이트 청문회가 있었다. 온 나라가 청문회에 신경을 집중하고 있었기 때문에 우리도 텔레비전을 보러 학생회관에 가곤 했다.[67]

워터게이트 청문회가 끝난 다음에도 우리의 저술 작업은 계속되었다. 1978년 마침내 원고를 와일리 출판사로 보냈다. 그 직전 컬버에 있는 헬렌에게 보낸 편지에 "지난 몇 달 동안 교정 작업을 하느라 흩어놓은 인쇄물로 집안이 엉망진창이야. 오늘 마침내 내가 쓰고 있던 책의 원고뿐만 아니라 엄마가 쓰고 있던 피셔의 전기 원고도 출판사로 보냈어. 다음에는 원고가 아니라 제본된 책으로 보게 될 거야."라고 썼다.

이 책이 탄생하기까지의 긴 여정과 빌 헌터의 역할은 당시 석사과정 학생이었던 콘래드 펑Conrad Fung의 글에 잘 나타나 있다.

1975년 가을 통계학 424 과목을 수강신청하면서 빌 헌터를 만났다. …… 조지 박스, 스튜 헌터, 빌 헌터 세 사람이 작성한 강의노트를 등사한 『실험자를 위한 통계학』이 교재였는데, 학과 사무실에서 일하는 메리 아서에게서 구입할 수 있었다. 통계학과에서 공부한 학생들은 1978년 그 책이 정식으로 출판될 때까지 책이 변해가는 과정을 볼 수 있었다. 예를 들면 우리가 강의 때 본

교재에는 절반정규확률도가 실려 있었지만, 출판된 책에는 정규확률도가 실려 있었다.

20년 전 박스는 프린스턴에서 대학원생을 대상으로 실험설계 세미나를 했는데, 그때 빌 헌터는 출판된 책과 내용이 유사한 박스의 강의노트로 배웠다고 했다. 그때도 등사한 강의노트였는데 지금과 마찬가지로 +, - 기호가 가득했다고 한다. 당시에는 학생이었기 때문에 그 부분에 대해 별로 아는 게 없었다는 빌 헌터는 저자 중 한 사람이 된 지금도 그 책에서 배울 것이 있다고 말했다. 1978년 책이 출판되자, 빌 헌터는 엉성한 시를 한 편 지어 보여 주었다.

세 사람은 한 쪽 한 쪽 써 나갔네.
통계학이 엄청난 인기를 끌 수 있도록.
하지만 그 책이 출판되자
알게 되었네.
그 책이 투표권이 있는 성인이 되어 버렸다는 것을.[68]

와일리 출판사의 뛰어난 편집자 비 슈브Bea Shube가 없었다면 아마 책으로 나오지 못했을지도 모른다. 과학서적 출판 분야에서 그녀는 선구적인 여성이었다. 1940년대 초에 와일리에 입사한 그녀는 1988년까지 일하면서 훌륭한 책들을 많이 편집했다. 그녀의 격려와 조언으로 『실험자를 위한 통계학』이 더 좋은 책이 될 수 있었다는 것은 의심할 여지가 없다. 1988년 슈브가 퇴직하고 리사 밴 혼Lisa Van Horn이 그녀를 대신했다. 이 또한 행운이었다. 1997년 『진화적 공정』을 시작으로 혼과 20년 가까이 같이 일했다. 그녀는 2004년에는 『실험자를 위한 통계학』 2판을, 2006년에는 논문집 『거의 모든 것의 개선Improving Almost Anything』의 출판을 감독했다. 2008년에는 『반응표면Response Surface』 2판, 2009년에는 『품질관리

Quality Control』의 편집도 맡아주었다. 대단한 직관력을 가진 그녀와 같이 일하는 것은 즐거운 일이었다. 이 모든 책의 출판을 총괄한 와일리의 부편집장 스티브 퀴글리Steve Quigley와는 친구 사이가 되었다.

나는 영국에 있을 때 불이 난 가게에서 싼 가격에 구입한 음반에 수록된 곡 중에서 콜 포터가 작곡하고 거트루드 로렌스Gertrude Lawrence가 부른 '실험Experiment'이란 노래를 특히 좋아했다. 나는 이 노래가 우리 책의 주제곡으로 적당하다고 생각했다. 하지만 빌 헌터는 그 노래를 들은 적이 없고 자기가 아는 어느 누구도 그 노래를 들은 적이 없다고 했다. 아이러니하게도 작곡가인 콜 포터는 미국인이었다. 그 노래를 책에 인용하려면 저작권 소유자의 허락을 받아야 한다는 것은 알고 있었다. 어느 여름 빌 헌터는 영국을 방문하는 길에 이 노래에 대해 알아보기로 했다. 우여곡절 끝에 영국음반협회British Institute of Recorded Sound를 찾아간 빌 헌터는 안내원 데스크에 앉아 있는 노신사에게 이 노래를 아느냐고 물었다. 그러자 노신사는 자리에서 일어나더니 그 노래를 불렀다. 빌 헌터는 어떻게 해서 이 노래가 영국에 알려지게 되었는지 물었다. 이 노래는 본래 1933년 공연된 「정령의 외도Nymph Errant」란 뮤지컬에 나오는 노래인데, 이 뮤지컬은 런던에서 몇 번 공연되다가 내려버렸기 때문에 미국에는 전혀 소개되지 않았다고 했다. 우리는 『실험자를 위한 통계학』 2판 첫 쪽에 이 노래의 후렴을 실었다. 이 노래의 가사 전체는 다음과 같다.

불행한 사람을 만나러 이 문을 나서기 전에
마지막으로 한 마디 할게.
과학의 신성한 가르침이 믿을 만하다는 건 잘 알지?
그러니 살면서 속물적 반감이 생기더라도
선량한 과학자를 위축시키지 않았으면 좋겠어.

실험하라.

이것을 밤이나 낮이나 기억하고 좌우명으로 삼아라.

실험하면 광명을 찾을 것이다.

나무 꼭대기에 달린 사과도 노력하면 따 먹을 수 있어.

이브Eve를 본받아 실험해 봐.

오지랖 넓은 친구가 못마땅해 하더라도 호기심을 버리지 마라.

말리려 하면 화를 내라.

이 충고를 받아들이면 너는 행복하게 살 수 있을 거야.

실험해 보면 알게 될 거야.

_ 1933년 런던에서 공연된 뮤지컬 「정령의 외도」에 나오는 콜 포터의 노래 '실험'의 가사

『실험자를 위한 통계학』은 현재 2판이 나와 있고, 16만 권 이상이 팔렸다. 바르셀로나와 마드리드에 있는 친구들이 이 책을 스페인어로 번역했을 때는 상당히 기분이 좋았다.[69] 스페인어 번역서 2판의 기술적인 문제를 손 볼 때 많은 도움을 준 에르네스토Ernesto는 통계학과 박사과정을 가장 오래 다닌 학생 중 한 명이었다. 그는 훌륭한 논문을 써놓고도, 내가 졸업시험을 보라고 할 때마다 수정할 데가 많다면서 시험을 미뤘다. 그는 2005년 멕시코로 돌아가 통계학 교수로 일하고 있다.

2판에는 표지 안쪽에 60여 개의 경구와 격언을 실었는데, 그중 몇 개는 내가 지은 것이다. 다음은 그중의 일부분이다.

- 모든 모형은 틀리지만, 그중 몇몇은 유용하다.
- 잘못된 문제에 대한 정확한 답보다 옳은 문제에 대한 근사적 답이 더 낫다.
  (존 터키)
- 실험해 보면 알게 될 거야. (콜 포터)

- 가정을 의심하라.
- 안다고 생각하겠지만 해 보기 전에는 확신할 수 없다. 항상 실제로 해 보려고 노력해라. (소포클래스Sophocles)
- 실험을 설계하는 것은 악마와 도박하는 것과 같다. 랜덤하게 배팅해야만 악마의 배팅 전략을 이길 수 있다. (피셔)
- 자세히 들여다보는 것만으로도 많은 것을 알 수 있다. (요기 베라)
- 상식은 결코 상식적이지 않다.
- 실험할 때 가장 안전한 가정은 극도의 예방조치를 하지 않으면 실험이 잘못될 수 있다는 것이다.
- 머피의 법칙을 유념하라.
- "그래야만 한다." "그럴 수 있다." "그럴지도 모른다." "그럴 리가 없다." 같은 말은 가급적 사용하지 않는 것이 좋다.

1984년 가을 어빙 셰인Irving Shain 총장의 비서 에밀리 피터슨Emily Peterson이 두 달 후인 10월 18일이나 19일에 영국에서 올 손님과 총장이 함께 점심식사를 할 예정인데 동석해 줄 수 있느냐고 물어왔다. 일정을 보니 그때 뉴멕시코 주에서 개최되는 학회에 참가할 예정이라 어렵겠다고 답했다. 피터슨 부인은 영국 손님들이 10월 12일 금요일에 올지도 모르는데 그때는 어떠냐고 다시 물어왔다. 그날은 별다른 일정이 없어 가능할 것 같다고 대답했다. 9월이 되자 피터슨 부인은 점심식사 약속을 확인하는 편지를 보내 주었다. 점심은 주의회 청사 건너편에 있는 매디슨에서 가장 비싼 식당 레드월에서 하기로 되어 있었다.

약속한 날 차를 몰고 주의회 광장으로 향했다. 목적지가 매디슨에서 교통이 복잡하기로 유명한 곳이었기 때문에 목적지 근방에 이르자 차가 밀리기 시작했고 일부 교통이 통제된 곳도 있었다. 알고 보니 그날은 민주당 대통령 후보 월터 먼데일Walter Mondale과 첫 여성 민주당 부통령 후보인 제럴딘 페라로Geraldine Ferraro가 11월 대통령 선거를 대비한 대규모 집회에 참석하기 위해 매디슨에 오는 날이었다. 주차공간이 없는 것은 물론이고 약속에 늦을 것도 분명했다. 우여곡절 끝에 몇 블록 떨어진 곳에 주차하고 급히 레드월로 행했다.

숨을 헐떡거리며 식당에 도착해 세인 총장 일행을 찾았지만 보이지 않았다. 그런데 뜻밖에도 그곳에는 내 제자들이 모여 있었다. 그중 몇몇은 멀리서 온 제자들이었다. 그제야 이 모든 것이 나를 속이기 위한 설정이란 것을 알았다. 내 65번째 생일을 축하하기 위해 빌 헌터, 총장, 총장 비서가 공모한 것이었다. 빌 헌터는 제자들을 매디슨으로 불러 모았다. 나는 큰 감동을 받았고 말로 표현할 수 없을 만큼 기뻤다.

이 모든 혼란은 가공의 영국 손님과의 첫 만남이 성사되지 않았기 때문에 생긴 일이었다. 생일 축하연에 영국에서 온 손님이 참석하긴 했다. 말할 필요도 없이 생일 축하연은 즐거움으로 가득했고, 멋진 동창회가 되

1984년 9월 19일
에밀리 피터슨이
나에게 보낸 편지

어쩌다 보니 통계학자

었다. 에이브러햄도 이 계획에 동참했는데, 그는 동료와 제자들에게 추억 거리와 함께 행운을 기원하는 편지를 써 달라고 부탁했다. 그렇게 해서 받은 편지를 가죽표지로 제본해 축하연 때 내게 전달했다. 25년이 지난 지금도 이 편지를 보면 그때의 기억이 살아난다.[70]

다음은 그때 빌 헌터가 쓴 편지의 일부분이다.

매디슨에서의 첫날을 결코 잊을 수 없습니다. 등록기간 마지막 날인 토요일에야 매디슨에 도착할 수 있었습니다. 여름 동안 인디애나 휘팅에서 존 고먼 John Gorman과 일하고 있었는데, 비선형추정 같은 일이 너무 재미있어서 그곳을 떠나기 싫었기 때문이었습니다. 존슨 가에 있던 건물이었죠 아마. 점심 시간 쯤 학과사무실에 오셔서 내게 점심약속이 있느냐고 물어보셨잖아요. 제가 없다고 하자 젠킨스와 점심 먹으러 가는데 같이 가자고 하셨죠. 폭스바겐 벤을 타고 젠킨스에게 매디슨 구경을 시켜 주는 동안 저는 줄곧 뒷자리에 앉아 있었지요.

저녁을 먹으려고 엘 란쵸에 멈춰 섰고, 부지불식간에 나도 그 무리에 끼어 있었습니다. 샴페인을 땄는데, 병에서 샴페인이 쏟아져 나와 식탁보뿐만 아니라 모든 게 젖고 말았지요. 냅킨을 식탁보 밑에 구겨 넣는 바람에 안 그랬으면 멋졌을 상차림이 그저 그렇고 울퉁불퉁한 모습이 되고 말았었죠. 샴페인도 마지막 순간에 추가한 것이었고, 그렇게 차갑지도 않았는데 말입니다. 그러나 이런 것은 아무 문제가 되지 않았습니다. 모두 즐거운 시간을 보냈고 나중에는 교수님과 젠킨스가 같이 노래를 불렀죠. 기타를 연주했던 것 같고, 어느 순간 통계학에 관한 노래를 교대로 즉흥적으로 운을 맞춰 가면서 불렀던 기억이 납니다.

참으로 멋진 날이었습니다. 나는 새벽 2시가 되어서야 그곳을 나왔습니다. 밤거리를 걸으면서 "정말 멋진 날이었어. 아무도 내 이야기를 믿으려 하지 않을 거야. 나라도 믿기 힘들 것 같거든. 뭔가 기념할 걸 가지고 가야겠어. 샴페인 병이 딱 좋을 것 같은데."란 생각이 들었습니다. 그래서 발걸음을 돌려 다시 문을 두드렸습니다. 새벽 2시에 누가 찾아온다는 것이 흔한 일이 아니기 때문에 문 앞에 서 있는 내 모습에 교수님은 상당히 놀란 것 같았습니다. 나는 샴페인 병을 기념으로 간직하고 싶다고 말씀드렸고, 교수님은 그러라고 하셨지요. 매디슨에서의 첫날은 이렇게 끝났습니다.

매디슨 시절의 최고는 쥬디, 잭, 저스틴 같은 친구를 만난 것입니다. 교수님을 만난 것도요. 사랑합니다. 즐거운 생일 보내시기 바랍니다.

빌 헌터

매디슨에 온 지 얼마 지나지 않아서 실험설계에 관한 중급 수준 과목인 통계학 424를 개설했다. 후에는 빌 헌터가 이 과목을 물려받아 많은 학생들을 가르쳤다. 빌 헌터의 강의를 듣는 학생들은 반드시 한 가지 요인설계 실험을 수행하고 분석해야 했다. 어떤 학생은 여러 재료를 섞어서 케이크를 구웠고, 비행사였던 어떤 학생은 비행기가 나선을 그리면서 하강할 때 안전한 탈출에 영향을 주는 요인을 연구했다.[71]

통계학은 과학적 문제를 해결하기 위해 자료를 생성하고 분석하는 것과 관련된 학문이다. 그러기 위해서는 과학과 과학적 방법에 친숙할 필요가 있다. 과학기술 분야에서는 흔히 여러 개의 변수를 동시에 다루어야 한다. 실험자가 통제하는 변수를 '입력' 또는 '요인'이라고 하고, 실험 결과에서 측정하는 변수를 '출력' 또는 '반응'이라고 한다. 반응이 여러 요인의 영향을 받는 경우에는 한 번에 한 요인만 변경해서 실험하는 것이 바람직하다고 생각했다. 하지만 80여 년 전 피셔는 이 방법이 비효율적이고, 여러 개의 요인을 동시에 변화시키면서 실험하는 것이 좋다는 것을 보여 주었다. 아직도 한 번에 하나의 요인만 변경하는 실험을 가르치고

어쩌다 보니 통계학자

있으니 안타까운 일이 아닐 수 없다.

다음은 세 가지 요인이 바닥광택제에 사용되는 중합체 용액의 유상성milkiness, 점도viscosity, 황색도yellowness에 주는 영향을 단지 8번의 실험으로 알아보는 실험설계이다. 세 가지 요인은 1) 반응 단량체의 양, 2) 단량체의 수를 결정하는 조절제의 유형, 3) 조절제의 양이다.

잘 설계된 실험의 또 다른 장점은 실험만으로도 결론이 명확히 드러나는 경우가 많다는 것이다. 단지 8번 실험한 위 실험설계에서도 유상성은 첫 번째 요인의 영향만 받고, 점도는 세 번째 요인의 영향만 받으며, 황색도는 첫 번째와 두 번째 요인의 조합에 영향을 받는다는 것을 알 수 있다.

빌 헌터와 나는 실제로 해 보면서 공부하는 것이 중요하다고 생각했다. 우리는 수강생들에게 통계적으로 설계한 실험을 이용하여 무엇인가를 개선하는 경험을 하도록 했다. 종이 헬리콥터도 그 중 하나이다. 종이 헬리콥터를 사용한 이유는 만들기 쉽고, 수정하기도 쉬우며, 실험하기도 쉬웠기 때문이다. 종이 헬리콥터의 기본적 설계는 213쪽 그림과 같다. 그림에서 실선은 자를 곳을, 점선은 접을 곳을 나타낸다. 이렇게 만든 헬리콥터를 공중에 놓으면, 회전하면서 바닥으로 떨어진다. 문제는 헬리콥터가 공중에 오래 떠 있도록 설계를 변경하는 것이다.

다음은 요인설계로 정리한 8가지 헬리콥터 설계이다.

상당히 짧은 비행시간 동안에는 비행시간에 미치는 요인들의 영향을 선형함수로 근사할 수 있으므로 214쪽 그림과 같이 육면체 상에서 평행한 등고선으로 나타낼 수 있다.

이 그림에서는 몸체 폭(W)이 짧고 날개 길이(S)가 길수록 더 오래 난다는 것을 보여 준다. 하지만 몸체의 길이(L)는 큰 영향을 끼치지 않는다. 물론 이 실험을 더 많은 요인이 개입된 실험으로 확장해서 생각해 볼 수도 있을 것이다.

요인 수준					−	+
1. 반응 단량체의 양					10	30
2. 조절제의 유형					A	B
3. 조절제의 양					1	3

요인	1	2	3	유상성	점도	황색도
1	−	−	−	Yes	Yes	No
2	+	−	−	No	Yes	No
3	−	+	−	Yes	Yes	No
4	+	+	−	No	Yes	Slightly
5	−	−	+	Yes	No	No
6	+	−	+	No	No	No
7	−	+	+	Yes	No	No
8	+	+	+	No	No	Slightly

세 반응에 대한 $A2^3$ 요인 설계: 중합체 용액의 예

통계학의 중요한 개념은 대부분 수학적 흥미가 아니라 과학 연구를 하는 과정에서 필요에 의해 등장했다.[72] 이를 보여 주는 몇몇 예와 인물을 소개하고자 한다.

과학 연구의 필요에 의해 이론이 개발된 대표적인 예는 다윈이 비글호를 타고 여행하면서 동식물을 연구한 것이다. 수학에는 전혀 조예가 없었던 다윈은 과학적 관찰 결과로부터 진화론을 유도했다.

종의 다양성은 진화론에서 매우 중요한 개념이다. 프랜시스 골턴Francis Galton은 왜 이런 다양성이 연속적이지 않은지 궁금해 했다. 골턴은 친족들이 부분적으로만 유사하기 때문에 그렇다는 것과 이런 친족 간의 부분적 유사성을 상관계수로 측정할 수 있음을 알아냈다.

이런 사고는 다시 열정적인 칼 피어슨Karl Pearson에게 그대로 전달되었

어쩌다 보니 통계학자

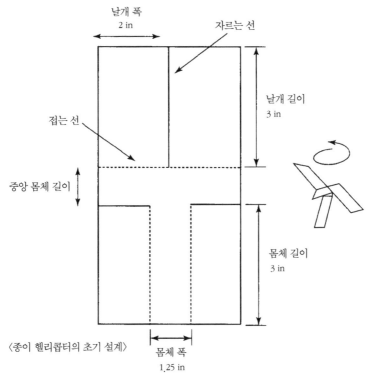

〈종이 헬리콥터의 초기 설계〉

헬리콥터 디자인

요인			
날개 길이	몸체 길이	몸체 폭	떨어지는 데 걸리는 시간(100분의 1초)
−	−	−	236
+	−	−	259
−	+	−	180
+	+	−	246
−	−	+	196
+	−	+	230
−	+	+	168
+	+	+	220

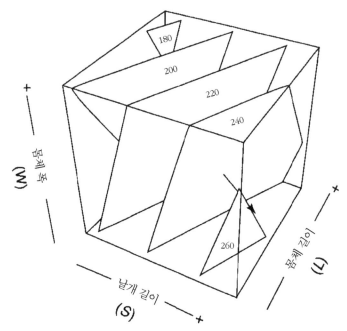

180

200

220

240

260

몸체 폭
(W)

날개 길이
(S)

몸체 길이
(L)

평균 비행시간의 등고선도

다. 피어슨은 유의할 정도로 상관되어 있는지 판단하려면 상관계수의 분포가 필요하다는 것을 인식했다.

피어슨이 상관계수의 분포를 구하는 방법은 세련되지 못했고 표본의 크기가 큰 경우만 고려하고 있었다. 피셔는 다차원 기하학과 정규분포이론을 이용해서 상관계수의 분포를 어렵지 않게 구했다. 피어슨의 방법은 당시 1906년 런던 유니버시티 칼리지에 있던 피어슨 밑에서 일 년 동안 공부하기 위해 온 고셋이 해결하고자 했던 문제에도 적용할 수 없었다. 고셋은 옥스퍼드에서 화학을 공부한 후 기네스Guinness에서 일하고 있었다.(기네스는 1893년부터 과학자를 양조전문가로 채용했다.) 고셋은 자신이 책임자로 일하는 양조장의 실험에서 나오는 크기가 작은 자료를 분석해야 했

어쩌다 보니 통계학자

기 때문이다.

고셋이 고안한 *t*-검증은 추정치에 내포된 불확실성을 고려하는 방법을 내포하고 있기 때문에 통계학 발전에 획기적인 전환점이 되었다. 농업, 화학, 생명과학과 같은 학문 분야의 자료는 대부분 크기가 작았기 때문에 *t*-검증이 나오고 나서야 문제에 대한 답을 구할 수 있었다.

소표본 문제를 일반적으로 다루는 방법과 실험을 통계적으로 설계하는 문제와 관련해서는 피셔도 고셋의 연구로부터 많은 영감을 받았다. 피셔 자신도 이 점을 인정했다.

피셔는 1919년 로댐스테드 농업실험연구소에 부임하자마자 60년간 수집한 일일강수량과 연간수확량 자료를 분석해야 했다. 그리고 이 자료를 분석하기 위해 여러 가지 기발한 분석법을 개발했다. 로댐스테드에 보관된 자료는 규모는 컸지만 내포된 정보가 많지 않아서 중요한 질문에 대한 답을 구하기에는 부족했다. 이것이 피셔가 실험계획을 생각하게 된 이유이다. 연구자가 가진 특정 의문에 답하기 위해서는 어떻게 실험해야 하는가 하는 것이 바로 피셔가 생각한 문제였던 것이다. 농업실험에서 일어날 수 있는 여러 가지 문제를 해결하기 위해 피셔가 개발한 실험설계법을 보면 이런 점을 깊이 통찰했음을 알 수 있다.

1933년 피셔가 로댐스테드를 떠나자 후임 예이츠Yates가 실험설계 분야를 더욱 발전시켰다. 예이츠는 새로운 실험설계법을 개발하는데 그치지 않고 실험이 잘못 수행되거나 결측값이 발생하는 경우에 대한 대처법도 연구했다.

그 후 많은 요인을 다루어야 하는 실험설계의 필요성이 생기자 피니 Finney가 부분요인설계를 고안했다. 부분요인설계는 전쟁 수행과 관련한 문제를 해결하기 위해 플래케트Plackett와 버만Burman이 개발한 실험설계와 함께 공업실험에 매우 유용한 것으로 알려져 있다. 1934년 영국면화

산업연구협회British Cotton Industry Research Association에서 일하던 티펫L. H. C. Tippet은 극히 일부분의 요인실험만으로 방적기에서 문제를 발생시키는 원인을 찾아낸 사례를 보고했다. 이 보고에서 티펫은 5^5 요인설계의 125분의 1인 25번의 실험만으로 원인을 찾아냈다고 한다.

양모산업연구협회Wool Industries Research Association의 통계학자로 1935년부터 1946년까지 일한 헨리 대니얼스Henry Daniels는 양모에서 실을 뽑는 각각의 공정에 의한 실의 변동을 평가했다. 여기서 기원한 분산성분모형variance component model은 제품의 변동에 크게 영향을 미치는 공정을 찾아낼 때뿐만 아니라 다른 분야에서도 널리 사용할 수 있다.

헨리와 나는 철의 장막이 드리워져 있던 시절 이상한 곳에서 만났다. 우리는 둘 다 서독에서 개최되는 학회에 참가하면서 동독 아이제나흐Eisenach에 있는 요한 세바스찬 바흐의 생가 방문 여행을 신청했다. 국경선에서 철의 장막의 일면을 볼 수 있었다. 멀리에는 콘크리트로 만든 전차방어 시설물이 길게 늘어서 있었고, 국경경비대가 사나운 개와 함께 보초를 서고 있었다. 국경경비대는 우리가 서독으로 돌아올 때까지 우리 여권을 보관했다. 나는 동독에 입국하기 위해 기다리는 2시간 만에 헨리 부부와 친해졌다.

응용통계학 발전에 크게 기여한 인물로 품질관리분야의 슈하트를 들 수 있다. 슈하트의 연구와 함께 샘플링 검사를 연구한 해럴드 다지Harold Dodge의 연구는 반세기 이상 지속된 통계혁신의 신호탄이었다. 통계혁신이 시작된 대표적인 곳은 벨 연구소이다. 존 터키가 주도한 자료 분석을 중요시해야 한다는 운동도 이런 통계혁신에 해당한다.

현실적인 문제를 해결하는 과정에서 이런 혁신에 가담한 또 다른 인물은 윌콕슨이다. 곤충학자에서 통계학자로 변신한 윌콕슨은 아메리칸 사이언아미드의 레덜리 실험실에서 일했다. 그를 유명하게 만든 윌콕슨 검

어쩌다 보니 통계학자

증은 순전히 검증을 빨리 하기 위해 개발한 것이라고 했다. 윌콕슨 검증이 나오고 나서야 수리통계학자들은 비모수통계학에 관한 후속 연구를 시작했다.

초기 비모수통계학에 기여한 사람은 내가 ICI에 있을 때 강의를 들었던 바틀릿이다. 자료 변환에 관한 바틀릿의 연구는 순전히 살충제 연구 때문이었는데, 도수나 비율로만 자료가 수집되었기 때문이다.

윌리엄 베버리지William Beveridge는 시계열 자료를 분석하기 위해 사인파를 적합했는데, 설명할 수 없는 진동수를 가진 사인파가 얻어졌다. 율Yule은 그런 자료에는 결정적 모형이 아니라 동적 모형을 적합해야 한다고 생각했다. 이 생각은 현대 시계열분석 모형의 기원이지만 평형에 도달하면 고정된 평균을 중심으로 한 정상시계열이 되어야 한다는 관념 때문에 한동안 받아들여지지 않았다. 경영학, 경제학 또는 생산 현장에서 발생하는 시계열은 결코 정상시계열의 모습이 아니다. 홀트Holt와 윈터스Winters가 이끌던 운용연구팀은 더 나은 모형을 찾지 못하고 결국 비정상시계열모형을 개발했다. 이들은 1950년대부터 지수가중이동평균을 사용해서 과거 시계열자료를 분석하고 예측했다. 과거를 고려하되 과거의 중요도는 점차 감소되어야 한다고 생각했기 때문에 지수가중이동평균을 도입했는데 상당히 잘 들어맞았다. 1960년에 뮤스Muth는 경험적으로 얻은 지수가중이동평균이 어떤 비정상시계열에서는 최적의 예측값이 된다는 것을 증명했다. 지수가중이동평균 모형을 일반화한 모형과 율의 아이디어는 계절변동을 포함하는 시계열자료를 상당히 잘 표현할 수 있게 해주었고, ARIMA 모형의 기반이 되었다.

수리통계학자들은 주어진 가정 하에서 가장 검증력이 좋다는 최강력검증을 개발했다. 이 이론에 의하면 한 상자에서 정해진 개수의 제품을 표본으로 뽑아 검사하고 그중에서 일정 개수 이상의 제품이 불량품이면 상자 전체를 폐기한다. 앨런 월리스Allen Wallis는 이런 이론에 대해 한 관리의 질문을 받았다. "처음 검사한 제품 몇 개가 전부 불량품이면 나머지는 검사조차 할 필요가 없지 않을까요?" 이에 월리스와 밀턴 프리드먼Milton Friedman은 더 강력한 검증이 존재할 수 있다는 것을 깨달았다.

당시 에이브러햄 월드Abraham Wald를 수석 수리통계학자로 선발했는데, 최강력검증보다 더 강력한 검증을 연구하기 위해서였다. 그러나 일부 사람들은 이러한 의도를 잘 믿으려 하지 않았다. 그들은 최강력검증보다 더 강력한 검증은 없다고 생각했는데, 최강력검증이 표본의 크기가 고정되었다는 가정 하에서나 최강이라는 것을 인식하지 못하고 있었기 때문이다. 그리고 앞에서 질문한 관리는 표본의 크기가 반드시 고정될 필요가 없다고 생각했던 것이다. 이런 생각은 그래프를 그려서 검증하는 순차검증의 개발로 귀착되었다.[73)

종류는 다르지만 도표 이용의 선구자는 커스버트 대니얼Cuthbert Daniel 이다. 그는 기업체 컨설턴트로 일하면서 얻은 경험을 바탕으로 통계학에 많은 기여를 했다. 그는 일찍부터 반복이 없거나 부분적으로만 반복하는 실험설계를 사용하면서 실험오차를 추정하지 않고도 유의한 효과를 찾아내는 데 관심이 많았다. 현실적으로 일어날 가능성이 낮은 고차 교호작용을 실험오차를 추정하는 데 이용할 수 있다고 생각했으며, 그가 도입한 요인실험의 효과와 잔차를 확률지에 그려서 분석하는 방법은 존 터키를 비롯한 많은 사람들로 하여금 도표를 이용한 자료 분석기법을 연구하게 했다. 발견의 순환과정에서 가설을 세우는 단계는 상상력의 자극을 필요로 하며, 상상력을 자극하는 데는 도표만한 것이 없다는 것을 알려 주었던 것이다.

통계학이 발전하기 위해서는 몇 가지 중요한 요소가 필요하다. (1)새로운 문제를 감지하고 정식화하고 해결하고자 하는 독창적인 마음가짐이 필요하고, (2)그런 마음가짐이 새로운 발견으로 귀결되는데 도움이 되는 도전적이고 역동적인 연구 환경이 필요하다.

기네스의 고셋, 로댐스테드의 피셔와 예이츠, 그리고 피니, 면화산업 연구협회의 티펫, 윌콕슨과 블리스Bliss와 한때 관계했던 보이스 톰슨 연구소Boyce Thompson Institute의 유덴, 양모산업연구협회의 대니얼스와 콕스, 벨 전화연구소의 슈하트, 다지, 터키, 맬로우즈, 아메리칸 사이언아미드의 윌콕슨, 기업을 자문한 대니얼. 이들은 통계학 발전에 필요한 두 요소가 잘 결합된 환경에서 혁신을 이룬 사람들이다. 또 다른 예로는 교육평가원Educational Testing Service에서 일한 돈 루빈Don Rubin과 스탠포드 직선가속기센터Standford Linear Accelerator Center에서 컴퓨터 집약적 방법을 개발한 제리 프리드만, 환경문제를 깊이 연구한 탸오, 스탠포드 의과대학과 교류한 브래드 에프론Brad Efron, 시계열을 시스템에 적용한 젠킨스, 로댐스테드에서 전산통계를 연구한 존 넬더John Nelder를 들 수 있다.

이 예들이 주는 교훈은 명백하다. 독창적인 연구를 할 수 있는 통계학자나 과학자는 그들을 고무하는 과학 연구 환경에서 영감을 얻는다는 것이다. 앞에서 나열한 과학적 발전은 모두 환경이 새로운 방법을 필요로 했기 때문에 이루어진 것이다.

교수들은 대학생들을 몇 년 동안 앉혀 놓고 지식을 마구 부어대다가, 대학원에 오면 완전히 새로운 일을 시킨다. 오랫동안 온실 속 화초처럼 키우다가 갑자기 자립하라고 한다. 그런데 그들은 스스로 뭔가를 하는 것을 배운 적이 없다. 대학 교육은 대학생들이 자신의 독창성을 발휘할 수 있도록 해야 하고 문제해결 기법을 익힐 수 있게 해야 한다. 대학원생들은 처음부터 일반적인 문제를 풀기 위해 노력하는 경향이 있다. 나는 대학원생들에게 "한 번에 일반적인 해를 구하려고 하지 말고, $n=1$이나 $m=2$인 경우를 먼저 해 봐. 단순한 경우를 이해한 다음 일반적인 경우로 넘어가는 게 훨씬 좋아."라고 말하곤 한다. 이뿐만 아니라 문제의 핵심을 꿰뚫어보려고 애써야 한다. 신약성서도 "어린 아이들과 같이 되지 아니하면 결단코 천국에 들어가지 못하리라."라고 했다.

나는 학생들에게 문제를 근원부터 살펴보라고 충고한다. 명백한 것을 놓칠 때가 많고, 명백한 것만큼 불명확한 것이 없다. 이렇게 문제에 접근하지 않으면 이미 만들어진 길로 접어들게 될 것이고 결국 남들과 같은 생각을 하게 될 것이며 새로운 것을 얻지 못할 것이라고.

수학에서는 주어진 가정 하에서 어떤 진술이 옳은가 아니면 그른가 하는 문제를 다룬다. 물리학, 화학, 공학과 같은 많은 다른 학문에서도 수학은 중요한 도구이다. 하지만 통계학은 기존 모형에 없는 무엇인가를 찾아내는 것과 관련이 있다. 예를 들어 많은 사람들이 알베르트 아인슈타인이 상대성이론을 순전히 이론적으로 유도했다고 생각하지만, 아인슈타인 자신은 상대성이론이 관찰에 근거한 것이라고 말했다. 더 깊이 이해하면 할수록 기존 모형에서 수정할 점이 드러나고, 과학적 탐구는 서로 어긋나기 시작한다. 혁신으로 이르는 한 가지 방법은 귀납과 연역을 교차로 적용하는 것이다. 나는 『실험자를 위한 통계학』에서도 이런 관점을 피력했다.

모형이든 가설이든 이론이든 추측이든 최초의 생각은 연역에 의해 예상되는 결과에 이르게 되고, 이 예상 결과는 자료와 비교된다. 만약 예상 결과와 자료가 합치하지 않으면, 그 차이는 귀납에 의해 모형의 수정으로 귀결된다. 그리고 두 번째 반복이 시작된다. 두 번째 모형으로부터 예상되는 결과가 연역되고, 이 예상 결과는 다시 자료(기존 자료일 수도 있고, 새로 수집한 자료일 수도 있다.)와 비교된다. 이 비교는 다시 모형의 수정과 새로운 지식의 획득으로 귀결된다. 자료수집 과정은 과학적 실험일 수도 있고, 도서관이나 인터넷에서 수집하는 것일 수도 있다.

어쩌다 보니 통계학자

연역과 귀납의 반복 과정은 아리스토텔레스 시대부터 알려져 있던 것으로 인간의 두뇌에 내장되어 있으며 매 순간 작동한다. 예를 들어 화학공학자 피터 마이너렉스Peter Minerex가 매일 아침 지정된 주차구역에 차를 주차한다고 하자. 어느 날 일을 마친 피터는 다음과 같은 연역–귀납 학습과정을 경험하게 될 것이다.

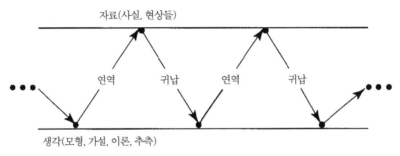

반복적인 학습 과정

모형	차를 도난당했다.
연역	차가 주차장 내에 없을 것이다.
자료	차가 주차장 내에 있다.
귀납	누군가 차를 가져갔다가 다시 가져다 놓았다.
모형	도둑이 가져갔다가 다시 가져다 놓았다.
연역	누군가 침입한 흔적이 차에 남아 있을 것이다.
자료	차는 전혀 손상을 입지 않았고, 잠겨 있다.
귀납	누군가 열쇠를 가진 사람이 가져갔다가 다시 가져다 놓았다.
모형	집사람이 차를 사용했다.
연역	뭔가 쪽지를 남겼을 것이다.
자료	저기 쪽지가 있다.

해결하고자 하는 문제에 대한 추측이 모형이다. 그리고 이 모형이 옳은지 알아보기 위해 자료를 수집한다. 자료 수집은 보유하고 있는 자료를 뒤져보는 것일 수도 있고, 도서관이나 인터넷에서 검색하는 것일 수도 있으며, 수동적인 관찰일 수도 있고, 능동적인 실험일 수도 있다. 어쨌든 자료와 추측이 잘 합치하면, 문제가 해결됐다고 생각할 수 있다. 만약 합치하지 않으면, 추측이 부분적으로만 옳거나 완전히 틀리거나 할 것이다. 그리고 연역과 자료의 이런 차이를 이해하기 위해 고심한다. 이런 고심은 수정된 추측이나 완전히 새로운 추측을 낳는다. 이 새로운 추측은 새로운 모형이 되고, 기존 자료를 다시 분석하거나 새로 자료를 수집하여 모형과의 합치 여부를 평가하는 동일한 과정이 반복된다.

인간 두뇌는 연역과 귀납 두 가지를 반복적으로 수행할 수 있게 설계되었다. 이 반복 과정이 진행되면 문제에 대한 답을 구할 수 있는데, 답이나 답에 이르는 과정이 한 가지밖에 없을 것이라고 생각해서는 안 된다.[74]

인간은 뭔가를 모르면 무의식적으로 그게 무엇인지 알아내려고 한다. 때로는 완전히 새로운 아이디어가 떠오르기도 하는데, 책상에 앉아서 일할 때보다는 샤워를 하거나 산책할 때 해결책이나 돌파구가 더 잘 떠오르는 것 같다. 나는 다른 사람과 공동으로 작업하는 것을 좋아한다. 여러 사람이 힘을 합쳐 공동으로 노력하면 각 개인이 따로 노력하여 얻는 결과의 합보다 항상 더 나은 결과를 얻을 수 있기 때문이다. 내 생각에 대한 동료들의 생각을 들어 보고 토론하면 언제나 새로운 것을 배우고 발견할 수 있다.[75]

비스가아드Bisgaard[76]는 새로운 재화, 새로운 생산방식, 새로운 수송방식, 새로운 사업방식, 새로운 시장, 새로운 조직구조를 개발하고 최종적으로 상용화하는 전체 과정을 혁신이라고 정의했다. 이 정의에 따르면 혁

어쩌다 보니 통계학자

신은 생산이나 서비스뿐만 아니라 마케팅, 투자, 운영, 관리 기법에서도 일어날 수 있다.

혁신과 관련하여 자주 사용하는 용어로 획기적 혁신breakthrough innovation과 점진적 혁신incremental innovation이 있다. 획기적 혁신은 새로운 재화를 개발하고 상용화하는 혁신을 말하고, 점진적 혁신은 기존의 재화를 개선함으로써 일어나는 혁신을 말한다.

가끔 혁신의 중요성을 도외시하는 경우가 있다. 무엇보다 혁신이 중요했던 역사적 예가 많지만 그 중에서 한 가지만 들어 보겠다. 제2차 세계대전으로 일본의 산업은 초토화되었다. 도요타 박물관에 가면 그들이 생산한 첫 번째 차를 볼 수 있는데, 그것은 폭스바겐을 그대로 복제한 것이다. 그 후 도요타가 생산한 자동차에는 수많은 혁신이 있었고, 그 결과 도요타는 세계인의 관심을 받게 되었다. 도요타는 (1)품질표준을 도입하고, (2)통계적 실험설계를 활용하여 자동차 디자인을 개발했으며, (3)노동자를 좋은 제품을 만드는 데 헌신하는 가족의 일원이라고 생각하며 공정하게 대했다. 이에 그치지 않고 인력, 생산설비 등 생산능력을 필요한 만큼만 유지하면서도 생산효율을 극대화하는 린 생산방식lean manufacturing을 도입했다. 하지만 미국의 자동차회사는 이런 새로운 개념을 쉽게 받아들이지 않았다. 일본의 혁신에 대해서는 다음 장에서 자세히 다룰 예정이다.

연역과 귀납을 교대로, 그리고 반복적으로 적용하는 것은 혁신으로 가는 한 가지 방법에 지나지 않는다. 일반적으로 성공적인 혁신으로 가는 방법으로 다음과 같은 것들이 있다.

1. 연역-귀납의 반복
2. 수평적 사고lateral thinking
3. 교차기능cross-functional 토론

4. 유추analogy

5. 지도력leadership

혁신을 하려면 이 중에서 가장 좋은 것을 선택하겠다는 생각보다 모두 사용하겠다는 생각을 해야 한다.

데보노de Bono의 수평적 사고는 연역-귀납의 경로를 따라가면서 문제를 해결하는 것이 아니라 문제 해결의 새로운 방향을 찾을 때 유용하다.[77] 연역과 귀납을 반복하는 방법의 단점은 그 경로가 유사한 교육을 받고 유사한 경험을 한 다른 사람이 이미 걸어간 길일 수도 있다는 것이다. 수평적 사고는 그럴 가능성이 작다.

수평적 사고는 정의하는 것보다 예를 들어 설명하는 것이 더 쉽다. 테니스 대회 조직위원회의 문제를 생각해 보자. 참가자가 47명이고 한 번 지면 탈락하는 토너먼트 방식으로 대회를 운영한다면 경기를 총 몇 번 해야 하는가? 가능한 시합 결과를 다 나열해도 이 문제의 답을 구할 수 있지만 게임의 승자보다 패자에 초점을 맞추면 더 쉽게 답을 구할 수 있다. 46명의 패자가 있어야 하므로 게임을 46번 해야 한다는 결과를 바로 얻을 수 있다.

수평적 사고가 잘 적용된 통계적인 예는 프린스턴에서 개최된 세미나에서 찾을 수 있다. 이 세미나에서 메르브 뮐러가 소개한 정규편차 생성 방법은 정규곡선의 조각별 근사piecewise approximation를 이용한 것으로 상당히 복잡하고 구질구질한 방법이었다. 좀 더 깔끔한 방법이 있을 것 같다고 생각한 나는 "정규분포 안에서 균등분포 하는 것이 뭐지?"하는 질문에 대한 답으로부터 더 나은 방법을 찾을 수 있었다. 두 개의 서로 독립인 정규편차에서 구한 동경벡터radius vector의 각과 로그길이는 서로 독립이고 균등분포를 한다. 이 결과를 이용하면 한 쌍의 난수를 생성할 수

어쩌다 보니 통계학자

있다. (구글 스콜라에 의하면 이 결과를 보여 주는 2쪽도 안 되는 짧은 논문[78]이 1,400개 이상의 문헌에서 인용되었다고 한다.)

수평적 사고를 적용한 예들이 세상을 깜짝 놀라게 할 만한 것은 아니지만, 그것이 사상에 적용되면 이야기가 달라진다. 다윈의 경우가 바로 이에 해당한다. 생명체를 보면 환경에 딱 들어맞게 생겼다는 것을 누구나 알 수 있다. 따라서 누군가 하나하나 빚어서 만든 것처럼 보이고, 이런 일은 오직 전지전능한 존재만이 할 수 있다고 생각된다. 하지만 다윈은 좀 다르게 생각했다. 번식과 자연선택만 있으면 이런 결과가 나올 수 있다는 것을 인식한 것이다.[79]

피셔가 통계학 연구에 다차원 기하학을 사용한 것도 수평적 사고의 예라고 할 수 있다. 그 결과 피셔는 상관계수의 분포뿐만 아니라 자유도, 직교, 서로 독립인 제곱합 간의 가법성, 분산분석, 충분성, 회귀분석, 최소제곱법에 대한 이해 등을 도출할 수 있었다.

수평적 사고의 결과는 일반적으로 직관적이지 않기 때문에 반대에 부딪치는 경우가 많다. 연역과 귀납을 교대로 반복하는 것이 문제를 해결하는 유일한 방법인 것처럼 훈련받기 때문인데 다윈의 진화론도 피셔도 처음에는 강한 반대에 직면해야 했다.

집단토론은 발견에 이르는 과정을 크게 촉진한다. 집단 구성원들이 서로 다른 분야의 사람들이면 더욱 그렇다. 어데어Adair[80]는 집단토론이 효율적으로 작동하도록 집단을 구성하고 운영하는 방법을 설명했고, 숄츠Scholtes[81] 등은 효율적인 집단토론이 되게 하는 여러 가지 방법을 제시했다.

집단토론은 그 자체로서도 중요하지만 다른 방법을 사용하기 위해서도 필요하다. 데보노가 제안한 '여섯 색깔 사고 모자six thinking hats' 기법은 수평적 사고를 용이하게 하는 도구로, 집단 내 토론을 용이하게 하는 도구로도 사용할 수 있다.[82]

솔직함과 신뢰는 집단토론 운영의 중요한 요소이다. 솔직함과 신뢰가 없으면 유용한 아이디어가 개진되지 않을 것이다. 경험 많은 집단이 토론하는 것을 보면 일을 하는지 노는지 구별하기 힘들다고 한다.

나는 '월요일 밤 맥주 모임'을 통해서 성공적인 집단토론이 어떤 것인지 경험할 수 있었다. 이 모임에는 여러 학과의 학생과 교수뿐만 아니라 기업체에 있는 사람들도 참여했다. 그들은 해결하고자 하는 문제에 대해 허심탄회하게 토론하기를 원했고, 그들에게 이 모임은 값으로 따질 수 없는 배움의 장이 되었다.

또 다른 혁신 도구는 유추이다. ICI에서 공정을 개선하는 한 가지 방법은 잘 설계한 실험이었다. 하지만 현장과 동일한 환경에서 실험하는 것은 비용도 많이 들고 수행하기도 쉽지 않다. 반면에 실험실에서의 소규모 실험은 현실과 거리가 먼 결과를 줄 가능성이 크다. 나는 ICI 경영진에게 진화적 공정이란 새로운 아이디어를 설명하기 위해 바닷가재가 진화하는 가상의 과정을 그래프로 보여 준 적이 있다. 진화적 공정은 생산에 차질을 주지 않고 품질개선에 필요한 자료를 수집하는 통계적 방법으로, 정상적인 공정조건의 근방에서 공정조건을 아주 조금만 변경하여 공정을 반복적으로 운영하는 것이다. 이렇게 자료를 수집하고 분석하면 통상적인 생산 활동에 지장을 주지 않고도 공정조건을 개선할 수 있으며 더 나아가 최적공정조건을 찾을 수도 있다.

이 모든 혁신도구와 노력도 적절한 지도력이 없으면 아무 소용이 없다. 토마스 에디슨Thomas Edison이 전구를 발명할 때도 많은 사람들의 도움이 있었고, 넬슨Nelson 제독이 트라팔가 해전을 승리로 이끌 때도 수많은 수병들의 노고가 있었다. 스티브 잡스Steve Jobs가 아이폰을 개발할 때도 많은 과학자와 공학자의 참여가 있었다. 이 모든 것은 지도자가 없었다면 일어나지 않았을 것이다. 숄츠의 책[83]은 지도력에 관한 좋은 지침서이다.

어쩌다 보니 통계학자

몇 년 전 나는 인도에서 한 통의 편지를 받았다. 수렌Suren이라는 학생이 보낸 편지였는데 간절하게 내 밑에서 공부하고 싶다는 내용이었다. 나는 은퇴했기 때문에 더 이상 박사과정 학생을 지도하지 않는다고 답했다. 그런 문제라면 아무 상관도 없으며, 단지 나와 지내기만 하면 된다고 했다. 그는 3년 기한의 비자를 받아 산업공학과정에 입학했다. 그는 배우는 속도가 빨랐고, 나도 그의 도움을 많이 받았다.

임시 비자를 받아 미국에 온 수렌은 경제적으로 쪼들리고 있었으나, 나는 그 사실을 알지 못했다. 대출을 받아 등록금을 냈는데, 인도에서 받는 월급으로는 평생 갚아도 갚을 수 없는 금액이었다. 다행히 수렌은 퀼러Kohler 사의 품질관리부서에서 일할 기회를 잡았다. 수렌은 뛰어난 실력을 보여 주었으며, 수렌의 업무능력을 인정한 퀼러 사는 이민국에 요청해서 영주권을 받을 수 있게 해 주었다. 이후 수렌은 승승장구했다. 대출금을 다 갚았음은 물론이다.

2010년 수렌과 나는 품질관리도를 근본적으로 수정해야 한다는 논문을 같이 썼다.[84] 이 논문은 품질공학Quality Engineering 학술지에 실렸고, 그해 미국품질관리학회에서 발간하는 학술지에 실린 논문 중에서 최고의 논문으로 뽑혀 브룸바 상Brumbaugh Award을 받았다.

현실과 이론, 그리고 새로운 아이디어에 의한 혁신의 반복과정은 끝이 없다. 필요하면 잘 정립된 이론마저도 다시 생각해 봐야 한다. 대표적인 예가 품질관리도이다. 관리도는 본래 1930년대 슈하트가 개발한 것이다. 그 밑바닥에는 자료는 고정된 평균을 중심으로 변하며, 평균으로부터의 편차는 랜덤하다는 가정이 자리하고 있다. 하지만 문제는 어떤 시스템도 이렇게 작동하지 않는다는 것이다. 현실에서의 평균과 변동의 크기와 성질은 이런 가정과는 거리가 멀다. 수렌과 같이 쓴 논문에서 우리는 현실에 더 적합한 모형은 비정상누적이동평균nonstatiionary integrated moving average 모형임을 지적했다. 비정상누적이동평균 모형의 중요성은 1960년 존 뮤스가 처음 피력했는데, 결국 현실을 더 잘 표현하는 지수가중평균관리도로 귀착했다.

어쩌다 보니 통계학자

13장
품질운동

"경기는 끝났어! ⋯⋯
참가자 모두 승자이고 상 받을 자격이 있어."

나와 마찬가지로 초창기부터 품질운동에 관심이 많았던 빌 헌터는 품질관리기법을 매디슨에 도입하기 위해 노력했다. 1969년 빌 헌터는 포드재단의 지원을 받아 일 년 동안 싱가포르에서 지내면서 싱가포르 폴리테크닉에 컴퓨터 장비를 지원하고 전문지식을 전수했다. 그는 싱가포르에서 다른 교수 한 명과 함께 밤에 세미나를 열고 항만 감독관, 쓰레기 처리 담당관 등과 같은 고위층 인사들에게 품질관리기법을 가르쳤다. 그는 매디슨에서도 유사한 세미나를 개최했으며, 품질개선활동을 전개하는 일본과 타이완의 기업체를 방문하기도 했다.

1980년대가 되자 미국은 일본이 자기들보다 훨씬 뛰어난 제품을 만든다는 것을 알게 되었다. 제2차 세계대전 전까지만 하더라도 일본 회사의 기술력은 미국 회사에 한참이나 미치지 못했기 때문에 이 반전은 놀라운 것이었다. 제2차 세계대전으로 일본의 산업이 폐허가 되자 미국은 일본의 재건을 지원하기로 했다. 이런 지원의 일환으로 2명의 품질관리 전문가 에드워드 데밍W. Edward Deming과 조셉 주란Joseph M. Juran을 일본을 보

빌 헌터와 나

내 품질관리기법을 전수하게 했다. 서구에서 태동한 품질관리기법이 정작 현장에서는 거의 사용되지 않던 시절이었다. 이와 달리 일본은 품질관리 개념과 기법을 진지하게 받아들이고, 이를 산업 전반으로 확산시켰을 뿐 아니라 중요한 국가적 과제로 교육했다.

또 다른 변수가 있었다. 서구의 기업체 임원이나 관리자는 생산과 판매에 대해 다 알고 있다고 생각했고, 근로자들을 지시를 따르기만 하면 되는 언제든 버릴 수 있는 부하 정도로 생각했다. 이런 생각은 일반 근로자보다 훨씬 많은 고위 경영진의 급여를 정당화하는 논리의 기반이 되었다. 일본의 경영철학은 이와 달랐다. 생산은 관련자 모두가 노력한 결과라고 생각했고, 개선 방안도 누구나 제안할 수 있다고 보았다. 경영진의 보수도 그렇게 많지 않았다. 그 결과 생산현장에서 일하는 근로자들이 수많은 아이디어를 제안했다. 미국 전문가가 전수한 품질개선기법뿐만 아니라

어쩌다 보니 통계학자

카오루 이시카와Kaoru Ishikawa 교수 같은 전문가들이나 근로자들이 개발한 기법도 사용했다. 근로자들 스스로 새로운 아이디어를 창출했기 때문에 조직의 도덕적 수준도 높을 수밖에 없었다.

품질개선과 관련해서 또 다른 의미 있는 점은 1920년대 피셔가 농업발전을 위해 개발한 통계적 실험계획이 품질개선을 위해 사용되었다는 것이다. 피셔는 여러 개의 요인을 동시에 변화시키면서 실험하는 것이 더 좋다는 것을 보여 주었는데 이런 접근법을 일본에서는 공학교수 젠이치 다구치Genichi Taguchi 교수의 이름을 따서 '다구치 법Taguchi method'이라고 한다. 일본은 최적의 자동차를 설계하기 위해 수천 번의 실험을 거듭했다고 한다.

1980년 NBC 방송은 데밍 박사를 조명하는 '일본이 할 수 있다면, 우리도 할 수 있다.'란 특별 프로그램을 방영했다. 그 프로그램에서 데밍은 제2차 세계대전 이후 일본 기업체들이 통계적 방법을 적용했기 때문에 성공할 수 있었고, 이것은 미국에서도 가능한 일이라고 말했다. 수많은 공정을 거치면서도 높은 품질의 제품이 나오는 것은 통계적 품질관리 덕분이며, 좋은 품질은 효율적인 비용관리도 가능하게 한다고 했다. 통계적 사고가 현장 근로자부터 최고경영자에 이르는 기업체의 모든 사람을 바른 길로 이끌어간 것이다.

일본에서 일어난 이런 혁신의 결과는 극적이었다. 이 혁신은 단지 자동차 산업에만 국한된 것이 아니었다. 1980년 중반에 '이것들의 공통점은 무엇인가?'라고 묻는 슬라이드 한 장을 본 적이 있다. 그 슬라이드에는 자동차와 카메라를 비롯한 온갖 기술집약적인 제품 사진들이 있었다. 지난 5년 동안 미국 시장의 50% 이상이 일본 제품으로 넘어간 것이 바로 이 질문의 답이었다. 특히 미국 자동차 회사는 경쟁 상대인 일본 자동차의 멋진 디자인과 균일한 품질에 놀라움과 부끄러움을 동시에 느껴야 했다.

결국 데밍은 미국 최고 경영자들을 대상으로 연설했다. 이후 일본을 방문한 포드 자동차를 비롯한 여러 기업체의 고위 간부들은 일본 제품이 우수한 이유 중 하나가 바로 실험설계를 널리 사용했기 때문이라는 것을 알게 되었다. 다구치가 파라미터 설계라고 한 것도 통계적 실험설계에 지나지 않는다는 것도 알게 되었다. 영국과 미국에서도 실험설계가 널리 사용되고 있었지만 농업에 국한되어 있었다. 실험설계가 산업 전반에 엄청난 가치가 있다는 것을 일본 덕분에 알게 된 것이다.

우리는 다구치 방법을 상세히 검토한 여러 편의 연구보고서를 냈다. 다구치 방법에 좋은 점들이 있긴 했지만, 오래전 영국이나 미국에서 개발된 표준적인 방법보다 못한 점도 있었기 때문에 더 효율적이고 더 단순한 방법을 제안할 수 있었다.

우리는 미국 산업계에 이런 연구 결과를 알리고 더 연구하기 위해 CQPI Center for Quality and Productivity Improvement를 설립했다. 센터의 재정과 사무는 공대 출신이었던 밥 다이Bob Dye, 존 볼링거John Bollinger, 빌 웨거Bill Wuerger가 맡아 했다. 웨거는 CQPI의 장을, 나는 연구부장을 맡았다. 초창기 CQPI는 무척 바쁘게 돌아갔고 분위기도 고조되어 있었다. 프로그램이 제대로 돌아가는 데는 당시 조교로 일했던 주디 페이젤Judy Pagel의 도움이 컸다. 콘래드 펑과 쇠렌 비스가아드를 센터 소속 조교수로 배정받았는데, 비스가아드는 나중에 웨거에 이어 CQPI의 장이 되었다.

CQPI에서 일하는 사람들은 화합이 잘 되었다. 마치 행복한 대가족 같았다. 일도 열심히 했지만 놀 시간이 없을 정도는 아니었다. 내가 클레어 퀴스트Clair Quist와 결혼한 것도 이때쯤이었다. 단기 강좌가 개설되면 강의준비를 하느라 모든 사람들이 늦게까지 일했다. 아내와 나는 이런 직원들을 격려하기 위해 아이스크림을 사서 방문하기도 했다.

CQPI를 설립한 지 얼마 되지 않아서 축구 코치를 하던 이안 하우Ian

어쩌다 보니 통계학자

Hau가 대학원에 입학했다. 매디슨 외곽에 있는 워너키란 마을의 한 고등학교 축구팀 코치였던 하우가 품질기법을 사용해서 리그의 바닥권에 있던 팀을 정상권으로 올려놓았다고 해서 이에 대한 세미나를 부탁했는데 그의 세미나는 상당히 인상적이었다.

나는 하우의 논문 지도교수가 되었다. 박사학위를 받은 하우는 큰 제약회사에 취업했다. 나는 그가 평범한 통계 관련 일을 할 것이라고 생각했지만, 하우는 그러지 않았다. 하우는 회사의 가장 큰 문제가 FDA로부터 신약 승인을 받는 데 많은 시간이 걸리는 것임을 알고, 이 문제를 해결하고자 했다. 신약 승인신청을 상세히 검토한 하우는 신약 승인을 받을 때까지 소요되는 대부분의 시간이 FDA가 아니라 회사 때문이라는 것을 알아냈다. 문서들이 처리되지 않은 채 책상 위에 머물러 있는 시간이 긴데다가 여러 시험도 지체되고 있었다. 하우는 모든 문서에 일시를 표시하게 해서 회사 내에서 지체되는 시간을 획기적으로 줄였다. 그는 다른 중요한 문제들도 해결했고, 업적을 인정받아 초고속으로 부사장이 되었다.

하우는 내가 홍콩에 있을 때 결혼했기 때문에 그의 결혼식에 참석할 수 있었다. 중국의 전통결혼식도 색다른 경험이었지만, 하우와 그의 아내 그레이스가 미국에서 다시 한 번 결혼식을 올릴 때도 색다른 경험을 할 수 있었다. 중국 전통결혼식에서 부모님은 상당히 중요한 역할을 한다. 미국에서 하는 두 번째 결혼식에는 부모님들이 참석할 수 없었기 때문에 하우는 나에게 부모님 역을 맡아 달라고 부탁했다. 상당히 정성을 들인 결혼식이었으며, 신랑과 신부는 클레어와 내 앞에 무릎을 꿇고 마치 친부모에게 하듯이 차를 올렸다. 1999년 80세 생일날 하우는 생일축하 메시지에서 두 번의 결혼식에 모두 참석한 사람은 클레어와 나뿐이라고 했다.

CQPI에서는 혁신과 품질개선을 위한 많은 기법을 개발하는 데 그치지 않고 이들을 언제 어디에 적용해야 하는지에 대해서도 연구했다. 연구 결과를 통계적 품질관리 관련 학술지뿐만 아니라 기술보고서로도 발표했다. 첫 9권의 기술보고서는 1986년에 발행되었다.[85]

1984년 빌 헌터는 매디슨 시장 센센브레너Sensenbrenner에게 품질관리 기법을 이용하면 시의 기능을 개선할 수 있다고 조언했다.[86] 빌 헌터의 생각에 동의한 시장은 시범사업으로 매디슨 시에 소속된 900대 차량을 정비하는 1번가 차고의 운영을 개선해 보라고 했다. 당시 경찰차를 비롯해 시에 소속된 차량을 수리하는 데 시간이 많이 걸린다는 불만이 제기되고 있었고, 근로자들의 도덕적 해이가 심각했을 뿐 아니라 노조와 관리자들 간의 알력도 있었다.

빌 헌터는 차고 감독인 조 터너, 236 지역 노동조합장인 테리 홈스와 함께 문제 해결에 나섰다. 이들은 먼저 수리하러 들어오는 모든 차량에 언제 어떤 일이 수행되는지 꼼꼼히 기록하기로 했다. 예를 들면 차고로 들어가기 전 뒷마당에서 대기하는 시간, 부품조달시간, 수리시간, 수리 후 찾아갈 때까지 대기한 시간 등을 기록했다. 이렇게 수집된 자료는 무엇을 개선해야 할지를 분명하게 보여 주었다. 수리를 마친 후 찾아갈 때까지 대기하는 시간이 가장 길게 나타났다. 이 결과를 바탕으로 필요한 조치를 취함으로써 차고 운영을 크게 개선했고, 근로자들 또한 좀 더 현명하게 일할 수 있는 도구를 갖게 되었다.[87] 근로자들이 자료를 수집하고 분석하는 기법을 배우고 난 다음에는 욕을 하는 대신 토론하는 분위기가 형성되었다고 조 터너가 말했다.

또 다른 건은 낙엽 수거였다. 매디슨에는 상당히 많은 나무가 있어 가을에 낙엽을 치우는 것이 엄청난 일이었다. 낙엽을 수거하기 위해 시 전역은 거의 같은 면적의 소지역으로 나누어져 있었으며, 각 소지역마다 낙엽 수거팀이 배정되어 있었다. 빌 헌터가 조사해 보니 나무가 많은 지역이 있는가 하면 나무가 거의 없는 곳도 있었다. 이 때문에 어떤 팀은 너무

어쩌다 보니 통계학자

가운데가 빌 헌터이고, 오른쪽이 조 터너, 왼쪽이 테리 홈즈이다.

바쁘고, 또 어떤 팀은 할 일이 거의 없었다. 각 지역별로 예상되는 낙엽의 양을 예측하고 이 예측에 비례해서 인력을 배분하자 훨씬 효율적으로 낙엽을 수거할 수 있었다. 뻔한 문제라고 생각하겠지만, 때때로 명백한 것이 눈에 잘 띄지 않는 법이다. 그렇지 않다면, 나 같은 사람이 기업체 자문을 하기 쉽지 않았을 것이다.

1972년부터 1993년까지 매디슨에는 데이비드 쿠퍼David Couper라는 훌륭한 경찰서장이 있었다. 그는 베트남 전쟁을 반대하는 시위대와도 대립하지 않았다. 수백 명의 학생들이 거리를 행진할 때, 그는 진압장비도 하지 않은 보통의 경찰 복장을 하고 시위대와 같이 걸었다. 한 번은 그가 집회에서 연설을 하고 있는데, 벌거벗은 한 사람이 그 앞을 가로질러 뛰어갔다. 그러자 그는 별거 아니라는 듯이 그와 악수를 했다.

쿠퍼 경찰서장은 품질개선기법을 경찰 업무에도 적용할 수 있는지에 대해서도 관심이 많았다. 그의 가장 큰 관심사는 아이들이 많이 다니는 길에서 운전자들을 천천히 운전하게 만드는 것이었다. 그는 학부모들이 속도위반자들에게 과속운전이 아이들과 운전자 모두에게 심각한 일임을 설명하게 했다.

데밍의 방법을 도입한 지방자치단체는 매디슨이 유일했지만, 대부분의 공장에서는 품질개선기법을 사용하기 시작했다. 시카고 인근에 있는 모토롤라Motorola 텔레비전 공장이 일본으로 넘어간 다음 엄청나게 품질이 개선되었다는 이야기를 들은 빌 헌터는 지도학생뿐만 아니라 CQPI 멤버, 테리 홈스와 조 터너 등에게 그곳을 방문하게 했다. 공장 주인은 달라졌지만, 근로자와 관리자는 전과 동일했고, 일본인은 눈에 띄지 않았다. 하지만 경영정책 면에서 많은 변화가 있었다. 새로운 경영철학은 '관리자가 아니라 현장 근로자가 제품을 만든다. 우리는 우리 일에 자부심을 가지고 싶다'였다. 무엇이 품질을 개선하는지에 관해 많은 것을 배울 수 있었는데, 대부분 근로자들이 스스로 도입한 것이었다. 뭔가 잘못된 것을 발견하면, 누구나 생산 라인을 멈출 수 있었으며, 복잡한 텔레비전 배선을 단순화하기 위해 색인표를 사용했다.

생산 라인 책임자들에게 이전 시스템과 새로운 시스템을 비교해 달라고 하자, 그들은 두 시스템의 차이는 하늘과 땅 차이라고 했다. 옛날에는 생산되는 텔레비전이 모두 한두 가지 결점을 가지고 있었기 때문에 생산 후에도 반드시 수리를 해야만 했다. 한 라인 책임자는 "하루 종일 불을 끄러 뛰어 다녔다."라고 했다. 새로운 시스템을 도입한 다음에는 결점을 찾기 힘들었다고 한다. 경영진이 바뀐 다음 발견되는 결점의 수가 지속적으로 감소하고 있음을 보여 주는 대형 그래프가 천정에서부터 늘어뜨려져 있었다.

빌 헌터는 직장인들을 위해 밤에 강좌를 개설했다. 이 강좌를 들은 사람들은 자기가 종사하는 분야에서 품질개선에 앞장서는 지도자가 되었다. 이런 노력을 조직화하기 위해서 1987년에 MAQIN Madison Area Quality Improvement Network이 결성됐다.

1986년 6월 우리는 일본의 품질관리 현장을 직접 보기 위해 2주 동안 일본을 방문했다. 방문단에는 위스콘신에서 온 제프 우Jeff Wu와 나, 그리고 벨 연구소에서 온 라구 칵커Raghu Kacker, 비제이 나이르Vijay Nair, 마다브 파드케Madhav Phadke, 앤 슈메이커Anne Shoemaker 등이 있었다.[88] 빌 헌터는 일본 방문단에 빠질 수 없는 인물이었지만, 암을 치료해야 했기 때문에 함께할 수 없었다.

일본 방문 경비는 미국과학재단과 벨 연구소가 부담했고, 겐이치 다구치 교수와 구미코Kumiko 다구치가 많은 도움을 주었다. 통역은 신Shin 다구치가 맡아 해 주었다. 도요타를 비롯한 7개 일본 기업에서 직원의 교육과 훈련 방법, 품질개선 과정을 배웠다. 우리는 3개의 무역기구와 전문기관도 방문했다. 우리의 방문 목적은 통계적 방법이 어떻게 일본 제품의 품질과 생산을 개선했는지를 알아내는 것이었다.

일본 방문은 시작부터 깨달음의 연속이었다. 기차가 정해진 시간에 맞춰 정확히 다니고, 표에 기재된 곳에서 짐을 찾을 수 있다는 것은 놀라운 일이었다. 역에서 짐을 호텔로 보내고 나서 나중에 짐을 제대로 찾을 수 있을까 하는 걱정은 기우였다. 호텔에 도착했을 때 짐은 하나도 빠짐없이 각자의 방에 도착해 있었다.

도요타 공장을 방문했을 때 모토롤라 텔레비전 공장에서 본 것과 동일한 시스템을 보았다. 같이 방문한 미국 자동차회사 사람은 "새로운 것이 없군. 이건 낡은 기술이야."라고 말했다. 그는 뭔가를 잘못 보고 있었다.

슬프게도 1986년 내내 빌 헌터의 상태는 계속 나빠졌다. 조 터너와 테

일본 방문단

리 홈스는 빌 헌터를 빌 박사라고 부르며 서로 친하게 지냈다. 빌 헌터의 임종을 지키던 두 사람은 자기들이 해 줄 것이 없는지 물었다. 그러자 빌 헌터는 "가서 내 무덤이나 파지 그래."라고 말했다. 빌 헌터가 사망하자 두 사람은 직접 땅을 팠다고 한다. 빌 헌터는 1986년 12월 29일 49세의 나이로 사망했다.

1987년 10월 아틀랜틱시티에서 개최된 31차 추계기술위원회는 빌 헌터를 추모하는 행사로 헌정되었다. 그의 아내 주디와 두 아들 잭과 저스틴도 추모행사에 참석했다. 나는 그를 그리면서 추도사를 했다.

1980년대 후반에는 쇠렌 비스가아드, 콘래드 펑과 함께 품질운동을 실천하는 방법을 가르치는 일주일짜리 강좌를 개설했다. 매디슨 캠퍼스에서 강좌를 개최하기도 했지만, 대부분은 다른 지역에 있는 기업체에서 개

어쩌다 보니 통계학자

최했다. 가끔은 스페인, 스웨덴, 노르웨이, 핀란드 같은 외국에서 개최하기도 했다. 수강생은 대부분 기업체에서 일하는 엔지니어들이었다. 존 볼린저 학장의 허가 하에 상당히 비싼 수강료를 받았고, 그 수익금은 CQPI 운영비로 사용했다.

1975년 통계학과에 석사과정을 개설했을 때 펑을 만났다. 그는 빌 헌터가 강의하는 통계학 424 과목 수강생 중 한 명이었는데, 당시는 『실험자를 위한 통계학』이 정식으로 출판되기 전이었기 때문에 등사판을 교재로 사용하고 있었다. 펑은 나중에 강의를 잘한다는 평가를 받았는데, 그는 빌 헌터에게서 배운 것이라며 고마워했다.

석사과정을 마친 펑은 듀폰의 생산 현장에 품질운동을 정착시키기 위한 통계적 자문을 여러 해 동안 하다가 1984년 박사과정을 이수하기 위해 매디슨으로 돌아왔다. 그리고 빌 헌터가 가르치고 있던 미국화학공학회 American Institute of Chemical Engineers의 통계학 과정을 물려받았다. 1986년 박사학위 논문을 제출한 펑은 산업공학과 조교수가 되었고, 비스가아드와 함께 품질개선을 위한 통계적 기법을 가르쳤다. 그는 산업 현장에서 일어나는 현실적인 문제를 특히 중요하게 생각했다.

1992년 펑은 학교를 떠나 자신의 자문회사를 운영했지만 교육현장을 완전히 떠나지는 않았다. 사업을 하면서도 엔지니어들에게 기술과정과 경영과정을 가르치는 전문가 실무 프로그램 공학석사과정의 겸임교수로 일했다.

비스가아드는 그가 산업공학과 학생일 때 알게 됐다. 그가 걸어온 길은 상당히 흥미로웠다. 비스가아드는 덴마크령 그린란드에서 태어났으며, 기계공이 되기 위해 견습까지 마치고 나서 다시 공부를 시작했다. 1985년 박사학위를 받은 비스가아드는 CQPI의 핵심 멤버가 되었다. 비스가아드와 나는 수없이 많은 단기 강좌를 같이 했다. 비스가아드는 산업공학과 교수가 되었고, 1994년부터 1998년까지 CQPI의 센터장을 역임했으며, 1999년 네덜란드에 본부를 둔 ENBIS European Network for Business and Industrial Statistics의 설립에도 중요한 역할을 했다.

비스가아드는 관대한 사람이었다. 한번은 내가 1987년 뉴저지 뉴어크에서 개최된 응용통계학자들의 모임에서 3시간짜리 지도강의를 하기로 되어 있었는데, 그 전날부터 몸이 아프더니 끝내 침대에서 일어날 수조차 없을 정도가 됐다. 강의하기로 한 당일 9시 30분쯤 비스가아드가 우리집에 왔고, 나는 지도강의에서 할 이야기를 설명해 주었다. 강의 내용과 의도를 빠르게 이해한 비스가아드는 나를 대신해 지도강의를 하러 11시 30분에 공항으로 향했다.

비스가아드가 매디슨을 좋아한 이유 중 하나는 매디슨이 멘도타와 모

비스가아드와 나

어쩌다 보니 통계학자

노나, 그리고 윙그라 이 세 호수를 끼고 있다는 것이었다. 비스가아드와 그의 아내 수 엘런은 멘도타 호를 굽어보는 멋진 아파트에 살았고, 보트도 가지고 있었다. 그는 타고난 뱃사람으로 배를 모는 실력이 거의 전문가 수준이었다. 하지만 그가 배를 모는 모습을 보는 것은 쉽지 않았다. 그는 맥주를 마시면서 수다 떠는 걸 좋아했기 때문에 배를 모는 데는 크게 신경 쓰지 않았다. 클레어와 나는 여러 차례 그의 보트를 타고 즐거운 시간을 가졌다. 비스가아드는 엔진이 달린 보트에 강한 반감을 가지고 있었는데, 바람이 불지 않아 호수 한가운데에서 배가 멈추었을 때에도 엔진 거는 걸 망설일 정도였다. 그럴 때면 한참이 지난 다음에야 뭍으로 나올 수 있었다.

스톡홀름에 같이 갔을 때 분위기가 무르익자 비스가아드의 친구가 새로 산 보트를 빌려주었다. 새 보트는 멋지게 목공작업이 되어 있었고, 온갖 전자장비도 갖춰져 있었다. 보트를 타고 출발해서 아름다운 섬 사이를 지나다 보니 어느 순간 다른 보트들과 나란히 달리고 있었다. 이때 비스가아드가 경주를 도발했다. 돛을 활짝 편 보트는 물과 수평을 이루면서 나는 듯 나아갔다. 살면서 많은 승리를 거둔 비스가아드는 그 경주에서도 이겼고 예의 그 멋진 웃음을 보여 주었다.

1988년 미국품질학회는 품질공학이라는 새로운 학술지를 발간하기 시작했는데, 편집장인 프랭크 캐플란Frank Caplan이 내게 도움을 청했다. 나는 기꺼이 도와주기로 하고, '조지의 칼럼'을 연재했다. 나는 이 칼럼에 상식이 문제해결의 중요 요인이라는 평소의 생각을 담았다. 연재한 글의 제목 몇 개를 추려 보면 다음과 같다.

- 품질을 좋게 하면 비용이 적게 든다. 왜 그럴까?
- 품질과 생산성을 향상시키는 경영정책의 변경

- 종이 헬리콥터를 이용해서 엔지니어에게 실험계획 가르치기
- 비교, 절댓값, 그리고 내가 파리 폴리베르제르Folies Bergère 뮤직홀에 갈 수 있었던 방법

이후에는 비스가아드가 '곤경에 빠진 품질'이란 이름으로 칼럼을 연재했다. 이 칼럼에 연재한 글은 여러 동료들과 공동으로 썼는데, 나중에 이 글을 모아서 『거의 모든 것의 개선*Improving Almost Anything*』이란 책을 냈으며, 저자는 '조지 박스와 그 친구들'로 했다.

2008년 비스가아드는 중피세포종 진단을 받았고, 일 년간의 투병 끝에 2009년 12월 59세의 나이로 사망했다. 그의 죽음은 참으로 큰 손실이었다. 클레어가 장례식 때 읽은 존 메이스필드John Masefield의 시 '바다에 몸

사망 직전의 비스가아드와 그의 아내 수 엘런

어쩌다 보니 통계학자

이 달아'는 마치 그를 위해 쓴 시 같았다.

난 다시 바다로 나가야겠네, 그 외로운 바다, 그 하늘로
필요한 건 오직 높다란 배 한 척과 길잡이 별 하나
타륜의 반동과 바람의 노래, 펄럭이는 흰 돛
바다 위 뿌연 안개, 동터 오는 뿌연 새벽뿐

난 다시 바다로 나가야겠네, 뛰노는 물결이 부르는 소리
세차게 또렷이 들려와 차마 저버릴 수 없어라
필요한 건 오직 바람 이는 날의 날아가는 흰 구름
튀는 물보라와 날리는 물거품, 울어대는 바다 갈매기뿐

난 다시 바다로 나가야겠네, 유랑의 집시 생활로
벼린 칼 같은 바람 불어대는 갈매기의 길, 고래의 길로
필요한 건 오직 떠돌이 동무의 흥겹고 신명난 이야기
긴 항해가 끝난 뒤의 아늑한 잠과 달콤한 꿈뿐

_ 1913년 맥밀런에서 출판된 존 메이스필드의 시집 SALT-WATER POEMS AND BALLADS의
55쪽. 이 시는 1902년에 처음 발표되었다.

1987년 봄에 '품질개선에 대한 다구치의 공헌'이란 이름으로 첫 번째
강좌를 열었다. 이 강좌에서 우리가 5년간 연구한 다구치 방법을 설명했
다. 놀랍게도 우리 예상보다 많은 60여 명이나 수강했다. CQPI 사무실에
서는 페이젤, 펑 등이 강좌를 준비하느라 밤늦게까지 일하곤 했다. 통계
학 강좌가 이처럼 많은 관심을 받은 적은 없었다. 품질개선에 대한 관심
이 기업체에서 일하는 과학자로 하여금 효과적이고 효율적인 통계적 방

법을 배우게 만든 것이었다. 1987년 가을에는 '공업실험설계: 품질로 가는 엔지니어의 핵심 도구'라는 두 번째 강좌를 열었다. 이 강좌는 단기강좌로 매디슨뿐만 아니라 기업체에 가서도 강의했다.

1988년의 활동을 보면 당시 품질운동이 얼마나 강렬하게 일어났는지 알 수 있다. 1월에는 '품질과 생산성 개선을 위한 실험설계와 통계적 방법'이란 제목으로 국립과학재단에 3년짜리 연구비를 신청해서 받았다. 4월에는 품질경영과 소비자 만족 분야의 일본인 전문가 나리아키 카노 Nariaki Kano 교수를 매디슨으로 초빙해서 시청 공무원과 MAQIN 회원이 함께하는 자리를 만들었다. 매년 두 차례 가지던 수련회 중 한 번은 우리 집에서 열었는데, 이 수련회에도 다수의 시청 공무원과 MAQIN 회원이 참석했다. 5월 댈러스에서 개최된 품질총회는 한 마디로 성황이었다. 그곳에서 나는 펑, 비스가아드, 마크 핀스터Mark Finster와 함께 '최신 품질 생산성 개선기법 개관'이란 지도강의를 개최해서 좋은 평가를 받았다. 여름이 끝나갈 무렵에는 펑, 비스가아드와 함께 캘리포니아 소노마 카운티에 위치한 휴렛팩커드 3개 부서 직원 60명을 대상으로 단기 강좌를 열었다. 9월에는 스웨덴 쇠데르텔리에에서 스웨덴 공업협회 회원들을 대상으로 동일한 강좌를 진행했다. 이후 바로 영국 ICI로 가서 통계학을 활용한 품질개선에 대해 강연했다. 10월 12일부터 14일까지는 카노 교수를 매디슨으로 다시 초빙해서 두 번의 세미나를 개최했고, 10월 말에는 스튜 헌터와 비스가아드, 그리고 내가 시카고에 있는 제조공학회에서 3부로 구성된 지도강의를 했다.

우리가 개최한 단기 강좌들은 매우 성공적이었기 때문에 1990년에는 이 내용을 비디오테이프로 제작하기로 했다. 이 비디오테이프는 헐리우드에서 카메라맨으로 일하던 아들 해리가 우리 집에서 촬영했다. 품질과 발견의 기법, 과학적 탐구의 반복성, 요인설계, 블록화, 분석을 위한 간단

어쩌다 보니 통계학자

한 그림, 실험을 이용한 제품개발 등 6개 테이프를 하루에 2개씩 3일간 촬영했다. 실험을 이용한 제품개발에서는 대학에서 수업시간에 사용하던 종이 헬리콥터를 이용해서 최적설계실험을 보여 주었다. 비스가아드가 사다리 위에서 종이 헬리콥터를 떨어뜨리면, 스톱워치를 들고 바닥에 앉아 있던 평이 체공시간을 측정했다.

촬영에는 조명 등과 같이 촬영에 따른 여러 부속작업을 하는 사람들이 동원되었기 때문에 집을 드나드는 사람들이 상당히 많았다. 저녁을 먹는 다는 핑계로 집을 빠져나와 식당에서 저녁을 먹는데 클레어가 극심한 현기증을 호소했다. 귀 안쪽의 이상으로 균형감각과 청각에 문제가 생기는 메니에르 증후군Meniere's disease 진단을 받긴 했지만 증상이 이렇게 심하지는 않았었다. 그날 클레어는 너무 어지러워서 거의 걸을 수 없을 정도였다. 식당에서 나와 차를 탈 때쯤에는 현기증이 더욱 심해졌다. 나는 클레어를 차에 태우고 집으로 향했다. 도로의 요철을 피해 천천히 운전하면서 몇 마일 갔는데 갑자기 뒤쪽에서 빨간 불빛이 깜빡였다. 알고 보니 경찰차가 우리를 줄곧 따라오고 있었다. 차를 세운 경찰은 내가 음주상태인지 검사하면서 "위험할 정도로 천천히 운전해서 세웠습니다."라고 말했다. 내가 전후사정을 설명하자 경찰은 자유통행권을 끊어 주었다. 집에 도착하자마자 클레어는 바로 잠자리에 들었다.

몇 년 후 클레어가 복용하고 있던 약이 다리에 극심한 통증을 동반한 출혈을 일으켜 또 한 번의 위급한 상황을 경험했다. 응급실에서 치료를 받은 다음 예전처럼 아주 천천히 운전해서 집으로 가고 있었다. 이번에는 지난번처럼 운이 좋지 않았다. 얼마 가지 못해서 경찰이 차를 세웠고, 그 경찰은 내 이야기를 이해하려 들지 않았다. 운전면허증을 뺏긴 채로 순찰차에 한동안 앉아 있는데, 돌아온 경찰이 "이전에도 제한속도 이하로 운전한 전력이 있군요."라고 말했다. 그 순간 보험회사 직원이 사건개요서에 "보험계약자는 저번에도 차에 치일 뻔했다며 자신의 과실을 인정했다." 라고 기술했다는 차 사고를 당한 친구의 이야기가 생각났다.

우리가 제작한 비디오테이프의 내용은 지금도 유효하다. 비디오테이프는 DVD로 변환되었으며, 시중에서 구할 수 있다.

14장
클레어와의 모험

"뭘 더 알려고 했니?"

"음, 내가 모르는 게 있었어."

> ······ 우리가 어떻게 만났는지를 서문에다 써 놓으면
>
> 절대로 잊어버리지 않을 거야.
>
> 이 단순하고 비밀스러운 계획은
>
> 당신을 정말로 사랑한다는 걸 세상 사람들에게 말하는 거야.
>
> _ 존 오하라O'Hara의 원작을 기반으로 리처드 로저스Rodgers와 로렌츠 하트Lorenz Hart가 쓴
> 뮤지컬 「친구 조이Pal Joey」에 나오는 '내가 책을 쓴다면'이란 노래의 일부. 1940년 브로드웨이
> 에서 공연되었고 1959년 영화화되었다.

클레어와 나는 매디슨 인근에 있는 관리자들을 대상으로 한 품질개선 강좌에서 만났다. 당시 그녀는 매디슨 종합병원에서 심리치료 프로그램의 책임자로 일하고 있었다. 클레어는 아르바이트를 하면서 학교를 다녔고, 간호학 석사를 취득해 위스콘신 대학교 간호대학에서 강의하기도 했다. 합리적이고 독창적인 그녀의 말은 항상 도움이 되었고 마치 한 줄기 빛과 같을 때도 많았다.

수많은 우여곡절을 겪고 간호사가 된 클레어는 제적될 뻔한 적도 있었다고 했다. 그녀는 주변에 아무도 없고 죽음을 목전에 둔 나이든 여자를 돌보고 있었다. 어머니날이 되자 클레어는 어느 꽃집 주인에게 보내는 사람을 밝히지 말고 그녀에게 꽃을 보내달라고 부탁했다. 하지만 그녀의 부탁을 받아 꽃집에 전화를 건 직원이 클레어의 신분을 밝히는 바람에 '환자와의 부적절한 관계'에 관한 수차례의 강의를 들어야 했다고 한다. 나중에 관대한 교수를 만나고 나서야 그 실수를 용서받을 수 있었고, 자꾸만 떨어지는 간호사 모자를 쓰지 않아도 되는 허락도 받을 수 있었다.

클레어와 내가 서로에 대해 알아가고 있을 즈음 클레어는 종양학과에서 늦게까지 일하곤 했다. 그럴 때면 나는 시원한 음료수나 꽃을 사서 차 안에서 기다렸다. 우리는 1985년 9월에 결혼했다. 결혼 1주년 때는 축하의 의미로 매디슨 주변 전원으로 산책을 나갔다. 얼마 가지 않아서 고양이 울음소리가 들려 살펴보니 꾀죄죄한 새끼 고양이가 있었다. 새끼 고양이는 굶주려 있었고 곤경에 처해 있는 것이 분명했다. 우리는 그 새끼 고양이를 집으로 데려왔다. 긴 노란 털을 가진 암고양이였다. 처음에는 애니버서리Anniversary라고 부르려고 했으나 발음하기 어려워 애너벨Annabelle이라고 이름을 지었다. 애너벨은 우리가 키운 첫 번째 고양이로, 나중에 당뇨병을 앓았는데 인슐린 주사를 놓는 일은 내가 맡아 했다. 지금은 덩치가 크고 활발한 고양이 버트를 키우고 있다.

클레어와 결혼할 즈음 지도하던 박사과정 학생들은 내 아내가 어떤 인물인지 조심스럽게 살펴봤다고 한다. 우리는 매디슨 외곽에 있는 수영장이 딸린 현대식 주택을 구입했고, 학생들이 이사를 도와주었다. 새로 이사한 집은 파티하기에 그만이었기 때문에 매디슨에서 개최한 단기강좌 참가자들을 우리 집에 데려와서 환영회를 열기도 했다. 그럴 때마다 학생들은 음식준비에서 배식, 청소까지 도와주었다. 그런 일을 도와

어쩌다 보니 통계학자

주던 학생 중 한 명인 팀 크레이머Tim Kramer가 클레어에게 "우리들은 부인이 조지 박스한테 어울리는 분이라는 결론을 내렸습니다."라고 말했다고 한다.

클레어와 내가 결혼할 때는 CQPI에 소속된 사람들 간에 상당히 강한 동지애가 형성되어 있을 때였다. 아직도 그때의 가족 같은 분위기에 대해 이야기하는 사람들이 있을 정도이다. 사무실 운영을 도맡아 했던 페이젤은 어머니 같이 학생들을 보살폈다. 클레어도 그런 분위기에 잘 적응했고, 도움이 필요할 때면 소매를 걷어붙이고 도와주었다. 클레어는 행사를 조직하는 데도 상당한 역량을 보였다. 기억에 남을 만한 행사를 많이 준비해 주었는데, 몇몇 행사는 참으로 놀라웠다. 한번은 내 생일날 클레어가 시간을 들여서 음식을 장만하고 있었다. 그날 오후 라틴 음악을 연주하는 파라과스Paraguas란 밴드를 이끌고 있던 호세 라미레스José Ramírez라는 베네수엘라 출신 학생이 집에 들렀다. 조금 지나 나머지 밴드 멤버들이 집에 도착하고 나서야 클레어가 준비한 파티라는 것을 알았다.

주말에 학생과 교수 몇 명이 페이젤의 집 외부 전체를 칠한 적이 있는데, 페인트를 칠하는 데도 각자의 개성이 잘 드러났다. 펑은 테두리를 전문가답게 꼼꼼하게 칠하면서도 옷에 페인트 한 방울 묻히지 않았다. 클레어는 측면을 맡았는데, 몇 분도 채 지나지 않아서 머리부터 발끝까지 페인트를 뒤집어쓰고 있었다. 비스가아드는 빗자루와 방충제를 들고 지붕에 올라가 벌집을 제거했다.

클레어는 에지우드 칼리지 학생들과 펑크록 파티를 한 적이 있는데, 당시 클레어는 기괴한 복장에 머리는 여러 가지 색으로 물들여 삐죽 세우고 안전핀을 귀걸이로 하고 있었다. 그날 저녁 우리 집에서는 통계학과 교수들이 모이기로 되어 있었는데, 나는 클레어에게 그대로 있으라고 했다. 참석한 교수들이 그 모습을 보고 즐거워했지만 드레이퍼는 별 반응을 보

내 생일날 연주하는 파라과스. 제일 왼쪽이 호세 라미레스이다.

이지 않았다. 내가 클레어 모습이 어떠냐고 물었더니 "선생님 부인은 뭘
하든 좋습니다."라고 말했다.

　클레어는 1990년대 초 대부분의 에이즈 환자들이 목숨을 잃을 때 에이
즈 환자들을 돌보는 일을 했다. 잠이 부족한 환자 가족을 대신해 환자와
밤을 보내기도 했다. 클레어는 텔레비전을 마치 편안한 담요처럼 생각하
는 환자에게 텔레비전 3대를 밤새 켜주는 가족 이야기를 해 주었다. 환자
를 돌보다 새벽 3시쯤 텔레비전을 끄자, 밤새 한 마디도 하지 않던 그 환
자가 또렷한 목소리로 "텔레비전 안 좋아해요?"라고 묻더란다. 클레어는
텔레비전을 켜두고 나올 수밖에 없었다고 했다. 그 환자의 어머니와 목사
부부까지 만난 클레어는 장례식에도 참석해 환대를 받았다. 목사 부인이
클레어에게 다가와 손을 잡고 자기 옆 자리로 데려갔다고 한다.

　클레어는 에이즈 환자를 돌보면서 감정적으로 동요될 때가 많았다고

　　　　　　　　　　　　　　　어쩌다 보니 통계학자

했다. 글을 쓸 때가 많았는데, 아마도 이별을 고하는 자신만의 방법이었던 것 같다.

  그의 욕실

  벨벳처럼 푸른 작은 수건과
  금빛 작은 수건
  캘빈 클라인 이터너티Eternity 향수
  아몬드 마사지 오일
  자코마Jacoma 수제 장신구
  아베다Aveda 헤어 스프레이
  클리니크Clinique 남성 화장품
  건조한 피부용 니베아Nivea 오일
  살균 비누
  종이 수건
  표백제 분무기
  비닐봉지
  라텍스 장갑
  성인용 기저귀
  사타구니 발진용 파우더
  그리고 줄지어 서 있는 약병들
  하지만 곧 버려야 할 것들

클레어는 인간관계에서 생기는 어려운 문제를 해결하는 특별한 재능이 있었다. 나는 첫 번째 아내 제시를 부당하게 대한 일을 오랫동안 마음의 짐으로 쌓아두고 있었다. 내가 클레어에게 그 이야기를 하자 그녀는 바로 "그럼 제시를 만나서 미안하다고 말하세요."라고 말했다. 그 전까지 그런 생각을 해 본 적이 없었다. 나는 제시에게 편지를 썼고, 제시는 나와 클레어를 초대했다. 우리는 스코틀랜드로 가서 제시와 제시의 아들 내외 사이먼과 웬디를 만나 즐거운 시간을 보내고 돌아왔다.

이후에도 제시가 죽기 전까지 여러 차례 스코틀랜드를 방문해 좋은 관계를 유지하려고 노력했다. 이것은 내가 불가능하다고 생각했던 일이었다. 나로 인한 고통과 내가 느끼는 고통을 없애는 유일한 방법은 그 고통으로부터 도망가는 것이 아니라 그 고통으로 다가가는 것이라는 것을 클레어가 알려 주었던 것이다.

스코틀랜드 애버딘에 있는 동안 아름다운 전원을 거닐고, 산란을 위해 이동하는 연어를 보고, 친구를 만나고, 맛있는 스코틀랜드 위스키를 실컷 마실 수 있었다. 우리가 머물던 전원주택 주인이 일행 중 유일한 미국인인 클레어에게 스코틀랜드 위스키를 좋아하냐고 묻자 그녀는 좋아한다고 대답했다. 그러자 집주인은 큰 잔에 위스키를 가득 채워 그녀에게 주었다. 그날 클레어가 운전했는데, 전혀 술 취한 모습을 보이지 않았다. 그녀는 위스키를 실내에 있던 여러 개의 화분에 나누어 부었다고 이야기해 주었다.

클레어와 나는 서로 사랑하는 사이였을 뿐 아니라 정치적 견해도 비슷했다. 게다가 매디슨은 정치적 견해를 표현하기 좋은 곳이었다. 나는 클레어가 무슨 일을 하든 전혀 간섭하지 않았고, 그녀도 내가 하는 일에 간섭하지 않았다. 그녀는 유니테리언Unitarian 신자들의 모임에서 8년간 '탐구: 영적여행'이란 프로그램을 도왔다. 이 프로그램은 클레어를 비롯한 여러 신자들이 만든 영적교육과정에 기초한 2년짜리 과정이었다. 다수의 사람들이 이 프로그램을 통해 새로운 삶을 얻었다고 한다. 에이즈 환자를

어쩌다 보니 통계학자

돌보는 일과 마찬가지로 이 일도 아무 대가 없는 봉사활동이었다. 하지만 클레어는 항상 충분한 보상을 받고 있다고 말했다.

최근까지도 클레어와 나는 같이 여행을 다녔다. 그 중에서 몇몇은 상당히 특별한 곳이었다. 클레어의 제안으로 캘리포니아 마린 카운티의 포인터라이스 국립공원으로 여행을 간 적이 있다. 그곳은 70,000에이커에 달하는 넓은 지역으로 해안에 바위가 많은 반도였다. 해변이 무척이나 아름다웠고 황량한 고지대에는 초원이 펼쳐져 있었다. 1960년대 주택건설업자들이 이곳에 주택을 지으려고 했으나, 국립공원으로 지정되면서 멋진 자연 경관을 보존할 수 있었을 뿐 아니라 목장을 운영하고 굴을 양식하던 사람들의 생계도 유지할 수 있었다.

우리는 잘 조성된 트레킹 길을 몇 마일 걷다가 고풍스러운 인버네스 마을에서 머물기로 했다. 그곳에서 펍과 레스토랑 뿐만 아니라 심지어 치과까지 들렀다. 치과에서는 위쪽 의치를 순식간에 고쳐 주어서 다음날 이에 치관을 씌우지 않고도 강의를 할 수 있었다. 여러 가지 문화행사도 있었는데 그 중 「밀크우드Milkwood 아래서」라는 연극을 보았다. 배우들은 내가 들어 본 적이 없는 이상한 웨일스 억양으로 말했다.

우리는 포인터라이스 국립공원을 여러 번 여행했다. 우리 부부는 톰, 헬렌과 함께 온갖 동물들이 가득한 곳을 거닐기도 했다. 한번은 멀리 떨어진 곳에 있는 덩치가 큰 동물을 발견하고는 그것이 뭔지 한참을 이야기했다. 남자들은 퓨마라고 하고, 여자들은 보브캣이라고 했다. 오늘 다시 그 이야기를 한다고 해도 의견 일치를 보긴 힘들 것이 분명하다.

해안공원의 또 하나 독특한 점은 등대이다. 해안공원이 위치한 반도는 북미에서 안개가 가장 많이 끼는 지역이기 때문에 등대는 필수적이다. 1870년에 절벽 중간쯤에 지은 등대에 가려면 계단을 308개나 내려가야 했다. 1906년 샌프란시스코 지진으로 인해 반도와 함께 등대도 북쪽으로

포인터라이스 국립공원

20피트 이동했지만 손상은 입지 않았다고 한다.

　이 지역의 원주민은 수렵채취 생활을 하던 미웍Miwok이었다. 1579년 프랜시스 드레이크Francis Drake 경과 원주민의 첫 만남은 평화로웠다. 드레이크는 골든힌데 호를 타고 어렵게 오늘날 드레이크 만이라고 불리는 이곳으로 왔다. 비바람으로부터 안전한 드레이크 만에서 아무 방해도 받지 않고 배를 수리하고 물자를 보충할 수 있었다. 우리가 처음 이곳에 여행 오기 한두 해 전에 영국 제독이 참여한 기념식에서 지난 역사를 기념하는 명판을 설치했다고 한다. 스페인 사람들은 이 지역을 뿐토데로스레이예스Punto de los Reyes, 즉 라이스포인트라고 이름 붙였고, 미웍 사람들을 끌어들이기 위해 교회를 지었다고 한다.

　나는 스탠포드 대학교 첨단행동과학연구소Institute for Advanced Study in

the Behavioral Sciences의 초청으로 1990년부터 1년 동안 스탠포드에서 지냈다. 덕분에 클레어와 나는 캘리포니아 북부 해안을 더 둘러볼 수 있었다. 스탠포드에서 보낸 1년 동안 사회학자, 심리학자, 행동과학자, 화학자, 통계학자 등 상당히 다양한 사람을 만날 수 있었다. 연구원들에게 독립된 공간을 배정해 주었기 때문에 연구원들은 아무 방해도 받지 않고 연구할 수 있었다. 자그마하지만 도서관과 언제든지 도와줄 준비가 된 직원도 있었다.

한 가지 흥미로운 일은 매주 개최되는 세미나였다. 세미나는 저녁에 열렸는데, 전채 요리로 시작했고, 좋은 포도주가 곁들여졌다. 한 가지 필수사항이 있었는데 모든 연구원이 아무런 전문지식이 없는 사람도 이해할 수 있도록 정제된 짧은 발표를 해야 하는 것이었다. 나는 이 세미나에서 반딧불이의 이상한 행동을 배웠다. 발표자였던 제럴드 마인월드Jerrold Meinwald라는 유기화학자는 암컷 반딧불이가 내보내는 깜빡이는 불빛 신호의 길이가 암컷마다 다르다고 했다. 그뿐만 아니라 다른 암컷인양 불빛 신호를 보내어 이 신호에 유혹된 수컷을 잡아먹는 반딧불이 종도 있다고 했다.

클레어와 나는 카리브 지역을 좋아했다. 세인트루시아와 바베이도스도 좋아했지만, 도미니카를 가장 좋아했다. 카리브 지역 사람들은 크리켓을 무척 좋아한다. 국제적인 크리켓 경기는 주로 영국, 호주, 남아프리카공화국, 뉴질랜드, 서인도제도 간에 벌어진다. 이때 서인도제도 팀은 한때 영국령이었던 카리브 국가의 선수들로 구성된다. 크리켓 경기에 대한 주민들의 열기는 엄청나다. 어디를 쳐다봐도 공과 나무 배트를 들고 크리켓을 즐기는 사람들을 볼 수 있다.

도미니카의 한 쪽 끝에서 다른 쪽 끝으로 가기 위해 택시를 탔던 일은 결코 잊을 수 없다. 택시기사와 그의 친구 한 명이 영국과 서인도제도 간의 크리켓 경기 라디오 중계방송을 듣고 있었다. 그 경기에서 서인도제도가 이기자 두 사람이 기뻐하는 모습은 뭐라고 표현할 수 없을 정도였다.

신선한 공기 때문인지 크리켓 경기 때문인지 잘 모르겠지만 도미니카 사람들은 멋있게 보였다. 매주 호화 유람선을 타고 오는 관광객들과는 상당히 대조적이었다. 부두에서 사진을 찍는 관광객이 있기는 했지만 놀랍게도 대부분의 관광객들은 유람선에서 아예 내리지도 않았다. 배에서 내린 사람들도 해변을 따라 고작 몇 백 야드 정도 걷다가 돌아가는 게 전부였다. 이들은 자신들이 지금 무엇을 놓치고 있는지 전혀 알지 못했다.

우리가 스칸디나비아로의 여행을 즐기게 된 것은 클레어의 조부모가 모두 스칸디나비아에 살고 있었기 때문이다. 1987년 핀란드 탐페르에서 2차 국제통계학회가 열렸는데, 그곳의 물은 카리브 지역과는 비교할 수 없을 정도로 차가웠다. 학회가 시작되기 전 카테리나Katerina와 라스-에릭Lars-Erik을 만나 스톡홀름에서 헬싱키까지 배를 타고 갔다. 라스-에릭은 탐페르까지의 기차여행에도 동반해 주었고, 러시아와의 국경선 부근에 있는 자기 시골집에도 데려가 주었다.

학회를 총괄한 따르모 뿌낄라Tarmo Pukkila 박사는 행사가 없는 한가한 오후에 탐페르에서 25킬로미터 정도 떨어진 호숫가로 우리를 안내했다. 그곳에는 남자용과 여자용 사우나가 2개 있었다. 호수 주변에는 아직도 살얼음이 끼어 있었는데 이제 막 날씨가 풀리기 시작한 것 같았다. 사우나에서 몸을 데운 다음 호수로 뛰어들었다가 다시 사우나로 달려오는 것이 원래의 계획이었지만, 나는 발만 살짝 담그고 말았다. 같이 갔던 다른 사람들도 크게 다를 건 없었다. 그런데 호수로 달려가는 두 명의 여자가 눈에 들어왔다. 다름 아닌 뿌낄라 부인과 클레어였다. 그들은 호수로 뛰어들어 잠시 동안 얼음처럼 찬 호수에서 수영하다가 사우나로 달려 들어갔다. 남자들은 사우나 창문을 통해 이 모습을 지켜보며 즐거워했다. 누군가 "또 나온다."라고 소리쳤고, 이들은 3번이나 호수로 뛰어들었다.

클레어와 같이 여행한 곳 중에서 가장 흥미로웠던 곳은 이집트였다. 이집트는 가장 더웠던 곳이기도 했다. 1991년 카이로에서 국제통계학회가 열렸을 때 나는 클레어, 에이브러햄과 부인 애너마Annamma, 비제이 나이르, 론 샌드랜드Ron Sandland 등을 동반하고 학회에 참가했다. 먼저 이스라엘에서 열린 공업통계 국제심포지엄에 참가한 다음, 텔아비브로 가서 텔아비브 대학에서 통계학을 가르치던 제자 데이비드 스타인버그David Steinberg를 만났다.

텔아비브에서 카이로로 가는 비행기를 타기 위해 공항에 갔는데, 비행기 출발 4시간 전에 도착했다. 보안검색을 상당히 엄격하게 해서 시간이 많이 걸릴 거라고 데이비드가 미리 알려 주었기 때문에 호텔에서 일찍 나왔던 것이다. 실제로 한 사람 한 사람 세세히 질문하고 조사했기 때문에 보안검색의 대기행렬은 줄어들 기미가 보이지 않았다. 어떻게 그 긴 기다림을 이겨냈는지 기억나지 않지만, 내가 "정상과정stationary process을 이제야 보게 되는군."이라며 우리끼리만 알아들을 수 있는 우스갯소리를 했다고 후에 나이르가 말해 주었다. 마침내 우리 순서가 되었고, 무장한 보안검색원들이 꼬치꼬치 물어보자 국제통계학회에서 논문을 발표할 예정이라고 대답했다. 그러자 우리에게 각자 몇 분씩 발표를 해보라고 했다. 나는 가방에서 발표 자료를 꺼내 오버헤드 프로젝터에 올려놓고 즉석 발표를 해야 했다.

카이로에 도착해 받은 첫 인상은 1,500만 명 정도가 사는 대도시임에도 질서가 전혀 없고 한마디로 아수라장이라는 것이었다. 말레이시아에서 자란 나이르는 이런 상황에 잘 대처했다. 그는 손을 들고 복잡한 거리로 걸어들어 갔다. 그러자 모세의 기적처럼 차량행렬이 갈라지며 그가 지나가게 해 주었고, 우리도 그 뒤를 따라갔다.

이후 국립박물관에 들렀는데 나는 그곳에서 이집트 정부가 제대로 작동하지 않는다는 것을 분명히 알 수 있었다. 국립박물관에는 유명하고 귀한 유물들이 전시되어 있었지만, 안타깝게도 제대로 보존되고 있지 못했다. 뉴욕과 런던에 투탕카멘이 전시되었을 때 이를 보려는 사람들이 길게 늘어서 있는 모습을 텔레비전에서 본 적이 있다. 바로 그 투탕카멘이 외딴 방에 아무렇게나 놓여 있었고 가면도 방치되어 있었다.

룩소르에 있는 왕가의 계곡Valley of the Kings으로 여행했을 때는 사람들이 기어갈 수 있을 정도의 큰 터널을 통해 무덤에 들어갔다. 묘실 벽에는 화려한 색으로 치장한 인물들이 그려져 있었다. 아마도 최근에 개봉한 무덤 같았다. 이 무덤도 역시 제대로 관리되고 있지 않다는 느낌을 지울 수 없었다.

달빛을 받으며 나일 강을 오르내리는 유람선 선상에서는 벨리 댄서의 공연을 보면서 저녁을 먹었다. 벨리 댄서는 춤을 가르쳐 주겠다면서 나를 무대로 끌어냈다. 왜 그녀가 나를 지목했는지는 알 수 없지만, 나름 잘 따라하려고 노력했다.

이집트로 같이 여행을 갔던 사람들은 클레어가 간호사로서도 소중한 사람이라는 것을 실감했을 것이다. 이집트를 떠나기 바로 전날 뭘 잘못 먹었는지 일행 모두 탈이 났다. 인도에서 온 애너마 에이브러햄이 카레같이 매운 고기를 먹으면 낫는다고 했다. 속이 좋지 않았지만 카이로에서의 마지막 날이기도 해서 매운 카레를 제공하는 아시아 뷔페식당을 찾아갔다. 그런 중에도 클레어는 매운 카레가 도움이 안 될 경우를 대비하고 있었다. 클레어는 싸이프로cipro정을 조금씩 나누어 주었고, 그 덕분에 집으로 오는 긴 비행시간을 고통스럽지 않게 보낼 수 있었다.

클레어가 대단한 사람이란 것을 아는 데는 그다지 많은 시간이 필요하지 않았다. 우리 집을 설계하고 지을 때도 그걸 알 수 있었다. 처음 구입

클레어와 나

한 집은 살기는 좋았지만 학교에서 좀 멀어서 출퇴근하는데 시간이 많이 걸렸다. 그래서 학교에서 2마일 정도 떨어진 쇼어우드에 있는 오래된 집을 사서 옮겼다. 원래 목조 단층집이었던 것을 2층으로 증축한 집이었다. 내 연구실은 2층에 있었다.

그 집에서 6년을 살고 나니 계단을 오르내리는 것도 힘든 나이가 되어 있었다. 단층집을 물색했지만 우리에게 맞는 집을 찾을 수 없었다. 그래서 쇼어우드의 집을 살 때 함께 구입했던 집 뒤의 땅에 집을 짓는 것이 좋겠다는 생각을 하게 되었다. 클레어는 그동안 그곳을 정원으로 꾸미고 나무도 심어 잘 가꾸어 놓았었다. 나는 집에 관해 아는 것이 별로 없었기 때문에 "당신이 알아서 짓는다면 그렇게 해요. 대신 이런저런 간섭은 하지 않겠어."라고 말했다.

친환경 집을 짓고 싶었던 클레어는 그런 철학을 가진 건축회사를 물색한 후 집을 설계했다. 그녀는 미적인 면과 접근성을 염두에 두고 설계했다. 연구실을 비롯해서 내가 필요한 것들은 전부 1층에 배치했고 멋진 정원도 볼 수 있게 해 주었다. 집을 짓는 동안 클레어는 매일 아침 크림빵을 들고 공사현장에 들러 일꾼들을 격려하며 자연스럽게 공사 진척사항을 점검할 수 했다. 일꾼들은 이런 클레어를 고맙게 생각했다. 다행히 건축업자는 장인정신이 투철한 사람이었다. 그는 클레어가 아버지를 간호하러 간 사이 혼자서 여러 가지 결정을 내려야 했지만 클레어를 실망시키지 않았다.

클레어는 나무 위로 열리는 큰 창문 옆에 안락한 의자 2개를 마주 보게 놓았다. 그 의자에 앉으면 나무가 우거진 멋진 정원을 볼 수 있었다. 모이통 주변에 모여든 새도 볼 수 있고, 다람쥐와 너구리가 돌아다니는 것도 볼 수 있었다. 우리는 이야기를 나눌 때도 있지만 아무 말 하지 않고도 몇 시간이고 창가에 앉아 있곤 했다.

어쩌다 보니 통계학자

15장
다재다능한 맥

"어지러울 땐
건초가 최고야."

폴 맥 버도우 교수는 오랫동안 나의 절친한 친구였다. 그는 위스콘신 대학 도시환경공학과 교수로 28년간 재직했으며 오폐수 처리의 세계적 권위자였다. 그는 식수공급문제 전문가로 세계적 명성을 얻었고, 주로 가난한 나라에서 진행되는 해외 프로젝트에 많은 시간을 보냈다.

깨끗한 물은 생명 유지에 필수적인 요소이다. 그런데 세상에는 일정량의 물 밖에 없기 때문에 우리는 물을 재활용할 수밖에 없다. 자연은 스스로 물을 정화해 왔는데 바로 호기성 미생물이 그런 정화작용을 수행한다. 깨끗한 물에는 10 ppm 정도의 산소가 녹아 있다. 시냇물이나 강물 또는 바닷물을 검사해 보면 이보다 약간 적은 양의 산소가 녹아 있는 것을 알 수 있는데 이는 자연 상태의 물이 어느 정도 오염되어 있다는 것을 뜻한다. 호기성 미생물은 산소를 소비하면서 오염물질을 영양분으로 흡수한다. 따라서 오염물질이 많으면 산소가 더 많이 용해되어야 한다. 지구에는 영구적인 물 정화장치가 있다는 말이다. 현재 대부분의 도시에서 사용하는 하수처리방식인 활성슬러지법[89]은 호기성 미생물을 이용해서 짧은

폴 맥 버도우와 나

시간에 하수를 정화시키는 방법이다.

버도우와 빌 헌터는 오랫동안 여러 프로젝트를 같이했다. 그들의 우정
은 1960년대 버도우가 학생이었던 시절로 거슬러 올라간다. 졸업 후 독
일에서 일하던 버도우는 1971년 공대 교수가 되어 매디슨으로 돌아와 대
학 내에 숙소를 마련했다. 빌 헌터는 빵, 소금, 포도주를 가지고 버도우의
숙소를 방문했다. 빌 헌터는 "빵은 굶주리지 말라는 의미이고, 소금은 삶
에도 맛이 있어야 한다는 의미이며, 포도주는 기쁨과 번영이 오랫동안 깃
들라는 의미입니다."[90]라고 말했다.

시기는 달랐지만 버도우와 빌 헌터 두 사람 모두 나이지리아에서 살았
던 적이 있었다. 나이지리아가 영국에서 독립한 지 10년이 된 1970년에

어쩌다 보니 통계학자

라고스에서 몇 달 지낸 버도우는 독립 직후의 혼란을 직접 목격했다고 한다. 그가 라고스에 도착했을 때 80만 시민의 90%가 공동수도나 공동우물 또는 오염된 하천에서 식수를 구하고 있었으며, 위생시설이라고는 전무했다고 한다.[91] 버도우는 다요인 실험으로 연구했고, 그 결과 깨끗한 식수의 공급량을 두 배로 늘릴 수 있었다. 그는 1922년 영국에서 제작된 큰 침전탱크를 연구에 이용했다. 버도우가 지내던 곳에 악어 두 마리가 살고 있었는데, 악어는 때때로 담장에서 일광욕을 하기도 했다. 버도우가 위스콘신으로 돌아와 공대생들에게 실험설계를 가르칠 때 침전탱크에 악어가 있는지 없는지를 변수로 사용했다고 한다.

1980년 후반부터 1990년대에 걸쳐 국립과학재단의 연구비를 받아 버도우와 함께 폐수처리장 운영 개선 연구를 진행한 것은 행운이었다. 우리는 폐수의 농도를 나타내는 변수와 폐수처리공정과 관련한 변수를 이용해서 처리된 폐수의 질을 예측하기 위해 두 개의 자료를 분석했다.[92] 폐수처리가 제대로 되고 있는지를 사전에 탐지하는 데 예측 결과를 사용할 수 있을 것이라고 생각했던 것이다.

수질문제 전문가였던 버도우는 여러 차례 인도네시아로 초빙되어 인도네시아 정부에 환경관리기술에 관한 자문을 했고, 초빙교수로도 두 번 방문했으며, 공대 캠퍼스 설계에도 참여했다. 그가 참여한 가장 큰 프로젝트는 자바 섬의 산업공해를 방지하는 것과 관련한 것이었다. 발리로 같이 여행을 가자며 클레어와 나를 초대했을 때, 이 지역에 익숙한 버도우의 덕을 많이 봤다.

나는 1963년 연구와는 상관없는 일로 인도네시아를 방문했다. 정치적 혼란을 겪고 있던 인도네시아를 지원할 계획을 가지고 있던 위스콘신 대학의 에드윈 영Edwin Young 학장이 1963년 나에게 인도네시아로 가서 반둥 인근에 있는 대학을 지원하는 계획을 검토하고 오라고 했다. 이 일은 포드 재단의 지원으로 진행되었다. 당시는 수카르노 인도네시아 대통령이 중국 공산정권과의 관계를 강화하고 영국이 지원하는 말레이시아연방의 결성에 격렬하게 대항하고 있었기 때문에 긴장이 고조되던 때였다. 내가 도착하기 직전인 9월 16일에는 대규모 시위로 영국대사관이 불타는 일도 있었다. 영국군 소령 로더릭 워커는 스코틀랜드 의상을 갖춰 입고 백파이프를 불며 불타는 영국대사관 앞을 행진하면서 폭동에 항거했다.

자카르타에서는 일본이 피해배상 명목으로 지어준 그곳의 유일한 호텔에 묵었다. 호텔식당에 들어섰을 때 식당이 텅 비어 있는 것 같았다. 하지만 한 쪽 구석에 앉아서 살펴보니 반대편 구석에 불에 타버린 영국대사관에 근무하는 영국 외교관들이 앉아 있었다.

포드 재단이 운전기사까지 붙여 주었기 때문에 여행은 한결 수월했다. 이 운전기사는 운전 외에도 한 가지 일을 더 해 주었다. 도청할지도 모르니 절대로 전화를 사용하지 말라는 충고를 들었기 때문에 주로 편지로 교신했는데, 운전기사가 편지를 전달하는 일을 해 주었다.

우리는 자카르타와 반둥을 오가는 여행을 여러 차례 해야 했는데, 하루는 운전기사가 차를 배수로로 몰고 가는 통에 매우 놀랐던 기억이 있다. 상당히 좁은 도로에서 두 대의 무장차량 뒤에 롤스로이스가 뒤따르고 그 뒤를 두 대의 군용트럭이 뒤따라 오고 있었는데, 우리 차선으로 빠르게 달려왔기 때문에 일어난 일이었다. 도로로 다시 들어선 운전기사는 대통령 행렬이라고 말했다. 수카르노는 항상 이런 식으로 이동한다고 했다.

한번은 수카르노가 길 반대편에 있을 때 포드 재단에서 온 동료와 길을 건너야 했다. 중무장한 군인들이 주변을 경호하고 있었기 때문에 길을 건너면 위험하다는 것이 분명했지만 같이 있던 동료는 전혀 개의치 않고 길을 건너더니 나보고 건너오라고 손짓까지 했다. 포드 재단 사람들은 그런 정도는 제약이라고 생각하지 않는 것 같았다.

　　　　　　　　　　　　　　　어쩌다 보니 통계학자

우리는 발리를 정말 좋아했다. 버도우와 수Sue는 바다 가까이에 있는 오두막을 우리 숙소로 잡아두었는데, 단출했지만 편하고 멋진 곳이었다. 클레어와 나는 매일 아침 6시에 일어나 바다를 굽어보는 작은 식당에서 커피를 마신 다음 산책을 했다.

아름다운 해변에는 관광객들에게 물건을 팔려는 젊은이들이 많았다. 그들은 항상 특별히 싼 가격에 판다고 했다. 매일 세웠다 허무는 바닷가 천막상점에서 자질구레한 장신구와 의류를 팔았다. 상점에서 일하는 여성들은 한눈에 우리가 관광객임을 알아보았고, 우리가 부르는 대로 가격을 지불하려고 하자 깜짝 놀랐다. 우리는 10번 상점에서 일하는 애니를 알게 되었는데, 그녀는 버도우와 수의 친구이기도 했다. 애니는 클레어에게 흥정하는 법을 가르쳐 주었다. 석사학위까지 받은 클레어는 완전히 새로운 세계의 교육을 받아야 했다. 내 기억에 부르는 가격은 예상판매가격의 2배 정도 되었던 것 같고, 흥정을 통해서 예상판매가격까지 조금씩 깎아야 한다고 했다.

어린 아이를 가르치는 선생님이었던 수는 학생들에게 줄 선물로 장신구를 구입했다. 수가 구입해서 미국에 들여오는 물품 목록을 본 밀워키 세관은 버도우와 수를 밀수업자로 의심했다고 한다. 목록에는 바구니 20개, 인형 12개 등이 기재되어 있었는데, 이것들이 여섯 살짜리 아이들에게 줄 값싼 기념품이라는 사실을 설명하는 데 애를 먹었다고 한다.

발리 사람들은 뛰어난 예술적 감각을 가지고 있으며, 특히 목각에 뛰어났다. 목각 장인은 4명에서 6명 정도 되는 소규모의 제자들에게 기술을 전수했다. 극도로 조심스럽게 천천히 작업했기 때문에 한 작품을 완성하는 데 몇 주가 걸리기도 했다. 우리는 크기가 4피트 정도 되는 정교하게 조각된 춤추는 소녀상을 구입했다. 단단한 흑단목으로 만든 것으로, 상당히 무거웠다. 우리는 이 정교하고 무거운 조각상을 아무 손상 없이 미국까지 10,000마일을 어떻게 운반할지 고민했다. 하지만 전혀 걱정할 필요가 없는 문제였다. 발리에는 이런 물건을 포장해서 발송해 주는 전문업체가 있었다. 우리가 구입한 소녀상은 무사히 집에 도착했고, 지금도 우리집 복도에 서 있다.

발리는 밀랍을 이용해서 염색하는 바틱batik 프린트로도 유명하다. 우리도 한 작품을 구입해서 벽을 장식했다.

다재다능한 버도우는 웃기는 희곡을 쓰는 재주도 가지고 있었다. 특별한 행사를 할 때면 아무 말도 없이 자기가 쓴 희곡을 나눠주곤 했다. 손님들에게도 역할을 주었으며, 즉석에서 공연했다.

버도우는 지역신문을 패러디하는 「매디슨모니터The Madison Monitor」라는 신문에 재미있는 시를 투고하기도 했다. 한번은 「매디슨모니터」에 '사회학자로 오해받은 버도우'라는 제목의 기사가 실렸다.

지난 토요일 저녁 한 통계학자가 버도우에게 다가가 "누구시더라 …… 아, 사회학자 맞죠?"라고 말했다.

버도우는 사회학자가 되고 싶었지만 큰 망치와 수류탄만 이용해서 문을 통과해야 하는 최종 실기시험에 떨어졌다고 했다. 문이 잠겨 있어서 벽을 부수고 통과했기 때문이었다. F 학점이 공정하지 않다고 생각했지만, 사회학평가위원회는 그에게 도시공학을 공부하는 게 좋겠다며 결정적 한방을 날렸다고 한다.

버도우가 '제기랄'이라고 중얼거리자, 그들은 "자네에게는 공학이 더 잘 맞을 것 같네."라고 말했다.

한 회의에서 "자신이 원하는 것을 가질 수 있으면 자신이 부자인지 가난한지에 대해 걱정할 필요가 없다."라고 주장한 이래 아주 촉망받는 사회학도로 인정받고 있었는데도 불구하고 말이다.

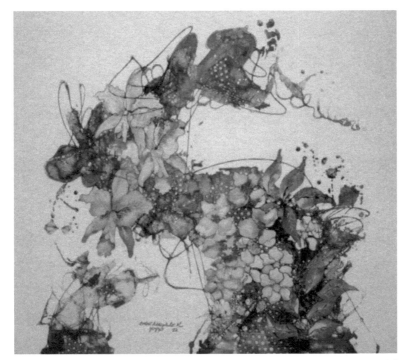

바틱

춤추는 발리 소녀상

공대 교수가 사회학자로 오해받는 것을 어떻게 생각하는지 공대 학장인 볼린저에게 물었다. 볼린저 학장은 "공대 교수들에게 깨끗하게 면도하고 넥타이 매고 다니라고 해야겠어요. 이게 우리 문제예요. 노르웨이 출신 화학공학 교수에게도 문제가 있고요."라고 말했다.

「매디슨모니터」에 '그건 크리켓이 아니야'라는 제목의 글이 실린 적도 있다.

영국은 스포츠 경기를 도덕률로까지 격상시킨 유일한 나라이다. 미국인이 "이봐, 그건 야구라고 할 수 없어."라거나 일본인이 "그건 스모가 아니야."라고 말하지는 않는다.

어느 저녁 식사 시간에 로빈이 영국인에게 크리켓에 대해 설명해 달라고 부탁했다.[93] 그녀의 미모에 넋이 나간 영국인은 장황하게 설명했다.

로빈이 투수, 오른쪽에 있는 야수, 수비수, 곡구 같은 요상한 크리켓 용어에 관심을 보이자 그는 상당히 고무되었다. 30분 정도 설명한 다음 지친 듯 등을 대고 앉으며 식민지 주민에게 크리켓의 신비를 풀어줌으로써 영국과 미국의 관계개선에 일조를 했다는 듯 만족해하는 표정을 지었다. 로빈은 한동안 그를 쳐다보다가 경이로운 듯 머리를 가로저으면서 "말을 타고 그런 걸 하다니 정말 기가 막히는군요."라고 말했다.

_ 저자인 폴 맥 버도우의 허락을 받아 「매디슨모니터」에서 발췌함.

버도우와 나는 여러 해 동안 '으깬 감자요리 동호회'의 회원으로 활동했다. 이 동호회는 진정한 으깬 감자요리를 먹자는 단순한 모임이었다. 위스콘신 지역의 전형적인 한 간이식당에서 우리가 원하는 으깬 감자요리를 찾았다. 가족이 운영하는 식당이었는데 한 쪽은 술집, 다른 한 쪽은 식당으로 꾸며져 있었다. 매주 한 번 고기찜과 으깬 감자, 그레이비gravy를 내는 특식을 제공했는데, 버도우와 나는 이 특식을 거르지 않았고, 때로는 동료들을 데려가기도 했다. 안타깝게도 이 식당이 문을 닫는 바람에 새롭게 '남자들의 밤나들이'라는 모임을 결성했다. 이 모임에는 친구 브라이언 조이너와 윌 자웰will Zarwell도 동참했다. 내가 93세가 되어 거동이 불편해지자 모임 이름을 '남자들의 딴 집 밤나들이'로 바꾸고, 우리 집으로 타이 음식을 배달시켜 먹었다.

16장
영국에서의 삶

"얼마나 멀리 가느냐가 문제라고?
건너편에도 해변이 있는 건 알고 있지?"

1955년 ICI를 떠나 프린스턴에 갈지 고민하고 있을 때 커스버트 대니얼이 남은 생애를 미국에서 보낼 생각이 있는지 물었었다. 그 후 계속 미국에서 살았지만, 영국에서도 상당한 시간을 보냈다. 영국에는 잭 형과 조이스 누나를 비롯한 내 가족이 살고 있었기 때문에 정기적으로 그들을 방문했다. 내 자식들도 친척들과 교류하고 영국에 대해서도 알고 살았으면 했다. 대부분 일 때문에 영국에 가긴 했지만 갈 때마다 짬을 내서 고국을 여행하려고 애썼다.

1963년 조이스 누나가 병에 걸렸다는 소식을 받았다. 나는 의사에게 편지를 보내 누나의 병에 대해 물어보았고 의사는 걱정하지 않아도 된다는 답을 주었다. 의사의 답을 받은 지 일주일 후에 의사에게 다시 한 통의 편지가 왔다. 조이스 누나와 다른 환자를 헷갈렸다면서 조이스 누나가 암에 걸렸고 앞으로 6개월 정도밖에 살 수 없다는 내용이었다.

1960년대는 불치병 환자에게 그 사실을 알려 주지 않아야 한다고 생각하던 시절이었다. 나도 그 견해를 따랐고 일주일의 시간을 내서 영국으

조이스 누나

로 갔다. 오후에만 면회가 허락되었기 때문에 조이스 누나에게는 자문 때문에 왔는데 오전에만 일하면 된다고 말했다. 누나가 내 말을 믿었는지는 모르겠다. 여러 차례 영국을 방문했지만, 조이스 누나의 병문안 차 방문한 것이 가장 가슴 아픈 방문이었다. 나와 절친했던 조이스 누나는 52세에 죽었다. 누나가 그립다. 가끔 아내 클레어의 모습에서 조이스 누나를 떠올리기도 한다.

시간이 흘러 1980년대 클레어와 함께 방문할 때는 일찌감치 말로 인근에 있는 컴플릿앵글러 호텔을 예약해 두었다. 히드로 공항에 도착하면 시차 때문에 상당히 피곤한데 다행히 공항에서 멀지 않은 곳에 호텔이 있었다. 템스 강가 전원에 위치한 컴플릿앵글러 호텔은 평화롭고 조용해서 영국 여행을 시작하기 좋은 곳이었다. 방은 항상 준비되어 있었고, 호텔

어쩌다 보니 통계학자

종사자들은 우리가 아무 불편 없이 지낼 수 있게 해 주었다.

피셔 옆집에 살던 헤스터 부인의 아들이 호텔경영학을 공부했는데, 우연히도 우리가 컴플릿앵글러 호텔에 머물 때 그 호텔 책임자로 일하고 있었다. 그는 헨리 키신저Herry Kissinger에 얽힌 이야기를 해 주었다. 호텔로 전화한 헨리 키신저는 오나시스 부인이 사용할 방이 6개인 고급 객실을 일주일간 예약하고 싶다고 했다. 객실 담당 매니저는 빈 방이 없을 뿐더러 방이 6개나 되는 고급 객실은 아예 없다고 대답했다. 때를 쓰던 헨리 키신저가 "영국 왕실에서 요청한다고 생각하면 안 되겠소?"라고 하자 매니저는 "영국 왕실이라면 사전에 품위 있게 요청했을 겁니다."라고 대답했다고 한다.

클레어와 여러 차례 영국 여행을 하면서 우리 나름의 여행 경로가 자연스럽게 정해졌다. 딸 마거릿과 사위 케빈 펜더, 그리고 손자 제임스와 함께 셰피 섬에 사는 글래디스는 빠뜨리지 않고 방문했다. 어린 제임스는 '뼈가 없는 바나나가 좋아요'란 노래를 불렀고, 깔깔대며 식탁 주변을 뛰어다녔다.

글래디스는 항상 우리를 따뜻하게 맞아주었고 차를 권하며 잘 가꾼 넓은 정원을 보여 주었다. 셰피 섬에는 피시앤칩스를 잘하는 집이 있었기 때문에 적어도 한 번은 진짜 영국 음식을 먹을 수 있었다. 글래디스와 함께하는 시간은 늘 즐거웠다. 글래디스와 함께 그레이브젠드 해변에 판자를 깔아 만든 길을 걷다 보면 "안녕, 글래디스"라고 인사하는 많은 사람들을 만날 수 있었다. 사탕과 담배를 파는 글래디스의 가게에 들르는 사람은 글래디스의 위로도 받을 수 있었다. 그녀는 온갖 문제에 대해 조언과 위로를 아끼지 않았다.

부근에 있는 브라이틀링시에는 매리와 조지 바너드가 살고 있었다. 그곳에서는 환대를 받는 것은 물론 차와 매리가 담근 사과주도 마실 수 있었다.

다음에는 해리 피셔를 방문했다. 해리는 달리아dahlia의 유전에 관심이 많았고, 채소도 직접 재배했다. 수학에 관한 한 하루 종일 나와 이야기할 수 있을 정도였다. 클레어만 옆에 없었다면 그랬을지도 모른다.

시간이 나면 그 다음으로 메그 젠킨스와 그녀의 아버지 버트를 방문했다. 이렇게 진행되는 우리 여행은 항상 즐거웠다. 클레어에게는 고국이라고 부를 수 있는 또 다른 나라가 생겼고, 어느새 도로 왼쪽으로 운전하는 것에도 익숙해졌다.

전쟁 동안 일하던 실험실은 솔즈베리에서 8마일 떨어진 곳에 있었다. 그곳에는 1258년에 완공된 탑 높이가 404피트나 되는 아름다운 대성당이 있는데, 일요일에는 버스를 타고 솔즈베리로 가서 대성당 주변의 조용한 곳에서 책을 읽곤 했다.

내가 영국에 있을 때 나를 보겠다며 비행기를 타고 영국으로 날아온 클레어를 데리고 솔즈베리에 간 적이 있다. 피곤해 하는 클레어를 호텔에 남겨 두고 대성당을 보러 나갔다가 뜻하지 않은 멋진 광경을 보았다. 그곳에는 '런던 심포니 오케스트라'라고 쓰인 대형버스가 서 있었고, 성당 안에는 블라디미르 아슈케나지Vladimir Ashkenazy가 셔츠 차림으로 오케스트라 반주에 맞추어 피아노에 앉아 라흐마니노프의 피아노 협주곡 2번을 연습하고 있었다. 나는 호텔로 돌아가서 클레어를 데리고 와서 피아노 조율사 옆에 앉았다. 아슈케나지는 오케스트라로 하여금 협주곡에서 가장 어려운 부분을 반복해서 연습하게 했다. 피아노 조율사는 그날 밤 공연 전까지 계속 피아노를 조율해야 한다며 걱정했다.

대성당 측에 표를 구할 수 있는지 문의하자 표는 이미 두 달 전에 매진되었다고 했다. 우리가 잠시 서성거리자 성당 직원처럼 보이는 사람이 다가오더니 한 구매자가 얼마 전에 죽었다면서 표 2장을 내보였다. 우리는 그 표를 구입해 공연을 관람했다.

어쩌다 보니 통계학자

1984년은 왕립통계학회 창립 150주년이 되는 해였다. 당시 미국통계학회 회장이었던 나는 미국통계학회 대표자격으로 축하행사에 참석했다. 관공서가 많은 런던의 화이트홀 거리에 위치한 크리스토퍼 렌Christopher Wren 경(17세기 영국의 건축가이자 천문학자로 런던에 있는 53개의 교회를 설계했다.－옮긴이)이 설계한 멋진 건물에서 칵테일파티가 있었다. 왕립통계학회 창립 150주년을 축하하기 위해 필립 왕자와 함께 칵테일파티에 참석한 엘리자베스 여왕을 만날 수 있었다.

여왕은 "미국 사람 억양이 아닌데요."라고 말했고, 나는 "저는 여왕님의 백성 중 한 명입니다."라고 대답했다. "해외로 유출된 인재 중 한 명이군요." "저를 두뇌 유출로 보시는 것은 과대평가입니다." "매디슨은 가 본 적이 없는데 어떤 곳입니까?" 나는 호수와 대학, 그리고 매디슨 심포니 오케스트라에 관해 말했다. 잠깐이었지만 기억에 남는 대화였다. 사람들은 여왕과 무슨 이야기를 그렇게 오래했는지 물었다. 여왕이 어머니처럼 편하게 대해 주어서 그런지 오래 이야기한 것 같지 않았다.

클레어도 나만큼 홍차를 좋아했다. 한번은 영국을 방문했을 때 전화번호부에서 홍차 수입업자를 찾아서 홍차를 좀 사고 싶다고 했다. 상대는 세련된 영국 말투로 "얼마나 사실 생각인가요?"라고 물었다. 내가 "한 10파운드 정도 사려고 합니다."라고 대답하자, 그는 "저하고 거래하시려면 10톤 정도는 구입해야 합니다. 대신 제가 좋은 가게를 소개해 드리겠습니다. 런던 리버풀역 인근 워쉽 가에 홍차가게가 있습니다. 그곳에 가면 도움을 받을 수 있을 겁니다."라고 말했다.

우리가 리버풀역에 도착했을 때는 비가 쏟아지고 있었다. 지나가는 행인들에게 워쉽 가가 어디냐고 물었다. 모두 가까운 곳에 있다고 했지만 정작 방향은 다르게 가르쳐 주었다. 우산을 쓰고 있지 않았기 때문에 완전히 비에 젖고 나서야 그곳을 찾을 수 있었다. 디킨스의 소설『올리버 트

위스터』를 바탕으로 한 뮤지컬 「올리버」에 나오는 세트처럼 겉보기에는 상당히 낡아 보이는 곳이었다. 하지만 계단을 올라가자 차 상자가 가득한 커다란 방이 나타났다. 우리가 몸을 좀 말리고 나자 주인이 어떤 차를 원하는지 물었다. 우리는 아삼Assam 차를 원한다고 대답했다. 그들은 다시 어떤 아삼 차를 원하는지 물었고, 우리는 생각지 못한 질문에 당황해했다. 그러자 잎의 크기에 따라 등급이 다르다고 설명해 주었다. 5개 등급이 있는데, 잎이 클수록 등급이 높고 비싸다고 했다. 우리는 중간 등급의 아삼 차를 구입했다.

잠시 후 나타난 스코틀랜드 말투를 쓰는 사장에게 홍차를 좋아하는지 물었다. 사장은 "아뇨. 위스키를 더 좋아합니다."라고 말했다. 심한 스코틀랜드 말투 때문에 제대로 알아듣지 못한 나는 "아이리시 위스키 말인가요?"라고 되물었다.

내가 마시는 홍차가 너무 진하다며 놀라는 사람이 있는 걸 보면 미국 사람들은 밍밍한 홍차를 마시는 것 같다. 1990년 내가 은퇴하자 같은 영국동포인 드레이퍼는 다음과 같은 글을 써 주었다.

아주 매력적인 박스란 친구는

콕스와 논문을 같이 쓰기도 했지만,

이젠 나이가 들어버렸어.

퇴직해서 편히 지낼 때도 됐어.

그동안 수많은 역경을 이겨 냈으니까.

박스가 퇴직했다는 소식을 들었어.

이젠 새로운 삶을 살기를 기원해야지.

하지만 그의 끼가

어쩌다 보니 통계학자

자신이 여태껏 놀던 곳을 떠났다는 사실을
받아들이지 못하게 할 것 같아.

오늘은 이집트에 있지만,
내일은 맨달레이Mandalay에서 볼 수 있을 거야.
이스라엘에 없으면,
영국 어디선가 그의 흔적을 찾을 수 있을 거야.

그는 전설적인 인물이야.
제자들은 한없이 그를 자랑스러워해.
그를 기쁘게 하고 싶으면,
이 격언을 기억하는 게 좋을 거야.
"티백 두 개로 차 한 잔을 만들라."

드레이퍼조차 내가 티백 세 개로 홍차 한 잔을 만든다는 것을 모르고 있
었다.

17장
스칸디나비아 여행

"여긴 어떤 사람들이 살까?"

노르웨이와의 인연은 1987년부터 1988년까지 일 년을 매디슨에서 보낸 아른리요트Arnljot와 리브 회이란드Liv Høyland를 만나면서 시작되었다. 통계학자였던 두 사람은 모두 '월요일 밤 맥주 모임'에 참가했고, 나와 친하게 지냈다. 다음 해 그들은 비스가아드, 펑과 나를 초청해서 트론헤임에서 공업실험설계 단기 강좌를 열었다. 단기강좌에서 만난 존 티세달John Tyssedal은 당시 강좌를 들었던 사람들이 우리가 소개한 방법에 상당히 놀라워했지만 잘 수용했고 평가도 잘해 주었다고 이야기해 주었다. 티세달과도 친하게 지냈고 논문도 같이 썼다.[94]

트론헤임에서는 새우잡이 배가 정박해 있고 신선한 새우요리를 먹을 수 있는 부두에 자주 나갔다. 그곳에서 먹는 신선한 새우요리는 최고였다. 하지만 독일군이 U 보트를 숨겨두었던 커다란 콘크리트 벙커를 보는 것은 결코 즐겁지 않았다.

1995년 '품질개선의 과학적 의미'라는 강좌 때문에 트론헤임에 갔을 때 우연히 같은 호텔에 머물던 위르겐 아흐란드Jürgen Ahrend라는 사람을 알게 되었다. 오래된 오르간을 복원하는 일을 하던 그는 트론헤임 니다로스 대성당의 오르간 복원 작업을 막 끝낸 참이었다. 니다로스 대성당의 오르간은 바흐가 활약하던 후기 바로크 시대의 유명한 오르간 제작자 요한 요아힘 바그너Johann Joachim Wagner가 1738년부터 1740년에 걸쳐 만든 것이었다. 독일 점령기에 오르간을 분해해서 대성당 바닥 아래에 숨겨두었지만, 나치에게 발견되었다. 나치는 오르간을 독일로 가져가고 싶었지만 그러지 못했다. 오늘날 이 오르간은 바그너가 만든 오르간으로는 독일 밖에 있는 유일한 오르간이다. 이 오르간은 장엄한 소리 때문에 지금도 연주회에 자주 이용된다고 한다.[95] 우리는 전문가가 복원한 오르간이 처음 연주되는 일요일 예배에 참석했다. 클레어는 그때의 느낌을 시로 남겼다.

복원
(니다로스 대성당, 1959, 트론헤임, 노르웨이)

함박눈이 내리는 30도(섭씨로는 영하—옮긴이) 날씨의 4월 어느 날
우리는 철벅거리면서 들어섰다.
60여 년을 지하저장고에 잠들어 있다가
만 조각의 스테인드글라스로 장식된 화려한 창 아래 제자리로 돌아온
복원된 오르간을 기념하는 노르웨이의 하나뿐인 대성당에
1738년 베를린에서 만들어진 이 오르간을
제2차 세계대전 때 독일군이 독일로 가져가려 하자
독일 침공을 막지 못한 주민들은 오르간을 숨겼고,
2년 전 독일 장인이 이 오르간을 복원할 때까지 까맣게 잊혀져 있었다.
오늘 이 오르간에 봉헌하는 예배를 올린다.

어쩌다 보니 통계학자

꽉 들어찬 천 여 명의 사람들을 둘러본다.

노르웨이 말을 알아듣지 못하는 외로움도 즐겁기만 하다.

창문을 통해 들어오는 빛에 고취된 말로부터의 자유와

줄지어 앉아 있는 선명한 얼굴,

무릎에 엎드린 어린아이들, 합창단의 노래, 미처 듣지 못한 말이 예배와 함께
　　한다.

주변 소리로 짐작해서 일어나니

스웨덴 루터교 기도문이 시작된다.

사람들 표정은 내 어릴 적과 다름없이 근엄하고,

발음은 신경도 쓰지 않고 기도를 따라 하니,

익숙하지 않은 곳에서 가족들에 둘러싸인 듯 마음이 평화롭다.

일어나 찬송가를 부르고, 쏟아지는 햇빛과 여전히 내리는 눈을 창문을 통해
　　바로 보며 아멘을 노래한다.

노래에 그치지 않고 진심으로 믿는다.

어릴 적 교회 다닐 때는 느끼지 못했던 이 안락함.

나로 인한 가족의 고통과 그들이 나에게 해 준 회유의 말이 여전하지만,

여기 이 대성당에 홀로 있으니

나는 평화롭다.

스톡홀름에는 세 번 갔는데 갈 때마다 각기 다른 호텔에 머물렀다. 넬슨제독 호텔, 레이디해밀턴 호텔, 빅토리 호텔이 내가 묵었던 호텔이다. 레이디 해밀턴은 넬슨 제독의 연인이고, 빅토리는 트라팔가르 해전 때 넬슨 제독이 탔던 배 이름이다. 해양시대에 대한 열정으로 가득한 한 부부가 소유한 이 세 호텔에는 넬슨 제독의 기념품이 가득했다. 그 중에는 넬슨 제독과 연인 엠마 해밀턴의 관계를 보도한 당시의 신문도 있었다. 나

는 대영박물관 문서실에서 본 넬슨 제독이 해밀턴 부인에게 쓴 마지막 편지에 깊은 연민을 느꼈다. 이 편지는 트라팔가르 해전에서 넬슨 제독이 사망한 후에 해밀턴 부인에게 전달되었다고 한다. 그 편지에서는 떨어진 눈물방울에 번진 "아, 너무 늦었구려."란 글을 볼 수 있다.

어디를 가든지 스웨덴이 바다와 밀접하게 연관된 나라임을 알 수 있다. 그 중에서 전함 바사Vasa 이야기는 가슴 아픈 이야기 중 하나이다. 1628년에 당시로서는 가장 큰 전함으로 건조된 바사의 처녀출항을 보기 위해 많은 사람들이 스톡홀름 항구에 모였다. 바사는 길이가 207피트, 폭이 36피트, 배수량이 1,210톤, 수면 밑에 있는 배의 깊이인 만재흘수만 15피트가 되는 큰 전함이었다. 이런 수치상으로는 아무 문제가 없지만, 마지막에 약간의 설계 변경이 있었다. 바사의 갑판은 본래 네 개로 설계되었는데, 그중 하나는 대포를 설치하기 위한 것이었다. 덴마크가 대포를 설치할 갑판이 두 개인 배를 건조했다는 소식을 들은 스웨덴 왕은 대포를 설치할 갑판을 추가하라고 지시했다. 이 추가된 갑판에 청동으로 만든 64문의 대포가 설치되었는데 그 무게가 71톤에 이르렀다. 이러한 설계 변경은 참담한 재앙을 불러왔다. 바사는 1,300미터 정도 가다가 한쪽으로 넘어져 침몰하고 말았다.

발트 해는 상당히 염도가 낮아서 나무를 갉아 먹는 흰개미의 피해가 적다고 한다. 침몰한 바사는 1956년에 발견되었는데, 300년이란 세월을 바닷속에서 보냈음에도 본래의 모습을 유지하고 있었다. 바사는 1961년에 인양되어 조선소 도크로 이송되었다.

내가 이 배를 처음 봤을 때는 보존을 위해 폴리에틸렌 글리콜을 칠하고 있었고, 두 번째는 완전히 복원되어 있었다. 인양된 바사에서는 700여점 이상의 아름다운 조각품과 장식품이 발견되었다고 한다.

어쩌다 보니 통계학자

18장
제2의 고향 스페인

"뭔가 재미있는 일이
일어날 거야."

내가 처음 스페인에 간 것은 1970년대 다니엘 뻬냐Daniel Peña와 알베르트 프라트Albert Prat가 개최한 강연 때문이었다. 뻬냐가 살고 있던 마드리드에서는 탸오와 시계열을 강의했고, 프라트가 살고 있는 바르셀로나에서는 스튜 헌터와 함께 실험설계를 강의했다.

그 전까지는 카탈로니아가 여러 면에서 스페인에서 독립해 있고 고유의 언어를 가진 곳이라는 것을 알지 못했다. 프라트는 바르셀로나 지역의 문화유산을 자랑스럽게 설명해 주었다. 프라트는 요리에도 일가견이 있었고 포도주에도 박식했다. 우리가 방문하자 비싸지 않으면서도 수준 높은 식당을 차례대로 소개해 주었다. (맛있는 해산물이 있는 한 식당에 가려면 좁은 골목을 지나가야 했는데, 골목에 여러 사람들이 의식을 잃고 쓰러져 있어서 생명의 위협을 느꼈던 기억이 난다.)

어느 한가한 오후 프라트가 뭘 하고 싶은지 물었다. 카탈로니아 샴페인을 제조하는 프레시넷Freixenet이 멀지 않다는 생각이 나서 그곳에 가고 싶다고 했다. 그곳에 도착해 보니 문은 닫혀 있었고, 방문객을 받지 않는 날인 것 같았다. 프라트가 카탈로니아말로 수위와 이야기하는가 싶더니 곧 우리를 왕족과 같이 대우해 주면서 그곳을 둘러볼 수 있게 해 주었다. 프라트가 보여 준 재능의 절정은 바르셀로나에서 학회를 개최했을 때였다. 그때 프라트는 프랑코가 사용하던 궁전에서 음악가들의 연주를 들으면서 저녁식사를 할 수 있게 해 주었다.

내가 처음 스페인을 방문했을 때는 프랑코 정권이 끝나가고 있을 즈음이었다. 마드리드나 바르셀로나에서 온 대부분의 스페인 친구들은 프랑코 정권과 얽힌 이런저런 문제로 힘들어 했다. 아구스틴 마라발Agustín Maravall도 그 중 한 사람이었다. 1971년 경제학과 박사과정에 입학한 마라발은 일주일에 이틀 저녁에 강의하는 시계열을 수강했다. 강의 중간에 15분 정도 쉴 때면 커피자판기 앞에서 이야기를 나누곤 했는데, 마라발은 소요 사태 중에 체포되어 모로코에 있는 수용소에 보내졌다고 한다. 수용소장인 장군은 마라발이 표본조사법을 공부했다는 것을 알고는 무척 기뻐하며 스페인령 모로코에 대해 조사하도록 했다. 차 한 대와 두 명의 조수를 배정받은 마라발은 모로코를 조사하면서 일 년을 보냈다고 한다.

프랑코가 사망한 날짜는 1975년 11월 20일이지만, 건강이 나빠지면서 1973년에 수상직을 사퇴했다. 언론은 공개적으로 정권을 비판했고, 파시즘의 쇠락은 분명해졌다.

프랑코는 후안 카를로스Juan Carlos 왕자가 국왕으로 즉위해 정권을 물려받아야 한다고 선언해서 지지자들을 놀라게 했다. 프랑코가 사망하자 왕으로 즉위한 후안 카를로스는 파시스트의 기대와 달리 민주정부를 구성했다. 긴장은 고조되었고, 1981년 파시스트 군부가 의회를 무력으로 점령하며 쿠데타를 일으켰다. 당시 프라트는 언제든 조국을 떠날 준비를 하고 있었다고 한다. 국왕이 텔레비전에 나와 지지를 호소함으로써 쿠데타는 조기에 진압되었다.

어쩌다 보니 통계학자

빼냐와 프라트가 손님을 소홀히 대접하지는 않았지만, 시간관념에는 문제가 있었다. 1970년대 초반 스페인에 처음 갔을 때였다. 저녁초대를 받은 나와 챠오는 오후 6시쯤부터 나갈 준비를 하고 있었다. 그런데 정작 그들은 밤 9시가 넘어서야 우리를 데리러 왔다. 아침 8시에 시작되는 강의시간표를 보냈을 때 "8시에 시작해도 되지만 참석하는 사람이 없을 겁니다."라는 반응을 보였을 때부터 이 정도는 예상했어야 했다. 결국 강의 시작시간을 늦추고 점심시간을 길게 잡아 오후 강의는 상당히 늦게 시작했다. 우리에겐 정말 낯선 시간대의 강의였지만 그들은 진지하게 강의에 임했다. 당시 프라트가 재직하는 대학에서 실험설계를 배우는 공대생만 900명이 넘었다고 했다.

1986년 봄 프라트와 티나 로이Tina Roig가 바르셀로나 인근에서 결혼한다는 소식을 받은 나는 클레어와 함께 마드리드행 비행기에 올랐다. 호숫가 공원에 있는 야외 호텔에서 열리는 축하연에 늦게라도 참석하기 위해 마드리드에서 비행기를 갈아타고 바르셀로나로 날아갔다. 정원에는 손님들을 위해 마련된 테이블들이 있었고, 하객들이 이미 상당히 마신 후였는데도 여전히 엄청난 양의 샴페인이 남아 있어 놀랐다. 샴페인 병에 상표가 붙어 있지 않아서 나는 어떻게 된 거냐고 물어보았다. 프라트는 손가락을 코 왼쪽에 대는 특유의 행동을 하면서 "아는 사람이 있지."라고 말했다.

그날 샴페인의 출처만 특이했던 것은 아니다. 우리가 도착한 지 얼마 되지 않아서 신랑 신부가 귓속말로 "아무에게도 말하지 말게. 우린 정식으로 결혼한 게 아니야."라고 말했다. 두 사람 모두 결혼한 전력이 있었는데, 그 중 한 번은 독일에서 있었던 일이었다. 그들은 여러 요식적인 절차를 밟느라고 애를 먹다가, 사소한 세부사항 때문에 결혼식 날까지 혼인허가서를 받지 못했다. 어쩔 수 없이 결혼식과 축하연은 예정대로 진행하고 법적인 것은 나중에 해결하기로 했다. 부모님들도 참석했기 때문에 가까운 친구들에게만 이 사실을 알렸다.

그날은 하루 종일 떠들썩하게 먹고 마시고 춤추며 지냈다. 흥이 오른 악단장이 격렬하게 지휘하다가 쓰고 있던 가발이 떨어졌던 기억이 난다.

로이는 바르셀로나 인근에 있는 해변 휴양지인 시체스에 커다란 아파트를 가지고 있어서 주말이면 그곳에 머물곤 했다. 시체스는 아름다운 해변으로 유명했을 뿐 아니라 프랑코 정권 시절부터 지금껏 예술과 반체제의 메카로 알려져 있다. 시체스의 수호성인인 바르톨로뮤Bartholomew를 기리는 축제에 가 본 적이 있는데, 매년 열리는 이 축제에는 별난 의상을 입고 하는 거리행진도 있었다. 난쟁이처럼 보이도록 커다란 종이 찰흙 모자를 쓴 사람도 있었고, 불붙은 석탄을 내뿜는 용을 끌고 가는 사람도 있었다. 밤에 벌어진 불꽃놀이는 내가 본 것 중에서 최고였다. 특히 바다 위를 수평으로 날아가는 로켓은 장관이었다. 그런데 사방에서 폭죽이 터지면서 불티가 날아와 그만 클레어 옷에 구멍을 내고 말았다.

1970년대와 1980년대에 스페인으로 여행을 가면 바르셀로나에서는 프라트가, 마드리드에서는 뻬냐가 따뜻하게 맞아 주었다. 스페인과의 인연이 그 정도였더라도 나는 만족했을 것이다. 1990년대 클레어와 함께 아름다운 스페인에서 오랜 시간을 보내면서 스페인은 제2의 고향이 되었다.

1991년 스페인 북부 해안 산탄데르에 있는 칸타브리아 대학 통계학과 교수인 알베르토 루쎄뇨Alberto Luceño가 일 년 동안 매디슨을 방문하고 싶다고 연락을 취해 왔다. 그는 우리가 연구하고 있던 공정관리에 관심이 있었다. 통계학자에게 있어서의 공정관리와 공학자들에게 있어서의 공정관리는 상당히 다르다. 통계적 공정관리는 1924년 일리노이 주 시서로에 위치한 웨스턴 일렉트릭Western Electric 사에서 일하던 월트 슈하트가 전화기의 품질을 높이기 위해 시작한 것이다. 슈하트가 고안한 관리도에는 공정평균, 관리상한과 관리하한이 선으로 표시된다. 공정에서 수집한 자료는 관리도에 점으로 표시되는데, 이 점이 관리한계를 벗어나면 공정평균과 차이가 많이 나므로 이상 원인이 발생했을 가능성이 크다고 해석한다. 그럴 경우에는 그 원인을 찾아서 제거하는 것이 바람직하다. 이렇게 관리하면 통상적인 고장은 제거된다. 한편 공학적 공정관리는 목표에 가깝게 되도록 공정을 자동으로 조정한다. 통계적 공정관리와 공학적 공정관리가 결합해야 최선의 공정관리가 달성될 수 있다. 결국 루쎄뇨와 나는 이에 관한 책을 써서 1997년 출판했고, 2009년에는 이 책의 2판을 냈다. 2판에는 친구 카르멘 파니아과-퀴뇨네스Carmen Paniagua-Quiñones도 공동저자로 참여했다.[96]

나와 알베르토 루쎄뇨

로스, 나 그리고 클레어

　루쎄뇨가 매디슨에서 머문 일 년 동안 우리의 연구는 잘 진행되었고 루쎄뇨와 그의 아내 마리안 로스Marian Ros와도 매우 가까운 사이가 되었다. 의사인 로스는 체외발생에 관해 연구하고 있었다. 우리는 여덟 살 먹은 루쎄뇨의 아들 알베르토를 모스키Mosqui라고 부르면서 매우 귀여워했다. 이를 계기로 우리는 매디슨과 산탄데르를 서로 방문하면서 돈독한 우정을 쌓았다.

　루쎄뇨 가족과 우리는 1993년 플로렌스에서 개최된 국제통계학회에서 다시 만났다. 시뇨리아 광장을 걷고 있는 우리를 본 모스키가 달려와서는 완벽한 영어로 "엄마가 임신했어요."라고 소리쳤다. 임신을 비밀에 붙이고 싶었을지 모르지만 이미 수백 명은 아는 일이 되어 버렸다. 이탈리아에 있는 동안 모스키는 감시원 노릇을 했다. 자기 엄마가 커피를 마시는

　　　　　　　　　　　　　　어쩌다 보니 통계학자

것도 못하게 했고 임산부가 해서는 안 되는 일이면 그 어떤 것도 못하게 했다.

플로렌스 유럽대학교에서 경제학을 가르치고 있던 아구스틴 마라발도 만날 수 있었다. 그는 플로렌스 인근 언덕 위에 위치한 피에졸레 마을에 있는 아파트에 살고 있었다. 마라발은 마리아의 작은 자매회Little Company of Mary의 수녀들이 운영하는 빌라산지랄로모Villa San Giralomo 펜션에서 머물 것을 권했다. 푸른 옷을 입기 때문에 '푸른 수녀'라고 불리기도 하는 마리아의 작은 자매회 수녀들은 피에졸레에서 병원과 양로원을 운영하고 있었다. 펜션 내에 있는 양로원에는 노인 몇 명이 수용되어 있었다. 펜션 정원에서 내려다보는 플로렌스의 전경은 참으로 아름다웠다. 우리가 그곳에 머무는 동안 배관이 고장 났는데, 서로 다른 층에서 일하던 배관공들이 큰소리로 대화하는 모습이 재미있긴 했지만 신경에 거슬렸다.[97]

클레어와 나는 비행기를 타고 산탄데르로 갔다. 로스와 루쎄뇨는 우리를 따뜻하게 맞아 주었으며, 그 지역을 잘 소개해 주었다. 해안과 산악지대로 구분되는 칸타브리아의 산맥은 해안과 평행하게 솟아 있었고, 산탄데르는 칸타브리아 자치주의 주도로 탁 트인 만에 자리하고 있었다. 또 다채로운 역사도 함께 가지고 있었다. 예를 들면 1589년 엘리자베스 여왕은 스페인 무적함대가 영국을 다시 침공하기 위해 남은 배를 산탄데르에서 수리하고 있다는 잘못된 첩보를 받았다. 이에 엘리자베스 여왕은 드레이크 경에게 함대를 이끌고 정탐하고 오라고 지시했다. 산탄데르가 위치한 만은 넓었고, 바람은 바다에서 육지 쪽으로 계속 불고 있었다. 선장들이 바람 때문에 만을 빠져나오기 힘들 것이라고 보고했기 때문에 드레이크 경은 만 바깥에 머물렀다. 어쨌든 영국에 위협이 될 만한 것은 발견되지 않았다고 한다. 나는 역사적으로나 문화적으로나 산탄데르에 끌렸다. 한번쯤은 다시 돌아올 것 같은 느낌을 받았다.

사비에르 또르뜨Xavier Tort와 기억에 남을 보트여행을 한 것도 그 무렵이었던 것 같다. 또르뜨는 『실험자를 위한 통계학』을 스페인어로 번역할 때 도움을 준 바르셀로나 친구이다. 또르뜨는 막 구입한 새 요트를 태워주었다. 또르뜨가 성급하게 돛을 올렸기 때문에 바람을 받은 요트는 해안가 절벽을 향해 달려 나갔다. 또르뜨가 제때 엔진시동을 걸지 못하고 있는 사이 바람은 요트를 계속 절벽 쪽으로 밀어붙였다. 우리는 사력을 다해 배를 절벽에서 밀어냈다. 마침내 또르뜨가 엔진시동을 걸었고 더 이상 별다른 문제가 생기진 않았다. 그는 최근에 내게 보낸 편지에서 "그때 배가 침몰했다면 조지 박스를 죽인 통계학자로 유명해졌을 텐데 그럴 수 있는 유일한 기회를 놓쳤다."라고 말했다.

루쎄뇨와 로스는 1994년 매디슨에서 여름을 보냈다. 이후에도 매디슨

매디슨에서의 뻬께, 모스키, 클레어, 나 그리고 루쎄뇨

         어쩌다 보니 통계학자

을 네 번 더 방문해서 나와 같이 연구했다. 나는 그들이 방문할 때마다 그들이 머물 집이나 아파트를 구하러 다녔다. 1994년에는 거처뿐만 아니라 태어난 지 몇 달밖에 안 된 뻬께Peque를 위한 아기용품까지 구해 놓아야 했다. 이들의 방문은 항상 즐거움으로 가득했다. 식사도 셀 수 없이 많이 했고, 동물원에도 여러 차례 같이 갔으며, 아이들을 즐겁게 해 주기 위한 즉흥적인 게임도 많이 했다.

1995년 초 나는 마드리드에 있는 카를로스 3세 대학에서 명예박사학위를 받기로 되어 있었다. 명예박사학위 수여식에 참석하기 전에 며칠 시간을 내서 산탄데르에 있는 루쎄뇨 가족을 방문했다. 그들은 샴페인을 곁들인 저녁식사로 우리를 맞아 주었고, 실로스에 있는 수도원을 구경시켜 주었다. 수도원에는 수도승들이 그레그리오 성가를 부르고 있었다. 라리오하 아로에 있는 오래된 포도주 양조장에도 들렀다. 양조장 설립자의 후손인 양조장 주인의 손녀 데이비스가 우리를 안내해 주었다. 데이비스는 캘리포니아 대학교에서 포도재배와 포도주 양조를 공부하는 대학원생이었는데 영어를 유창하게 했다. 포도주통이 쌓여 있는 긴 지하 동굴을 지나 100년 이상 묵은 포도주가 보관되어 있는 거미줄이 가득한 방에 들어갔다. 안내를 맡은 데이비스는 거미가 코르크를 상하게 하는 벌레를 잡아먹기 때문에 거미줄을 그대로 둔다고 가르쳐 주었다.

아로는 주민 전체가 포도주와 관련된 일을 하는 작은 마을이다. 우리는 아로에 있는 식당에서 점심으로 타파스tapas를 먹기로 했다. 주문을 받은 식당종업원은 말미에 뭘 마실 거냐고 물었다. 잠시 상의한 후 특별히 주문해서 마실 건 없다고 하자 종업원은 상당히 놀라는 표정을 지었다. 자기 자리로 돌아간 종업원은 기분이 상한 듯 여러 차례 우리를 쳐다보더니 포도주 한 병을 꺼내 들고 성큼성큼 우리 테이블로 다가왔다. 포도주를 우리 테이블에 거칠게 내려놓은 종업원은 "이거 한 번 마셔 보시죠.

돈은 받지 않겠습니다."라고 큰소리로 말했다.

포도주 양조장 관광을 마치고 돌아온 클레어는 이런 시를 지었다.

리오하의 포도주 양조장

(1995년 1월 22일)

사무실에서 창문을 통해 포도주 저장고를 볼 수 있는

로뻬스데에레디아López de Heredia 양조장은

전형적인 남부 스페인의 모습이다.

이 창문을 무척이나 좋아하는 그녀는

오랜 시간을 이곳과 함께 했으리라.

다른 관광객과 함께 깨끗하게 청소한 계단을 한참 내려가니

사람이 손으로 판 동굴에 이른다.

그녀는 수천 마일 떨어진 곳에서 죽었다.

한때 나도 이 포도주를 마셨는지라.

아직도 아들의 죽음을 슬퍼하는 그녀의 고통을 느낀다.

나는 안내원의 빠른 스페인어에 뒷걸음질 친다.

끌로 판 흔적이 뚜렷하니 통역도 설명도 필요 없다.

벽을 쓰다듬어 보고 이끼 냄새를 맡아본다,

먼지 가득한 오크통과 포도주가 내 감각을 깨운다.

오랜 시간 형성된 풍부한 향기를 느끼며

고향에서의 상실을 슬퍼한다.

어쩌다 보니 통계학자

힘든 일에 대한 대가는 충분치 않으니
오크통을 만드는 장인들이 얼마 남지 않았구나.
기계로 만든 통은 사랑을 느끼지 못하니
오크통 장인이 사라지면 어떤 일이 일어날지 걱정된다.

이 세기의 끝을 느끼며
리오하에 쌓여 있는 손길이 닿지 않은 50만 포도주병의 세계로 들어가지만
그들의 평화를 깨지는 않으련다.
그들은 그곳에서 3년, 혹은 5년, 혹은 7년 동안의 제2의 삶을 살고 있다.
먼지에 쌓인 채 조용히.

공동묘지, 오래된 병, 임종 직전의 어머니 로즈
벽감에 안전하게 쌓여 있는 병들과
더 이상 사용하지 않는 큰 나무통 덮개에 조심스럽게 놓인 잔들
양조장 중앙에는 처음 심은 포도나무가
디킨스의 위대한 유산에 나오는 결혼식 연회처럼
자기가 보낸 인고의 세월을 흘리며 서 있다.
그 가까이에는 1987년산 톤도니아Tondonia 포도주가 새로운 삶을 기다리고
　　있다.

조만간 관광객을 위한 리오하 포도주 시음회에서 코르크 마개가 열릴 것이다.
어떤 이는 진지하게 받아들이고,
어떤 이는 키득거리면서 이 엄숙한 의식을 무시하겠지만
나는 포도주에서 오크향과 포도와 시간을 느낀다.
삶과 죽음이 입 안을 가득 채운다.

산탄데르에서 며칠을 보낸 다음 다 함께 명예박사학위를 받기로 한 마드리드에 갔다. 이 일을 주선한 뻬냐는 참으로 뛰어난 친구였다. 1980년대까지만 하더라도 마드리드에는 대학교가 2개 밖에 없었고 그나마 가난한 사람들은 가기 힘든 학교였다. 이런 상황을 염려한 뻬냐는 뜻을 같이하는 정치인들과 함께 정부를 설득해서 새로운 대학을 설립했다. 이 대학은 군에서 사용하던 막사를 기반시설로 하여 1989년 카를로스 3세 대학이라는 이름으로 설립되었다. 카를로스 3세는 교육과 예술을 장려한 18세기 군주였다.

새로운 대학은 큰 성공을 거두었다. 얼마 지나지 않아서 캠퍼스가 3개로 늘어났으며 대학원생을 포함한 학생은 20,000명에 이르렀다. 마드리드 교외 헤타페에 위치한 본교에는 안뜰을 중심으로 현대식 건물이 배치

뻬냐와 나

어쩌다 보니 통계학자

되어 있고, 다른 두 캠퍼스는 마드리드 북부 산악지대 꼴메나레호와 마드리드 서북쪽 레가네스에 있다. 레가네스 캠퍼스에 있는 과학기술공원은 유럽에서 손꼽히는 크기를 자랑한다. 대학은 카를로스 3세가 중시한 기술혁신을 설립의 기본이념으로 삼고 그 이념을 널리 펼치고 있었다.

이 대학에는 영어로만 가르치는 대학원 프로그램이 7개나 되는 등 국제적인 면모도 상당했다. 짧은 시간에 법학사회과학부, 인문학부, 과학기술학부 등 세 개 학부에 40개 학과가 만들어졌고 박사과정도 설립되었다.

여러 대학에서 명예박사학위를 받아봤지만 이런 명예박사학위 수여식은 처음이었다. 나는 학장실에서 학장과 뻬냐, 그리고 아내의 도움을 받아 화려한 가운을 입고 독특한 구슬장식이 된 모자를 썼다. 식장에는 나와 같은 옷과 장식을 한 교수들이 줄지어 앉아 있었고, 식장에 들어서자 음악가들이 연주하며 나를 인도했다. 뻬냐가 학장에게 나를 소개했고, 학장은 내 연구의 순수성을 나타내는 하얀 장갑과 목걸이, 반지를 선물로 주었다. 그리고 지식 전수에 대한 감사의 의미로 두 권으로 된 세르반테스의 돈키호테 초판 한 질도 함께 주었다. 수여식에서 뻬냐는 나의 업적을 칭찬하며 명예박사학위를 수여하는 이유를 설명했다. 특히 그가 "살면서 배울 기회가 많았지만 매디슨에 있는 조지 박스의 집 지하에서 열린 월요일 밤의 맥주 모임에서 가장 많이 배울 수 있었습니다. …… 그곳에서 벌어진 열띤 열린 토론을 통해 과학은 서로 다른 곳에서 출발하지만 진리를 탐구하고 우주와 우리 자신에 대한 이해를 추구한다는 공통된 관점을 공유하는 독특한 탐험이라는 것을 알 수 있었습니다. 그 어떤 곳에서도 이런 것을 배울 수 없었습니다."라고 말했을 때 무척 기뻤다.

마드리드에서 거행된 명예박사학위 수여식은 다른 친구들을 만날 기회도 되었다. 바르셀로나에 있는 프라트와 티나도, 항상 너그럽게 베풀어 준 뻬냐와 멜리도 마드리드로 와서 우리와 함께했다. 우리 여섯은 마드리드에서 북서쪽으로 28마일 정도 떨어져 있는 산로렌소데엘에스코리알의 에스코리알 궁전에 갔다. 에스코리알 궁전은 필리페 2세가 1563년부터 1584년 사이에 그 지역 화강암으로 지은 상당히 인상적인 궁전이었다. 일단 규모가 어마어마했다. 궁내에는 수도원, 교회, 필리페 왕의 거처, 역대 왕과 왕비를 모신 영묘, 도서관, 박물관, 넓은 정원을 비롯하여 티치아노Titian, 틴토레토Tintoretto, 엘 그레코El Greco, 벨라스케스Velázquez, 호세 데 리베라José de Ribera와 같은 화가들의 작품을 전시한 미술관도 있었다. 독실한 가톨릭 신자였던 필리페 2세는 이 궁전을 신에게 봉헌했다. 몇 년 후 왕은 그의 입장에서는 말도 안 되는 개신교도와 엘리자베스 여왕을 제거하기 위해 무적함대를 영국으로 보냈다.

그날 에스코리알 관람객은 우리뿐이었다. 아구스틴 알론조라는 도미니카에서 온 수도승이 우리를 맞아 주었다. 그는 엄청나게 많은 열쇠를 가지고 다녔는데, 우리가 보고 싶은 건 다 보여 주겠다고 했다. 수도복을 온전하게 차려입은 그는 이 궁전에 소장된 수많은 보물들을 보여 주는 데 그치지 않고 그의 방에서 멋진 점심도 차려 주었다. 우리는 포도주까지 마시면서 흥겨운 시간을 보냈고, 글렌 밀러 관현악단의 연주로 유명한 'In the Mood' 장단에 맞춰 춤까지 췄다.

프라트와 같이 책을 쓰기로 했는데 여름을 같이 보내는 것으로는 시간이 충분하지 않았다. 클레어와 나는 1995년부터 일 년을 산탄데르에서 보내기로 했다. 이때가 처음으로 스페인에서 장시간을 보낸 때였다. 장시간의 스페인 채류를 준비하기 위해 클레어와 나는 지역전문대학에서 스페인어 강좌를 수강했다. 2주 정도 지났을 때 나는 언어에 재능이 없다는 것이 드러났다. 클레어는 나와 달리 언어에 상당한 재능을 보였다. 클레어의 스페인어 실력은 스페인에 머무는 동안 더 좋아졌다. 스페인에 같이 간 멕시코에서 온 박사과정 학생 에르네스토 바리오스는 우리의 일상생활에 상당한 도움을 주었다.

바다가 내려다보이는 아파트를 거처로 구하고 콘치Conchi라는 좋은 가정부를 구할 수 있었던 것은 전부 프라트와 로스 덕분이었다. 재주 많은 콘치는 요리, 장보기 외에도 많은 부분에서 도움을 주었다. 화장실에 물이 새어 화장실을 통째로 고칠 때에는 일꾼들이 일을 제대로 하지 않으면서 떠들고 아무데서나 담배를 피워대자 "교수님 연구하는 데 방해하지 마라."며 일꾼들을 심하게 나무랐다. 그녀는 담배를 피우지 못하게 했고, 조용히 그리고 빨리 일을 끝마치라고 일꾼들을 다그쳤다. 일꾼들은 그녀의 말을 고분고분 따를 수밖에 없었다.

산탄데르의 어선단은 그야말로 장관이었다. 대부분의 어선은 일요일 외엔 매일 대서양으로 출항했다. 산탄데르 해변은 멋진 모래사장인데, 서쪽 모래사장은 동시에 두 개의 축구경기를 할 수 있을 정도로 넓었지만 동쪽 모래사장은 상당히 좁아서 밀물 때면 해수면이 제방까지 올라왔다.

어느 날 아침 클레어와 나는 동쪽 해변 끝까지 걸어갔다. 우리가 해변 끝에 도착했을 때는 아직 밀물이 완전히 들어오지 않은 상태였는데 꽤 비싸 보이는 차 한 대가 오도 가도 못하고 물에 잠겨 있었다. 해변에 차를 가지고 들어가지 못하게 되어 있었지만, 이를 무시한 두 젊은이가 지난밤에 차를 몰고 들어간 것 같았다. 그들은 제정신이 아니었다. 바닷물이 들어와 차를 몰고 나갈 수 없었고, 가파른 계단 외에는 달리 빠져나갈 길도 없었다.

우리는 이 우스운 광경을 45분가량 지켜봤다. 경찰이 맨 먼저 달려왔고, 스페인어로 외치는 소리가 어지럽게 난무했지만 별다른 진전이 없었다. 주변에 모여 있던 사람들이 이런저런 방도를 제시하기도 했다. 이때 두 젊은이 중 한 명의 아버지가 나타났다. 그는 바다에 잠긴 자신의 차를 보고 망연자실했다. 마침내 소방대원들이 도착했다. 긴 고무장화를 신은 건장한 소방대원 두 명이 밧줄을 연결한 후 소방차로 조심스럽게 끌어내기 시작했다. 가파른 계단에 이르러서는 차체가 계단에 부딪치는 것을 피할 수 없었다. 차가 길 위로 올라오자 사람들이 둘러쌌다. 그쯤에서 자리를 떴기 때문에 시동은 걸렸는지, 젊은 친구들이 어떻게 되었는지는 모르겠다.

프라트가 일하는 칸타브리아 대학은 내게 연구실을 배정해 주었다. 내 스페인어 실력이 형편없었지만 그곳 교수와 학생들이 영어를 잘했기 때문에 의사소통에는 문제가 없었다. 하지만 그곳에서 일하는 여성 경비원 한 명은 영어를 전혀 하지 못했다. 수차례 대화를 시도했지만 실패했다. 그러다가 우리 둘 다 프랑스어를 배웠다는 것을 알고는 간단한 프랑스어를 주고받으며 지냈다. 주변 사람들은 이런 모습을 보고 놀라워했다.

집에서 얼마 떨어지지 않은 곳에 담배, 버스표, 사탕 같은 것을 파는 편의점이 하나 있었다. 그 편의점 점원과 친하게 지냈는데 그는 아내와 딸을 데리고 영국으로 여행할 계획을 세우고 있었다. 클레어가 그의 가족들에게 영어를 가르쳐 주자, 점원은 클레어에게 답례를 하고 싶어 했다. 처음에는 담배 한 갑을 주더니 나중에는 담배 한 보루를 주었다. 클레어는 담배를 피우지 않았지만 그런 사실을 점원에게 이야기하지 못했다. 그래서 그 담배는 에르네스토 차지가 되었다. 하지만 담배가 미국산 체스터필드Chesterfield였기 때문에 에르네스토에게도 별 소용이 없었고, 에르네스토의 여자 친구도 손을 대지 않았기 때문에 그 담배는 이 사람 저 사람 손을 거쳐 누군지는 모르지만 니코틴이 절실했던 사람에게 전달되었다. 클레어에게 영어를 배운 점원의 아내와 딸은 실력이 상당히 늘었지만 점원은 나처럼 외국어에 소질이 없었다.

스페인에 사는 동안 영국산 로버Rover 중고차를 구입해서 타고 다녔다. 미국에서 일 년을 지낸 한 연구원의 차였는데, 아는 정비소 주인을 통

어쩌다 보니 통계학자

해 차를 구입했다. 당시 로버는 상당히 좋은 평을 받고 있었다. 일 년 후 우리가 차를 처분하려고 하자 정비소 주인은 우리가 구입한 가격과 같은 가격으로 인수하겠다고 했다.

스페인을 떠나는 날 아침 정비소 주인과 함께 차를 가지고 오기로 한 클레어를 기다리고 있었다. 잠시 후 차 한 대가 쭉 뻗어 있는 도로를 폭발음과 함께 연기를 내뿜으면서 천천히 다가왔다. 차에 기름을 넣으려고 주유소에 들린 클레어가 실수로 휘발유가 아닌 경유를 주유해서 생긴 일이었다.

1997년에 책이 출판되었지만, 루쎄뇨와 나는 서로 잘 통했기 때문에 산탄데르에서 일 년을 더 살기로 했다. 이번에는 라스브리아스 호텔 내에 있는 아파트에서 살았다. 이번에도 전과 다름없이 친구들과 식사하고 대화하고 해변을 산책하거나 북부 스페인 여러 곳을 여행하며 보냈다. 클레어와 로스는 친자매처럼 지냈다. 음료에 관심이 많았던 두 사람은 커피를 마시러 다니곤 했다. 우리가 산탄데르에 처음 왔을 때 로스는 스페인어로, 클레어는 영어로 대화하곤 했는데, 다른 사람들은 이런 모습을 신기해했다. 이런 식의 의사소통이 좀 이상하게 보이기도 하겠지만 두 사람은 아무 문제가 없었다.

이때 뻬케는 네 살이었다. 클레어의 스페인어 실력이 나아지고 있었지만 말은 뻬케가 더 빨리 배웠다. 클레어 발음이 이상하면 뻬케는 "클레어 아줌마, 그렇게 발음하면 안 돼요."라고 말하곤 했다. 로스가 늦게까지 일할 때면 클레어가 뻬케를 데리러 가기도 했기 때문에 클레어와 뻬케는 많은 대화를 나누었고, 클레어는 스페인어를 더 연습할 수 있었다. 둘은 사탕을 사러 같이 나가기도 했다.

스페인에서는 루쎄뇨 가족들과 함께 명절을 보냈다. 스페인의 재미있는 전통 한 가지는 한 해의 마지막 날 밤 12시에 울리는 12번의 종소리에 맞춰 포도 12알을 먹는 것이었다. 이렇게 하면 행운이 온다고 믿었다. 나는 시간에 맞춰 포도를 먹지 못했기 때문에 진짜 행운을 가져오는지 확인할 수는 없었다.

우리가 스페인에 머무는 동안 해리가 여자 친구 스테이시를 데리고 우리를 방문했다. 그들은 스페인에 도착하고 나서야 약혼 사실을 공개해서 우리를 깜짝 놀라게 했다. 우리는 그들에게 우리가 사는 주변 일대를 보여 주었고, 그들도 나름대로 돌아다니면서 즐거운 시간을 보냈다. 하루는 산탄데르에서 가까운 꼬미야스 마을에 갔는데, 그곳에서 가우디Gaudi가 1885년부터 1887년 사이에 지은 멋진 여름 별장 엘까프리초El Capricho를 볼 수 있었다.

그 후로 스페인에 다시 가지는 못했지만 친구들과는 여전히 연락하고

스테이시와 나

어쩌다 보니 통계학자

지낸다. 친구들의 따뜻한 배려가 있었기 때문에 스페인은 나에게 특별한 곳이 되었다. 이제 모스키는 28세가 되어 토론토에 있는 영화사에서 일하고 있고, 지금은 마리안이라고 불리는 뻬께는 촉망받는 대학생이 되어 바르셀로나에서 지내고 있다. 이 아이들의 부모도 여전히 잘 지내고 있고 훌륭하게 성장한 자식들을 보며 뿌듯해 하고 있다. 대학총장이 된 뻬냐는 마드리드에서 승승장구하고 있다. 안타깝게도 프라트는 2006년 1월 1일 사망했다. 그는 뛰어난 통계학자이자 기업 컨설턴트였으며 한없이 너그러웠고 삶의 재미를 아는 사람이었다.

나, 가우디 그리고 해리

19장
런던 왕립학회

운이 좋아서인지 나는 여러 번 상을 받았다. 그중에서 1985년 런던 왕립학회 회원으로 선출된 것은 영광스러운 일이었다. 영국의 과학자들은 왕립학회 회원으로 선출되는 것을 노벨상 다음으로 영광스러운 일로 생각한다. 1662년 찰스 2세가 왕립학회를 설립한 이래 영국의 모든 군주는 왕립학회를 후원해 왔다.

왕립학회 회원으로 선출되었다는 사실을 알려 주는 왕립학회의 편지는 참으로 간단했다.

1985년 3월 21일
돈수

귀하가 오늘 왕립학회 회원으로 선출되었음을 알려드리게 되어 영광스럽게 생각합니다. 입회하려면 법령에 따라 선출일로부터 4번째 모임 이전까지 또는 학회나 위원회가 고지하는 시간 내에 학회에 출석해야 합니다. 그렇지 않으면 귀하의 선출은 무효가 됩니다.

아래에 지정한 날 중 하루를 잡아 오후 4시 30분에 참석하기 바랍니다.

3월 28일 목요일, 4월 18일 목요일, 4월 25일 목요일, 5월 2일 목요일

근배

_ 회원으로 선출된 것을 수락하기 위해서는 학회에 출석해야 한다는 사실을 알리는 1985년 3월 21일자 런던 왕립학회 편지

입회식을 하기 전 학회 간사가 8,000명 정도 되는 회원들의 서명이 담긴 방명록을 보여 주었다. 아이작 뉴턴Isaac Newton, 다윈, 마이클 패러데이 Michael Faraday, 왓슨Watson, 크릭Crick 같은 위인들의 서명을 보자 저절로 겸손한 마음이 들었다.

내게 펜과 펜촉, 잉크병을 주면서 서명하게 했고, 방명록에 잉크를 흘리지 않도록 조심해 달라고 부탁했다. 학회를 설립할 때 왕립의 권위를 나타내기 위해 찰스 2세가 하사한 순금 지팡이 위로 학회장과 악수했다.

20장
결론

『이상한 나라의 엘리스』를 다시 읽어 보니 이 책을 처음부터 끝까지 다시 살펴봐야겠다는 생각이 든다. 만약 이 책을 처음부터 여기까지 읽었다면 내가 색맹에다가 지문도 없고, 93세 먹은 늙은이라는 걸 알 것이다. 타이핑도 잘 못하고 컴퓨터도 사용할 줄 모르는 노인네라는 것도 짐작할 수 있을 것이다. 그렇더라도 미래에 대한 기대가 없을 수 없다. 내가 다음에 할 일은 …….

21장
추억

다음은 1984년 내 65번째 생일날 받은 편지 중에서 발췌한 글이다.

지난 몇 년간 내가 좋아서 한 일 중에서 기억에 남는 것은 BH^2을 교정한 일, 론 스니Ron Snee를 도와 '현실과 이론' 비디오테이프를 만든 일, 빌 헌터, 보바스 에이브러햄, 케빈 리틀과 함께 이 편지 모음을 만든 일입니다. 다음 2^6년 동안에도 건강하고 모든 일이 잘되길 기원합니다.

스티브 베일리Steve Bailey

추신. 한 가지 사실을 추가합니다. 지난 달 필라델피아에서 개최된 통계학회에서 위스콘신 출신들의 저녁식사 모임에 몇 명이 참석했는지 아십니까? 정확히 64명(2^6)이었습니다.

당신은 우리에게 공부 이상의 것을 가르쳐 주었습니다. 위대한 스승들이 그랬던 것처럼 강의실 밖에서도 탐구하고 토론하며 미지의 분야에 도전하게 했습니다. 연구 결과를 정중하게, 하지만 신랄하게 비판해야 한다는 것과 연역과 귀납을 반복해야 한다는 것도 배웠습니다. 학업을 마친 뒤에도 연구를 계속하는 우리 같은 사람에게 이것은 귀중한 배움이었습니다. 통계자문가를 꿈꾸는 사람들에게도 모범적인 모습을 보여 주었습니다. 현실적인 문제를 제시했고, 이 문제에 대해 허심탄회에게 토론해 주었으며, 우리가 제시한 해결책에 대해 예리하게 비판해 주었습니다. 이런 것은 지금도 우리에게 좋은 영향을 주고 있습니다. 교육자로서의 삶을 사는 사람들은 당신이 보여 준 설명이 생생히 기억날 겁니다. 사려 깊은 발표자료, 열정적이지만 적절한 발표속도, 멋진 기하학적인 도해, 그와 함께 하는 유머는 아무리 애를 써도 따라할 수 없는 것이었습니다.

데이비드 베이컨

눈부시게 화창한 날 바하마 호프타운 항구에 보트를 정박하고 뱃전에 앉아 교수님과 함께한 지난날을 회상해 봅니다.

교수님을 처음 본 것은 대학원에 입학한 첫 번째 주 롤리에서 개최된 육군 실험설계 회의에서였고, 처음 만난 것은 그날 밤 우리가 묵은 아파트에서 시그, 스튜, 마이크Mike, 모리스Maurice와 함께 술을 마시면서 이야기를 나눌 때였습니다.

프린스턴 통계연구단이 있던 올드볼드스미스 관과 가우스 관에서의 여름은 잊을 수 없습니다. 박사학위논문 연구를 그렇게 즐겁게 할 수는 없을 겁니다. 그런 기회를 주신 것에 대해 지금껏 고맙다는 말씀도 드리지 못했습니다. 늦었지만 이제라도 고맙다는 말씀을 드립니다.

돈 벤켄

관심사가 다양한 한 사람에 대한 추억이 많습니다. 그는 셰익스피어의 연극,

어쩌다 보니 통계학자

버그만Bergman의 영화, 말러Mahler의 교향곡, 오래된 라디오 프로그램인 군쇼를 좋아하고, 군쇼에 나오는 피터 셀러스Peter Sellers의 흉내를 기가 막히게 잘 냅니다. 어질러진 연구실 책상에 앉아서 책상서랍 어딘가에 놓아둔 전화기가 울리면 그 전화기를 찾아 허둥대던 모습이 생각납니다. 그의 집에서 열린 크리스마스 파티에서 교수와 학생들이 스스럼없이 어울리고 서로를 놀리는 희극을 공연하던 기억도 생생합니다. 가장 재미있었던 것은 드레이퍼와 함께 부른 노래였습니다. 그는 사회문제에 대해서도 관심이 많았습니다. 나는 그가 준 닉슨의 탄핵을 요구하는 자동차 스티커를 아직도 가지고 있습니다. 화려한 튜더Tudor 양식의 예복을 입고 나와 함께 졸업식장으로 걸어 들어가 주고 지역뉴스에까지 나오게 해 준 저명한 학자가 그립습니다.

이 모든 추억을 준 당신께 감사드립니다.

요하네스 레돌터

내 논문지도교수가 교수님이었다는 것은 대단한 행운이었습니다. 시간이 갈수록 저나 제자들에게 참으로 많은 것을 베풀어 주셨다는 것을 알게 되고 그에 대한 감사의 마음은 깊어집니다. 흥미롭고 중요한 문제를 접하게 해 주셨고, 그 결과는 만족스러웠습니다. 교수님의 제안은 합리적이었으며 항상 옳았습니다. 때로는 그런 제안을 회의적으로 생각하고 수용하지 않기도 했지만 나중에는 항상 내가 틀린 것으로 드러났습니다. 교수님과의 공동연구가 여러 유명 학술지에 게재된 것도 기쁘고 자랑스럽게 생각합니다.

그레타 융

논문지도를 해 주셔서 감사드립니다. 연구를 수행하는 합리적인 방법을 가르쳐 주셨고, 무엇보다 문제를 제대로 이해해야 한다는 것을 가르쳐 주셨습니다. 어려운 문제를 직면할 때마다 교수님이라면 어떤 질문으로 나를 일깨웠을까 하고 생각했습니다. 지적 훈련을 잘 시켜 주신 것에 깊은 감사를 드립니다.

케빈 리틀

가장 위대한 스승 조지 박스 교수님께

문제해결에 필요한 모든 것을 교수님께 배웠습니다. 그 과정에서 통계학도 조금 배웠습니다. 영원히 잊지 않겠습니다.

존 맥그리거

연구 결과를 논문으로 작성하고 발표하는 일을 매우 중요시하셨기 때문에 애를 많이 먹었습니다. 모리스 켄달Maurice Kendall 경이 공동연구자로 참여한 주식시장자료 분석 논문에 심각한 오류가 있다는 것을 알았을 때는 이래도 괜찮을까 하고 걱정했었습니다. 이 논문에 대한 논평은 여러 번 고쳐 써야 했습니다. 교수님의 논평은 직설적이었습니다. 반면에 영국으로 돌아가 일을 해야 하는 나는 어린 나이에 직설적이고 퉁명스러운 사람이라는 인상을 주기 싫었습니다. 그러다 보니 내가 쓴 논평은 상당히 부드러웠습니다. 이 정도면 되겠지 하고 생각했지만, 교수님은 마지막으로 교정을 한 번 더 보셨습니다. 그리고 '점진적 오도'라는 표현을 추가하셨지요. 그 표현은 정말 좋았습니다.

폴 뉴볼드

매디슨에서 맞은 첫 여름에 교수님과 젠킨스 박사님의 연구조교로 일했습니다. 그때 두 분은 시계열분석에 관한 책을 쓰고 계셨습니다. 교수님은 시계열분석이 어떤 것인지, 내가 할 일은 무엇인지 시간을 들여 설명해 주셨습니다. (사실 몇 년이 지나고 나서야 이해했습니다.) 영국에서 가져온 기계식 계산기를 내게 건네주셨습니다. 기계식 계산기에는 손잡이가 달려 있었는데, 6.5를 곱하려

어쩌다 보니 통계학자

면 손잡이를 7번 돌렸다가 반 바퀴를 되돌려야 하는 그런 계산기였죠. 그때가 가장 행복했던 시절이었습니다. …… 많은 것을 배울 수 있었을 뿐 아니라 두 분과 함께 호수 주변을 산책하고 점심도 같이 먹을 수 있어서 더 좋았습니다.

하코보 제이크 스레드니

교수님께 배운 것 중에서 가장 값진 것은 통계학을 모르는 사람과 대화하는 것이 통계학 연구에서 매우 중요하다는 것입니다.

매디슨에서 경험한 것 중에서 다른 곳에 이식하고 싶은 것은 월요일 밤의 맥주 모임입니다. 월요일 밤의 맥주 모임은 통계학이 제대로 작동하는 모습을 볼 수 있는 현장이었습니다.

데이비드 스타인버그

교수님의 특별한 점은 사람들과 교류하는 것이라고 생각합니다. 이 점을 어떻게 표현할 수 있을까 고민하다가 내 생각을 완벽하게 표현한 존 메이너드 케인즈John Maynard Keynes의 글을 찾았습니다.

"여러 방면에서 높은 수준에 이르러야 하고, 동시에 가지기 어려운 여러 재능을 겸비해야 한다. …… 수학도 잘해야 하지만 말도 잘해야 한다. 특정한 것을 일반화해서 사고하고, 추상적인 것과 구체적인 것을 동일한 사고체계로 접근할 수 있어야 한다. 미래를 밝히기 위해 과거의 불빛으로 현재를 연구해야 한다. 인간 본성의 모든 것을 다 가지고 있어야 한다."

케인즈가 경제학의 대가가 갖춰야 할 재능을 표현한 것이지만, 통계학의 대가인 교수님께 딱 들어맞는 말임을 케인즈도 인정할 겁니다.

존 베츠

다음은 빌 헌터가 1984년 10월 12일에 나에게 보낸, 날짜가 쓰여 있지 않은
편지의 전문이다.

George,

In the fall of 1958, I walked into my first lecture in
statistics. Jack Whitwell gave us a reference that day to a paper on
playing black jack that had appeared in JASA. We all wrote
everything down that day. As the semester progressed, we ceased to
write everything down. Some of us began to understand what was
important and what was not. Others lost interest in the course
and started to quage what was the minimum they could do and still
pass the course. I liked the course. Among other things, there
were fascinating intellectual puzzles. One that never got
answered that semester was, What is a degree of freedom? I know
I asked Jack that question during one lecture and after at least
two other ones. I never did get an answer that satisfied me.
Overall, Jack did a good job of teaching me what he knew, in his
gentlemanly and dignified way. In another course that started that
semester, a course that lasted the entire year, and in which we —
a team of three senior chemical engineering students — were
supposed to discover good operating conditions for making phos-
phoric acid by the clinker process. For us, he put down + and
— signs in battle array across one sheet of paper. It was, he
told us, a half-fraction of a 2^5 with axial points, in
three blocks with replicated center points. We were impressed
but did not understand what it was all about or how it was
going to help complete the project ahead of us. With his
guidance, we set off with a mixed set of feelings — confusion,
hope, and some optimism. Although there were many things
we did not know, we did know something was wrong when, in
our first block of ten runs, the highest and lowest values
were two replicated center points.

어쩌다 보니 통계학자

When we had started we thought that a reasonable range for the ~~temperature~~ (time) was two to five minutes. What we realized was that, unfortunately, the reaction was much faster than we had anticipated, and it had gone to completion before two minutes. So, with Jack's help, we started all over again, this time with a ~~temperature~~ (time) range of 15 seconds to 60 seconds. Things worked out much better this time. We completed all the blocks, and we analyzed the data. We even did a canonical analysis; which we regarded as fairly mysterious business. Only two canonical variables were needed to explain all the data we had collected that year. We were suitably impressed with the power of statistical methods. The response surface we showed in our final report looked like a car muffler.

When I told Jack I wanted to take another course in statistics in my final semester at Princeton, he suggested that I take a special graduate course you were going to be giving. Your course was going to be given in the Chemical Engineering Department. Being only an undergraduate, I had to go on a scavenger hunt and collect signatures of five deans before being allowed to enroll. I was the only undergraduate in that course. I remember being given damp, limp pages reeking of ditto fluid at the beginning of many lectures. There was great excitement in the air. These notes, we were told, would be turned into a book. Little did I suspect, in that room with the high ceilings, big windows, and creaky wooden floors, in that building with twelve-foot-thick stone walls, that I would end up being a co-author of that book.

I thoroughly enjoyed that course. Maybe I shouldn't say "thoroughly" because it was a strange situation to be surrounded by graduate students and visitors from outside the university, from such places as Fort Monmouth, and I didn't know exactly where the course was headed (all other courses I had taken had a textbook that was finished, in hard covers, in the book store), and I didn't know what was expected of me. In the first homework assignment I got mixed up between a paired and an unpaired comparison. I learned a great deal in that course. I was enthralled with the geometrical explanations of things. I finally learned what degrees of freedom were. I saw how statistics could help people learn from data — both in collecting good data in the first place and in analyzing them. I decided I wanted to learn more, and I discovered somehow — I don't remember how — that you were headed to Wisconsin to start a statistics department there, and that it wouldn't accept students until 1960. I made plans to go to the University of Illinois and get a master's degree in chemical engineering. My intent was then to go to Wisconsin. Your lectures did not stop that second semester when everyone else's did. Someone in Nassau Hall had set up an academic calendar, but you were marching to a different drummer. The graduate students weren't going anywhere. The visitors wanted to keep visiting and learning what you had to say. I kept coming to lectures because I was sticking around for graduation ceremonies. On those lovely spring afternoons in 1959, I would be playing frisbee with friends. I'd say I had to leave and go to a lecture. They would say that I couldn't be going to lectures because they were all finished. "Not mine," I would say and go off to learn about fractional factorial designs. I graduated and left, but your lectures continue on into the summer without me. I never have learned when they ended. Before I left I took an exam, an oral exam, I answered all the questions you asked, except the last, which you prefaced with the words, "I don't expect you to be able to answer this one." It had something to do with a 2^{8-4} design. You asked me, at the end of the exam, what I intended to do after I left Princeton, and I told you I wanted to come to Wisconsin in 1960.

I did. And I'm still here. There are times when I realize just how fortunate I am to have ended up in Madison. One of those times was when we were heading back here after our year in Africa and travels associated with that trip. (It was then that I came to three conclusions: The rate of population growth should not continue at its present level; you can get pretty good beer just about anywhere; and Madison was a very good place to live.) Friends have been important to us. I'm happy that I've gotten to know you better. To see how you have enjoyed so many things — big and small, to see the pleasure you have experienced with Helen and Harry, to have been able to share good times and bad times with you — these have all meant very much to me. Another time when I have realized how lucky am I to have ended up in Madison was the other day when I played golf in Spring Green (first time I had played in fourteen years) on a beautiful fall day. There are so many things I like about Madison. One is certainly the physical surroundings, the countryside, the rivers, the sky and the air on crisp fall days, the parks, the places like Frabonis and the Farmer's Market, the capitol. Another is the spirit of the places, the sensible, friendly, and caring way that many things are done.

My first day in Madison was memorable. I arrived on a Saturday, to register at the last possible moment. I was working that summer in Whiting, Indiana for John Gorman, and did not want to leave. I was having a lot of fun working there, on such things as nonlinear estimation. You came breezing through the department (which, as you recall, was in a house on Johnson Street) about lunch time and asked if I had any plans for lunch. I said no, and you invited me to join you and Gwilym. I then sat in the back of your VW van as you gave him a tour of Madison, which included the zoo. You stopped at El Rancho for some things for dinner, and, before I knew it, I was having dinner with all of you. There was champagne, which came out of the newly opened bottle in an overly vigorous way, which got everything, tablecloth and all, wet. Napkins were pushed under the tablecloth, which gave the otherwise formal setting, a somewhat casual and definitely lumpy appearance. As I recall, the champagne was a last-minute idea as an addition to the menu, and the bottle was not sufficiently chilled. In any event, a fine time was had by all, and the evening went on to songs by you and Gwilym... I think you both had guitars, and at one point you were singing statistical songs, impromptu efforts in rhyme, with you and Gwilym taking turns. It was a magical day. About 2 am I left. As I was walking away in the night I thought to myself, "What a splendid day. It was wonderful. When I tell anyone about it, they won't believe it. Neither will I. I should have a momento. The champagne bottle is a possibility. That would be nice to have." I turned around, returned, knocked on the door. You looked more than a little surprised when you answered the door, because being called on at 2 am is quite unusual. I explained that I'd like to keep the champagne bottle, and you said fine. That was the end of my first day in Madison.

The best thing about Madison is the friends that I have, which includes Judy, Jack, and Justin. And you, too, George. I love you, and I wish you a happy 65th!

Bill.

다음은 1991년 내가 은퇴할 때 받은 편지 중 일부를 발췌한 것이다.

1960년 매디슨에서 대학원 공부를 하기로 한 것은 참으로 잘한 결정이었습니다. 통계학에 대해 아는 것이 별로 없었지만 교수님께서 이론과 응용이 어떻게 상호보완 하는지를 가르쳐 주신 덕분에 빠르게 배울 수 있었습니다. 역사적 관점과 개인적인 경험, 기억할 만한 구절로 가득한 교수님의 강의는 정말 좋았습니다. 가장 귀중한 것은 월요일 밤의 맥주 모임에서 배웠습니다. 교수님은 사람들로 하여금 스스로 생각하게 만드는 능력이 뛰어난 것 같습니다.

교수님은 교수로서뿐만 아니라 연구자, 멘토, 자문가, 그리고 한 인간으로서도 모범이 되는 분입니다. 내가 대학교수가 되기로 한 것도 교수님의 영향 때문입니다. 그리고 그 결정을 후회하지 않습니다.

데이비드 베이컨

공업통계에 끼친 교수님의 영향은 지대합니다. 교수님의 책과 연구와 자문, 교수님의 제자, 교수님이 설립한 조직을 통해 통계적 기법을 적용한 기업체라면 어디서나 교수님의 흔적을 찾을 수 있습니다. 교수님은 통계학을 현실에 적용함으로써 세계의 발전에 기여하셨습니다.

교수님과 함께 연구한 우리들도 여러 면에서 도움을 받았지만 위대한 정신을 가진 한 인물과 함께 연구하는 것 자체가 무엇보다 귀한 기회였습니다.

은퇴 시점에 이렇게 많은 친구와 동료, 제자들로부터 존경과 기원을 받은 사람은 일찍이 없었습니다.

지나 첸Gina G. Chen

1962년 6개월 임시직에 고용되었을 때만 하더라도 이것이 29년 이상 지속되리라고는 생각하지 못했습니다. 그동안 낡은 건물에서 고층건물까지 5개 건물을 거쳤고, 전동 타이프라이터에서 컴퓨터로 넘어왔습니다. 내가 가진 많은 추억들은 교수님과 같이 일하면서 받은 특혜라고 생각합니다.

메리 앤 클라크Mary Ann Clark

그동안 같이 연구할 수 있어서 참으로 즐거웠습니다. 수많은 주제에서 글이나 말로서 한 당신의 기여는 독창성과 남다른 감각을 보여 주었으며 다른 사람의 관심을 불러일으켰습니다.

데이비드 콕스 경

장인으로서 오랜 기간 많은 것을 가르쳐 주셨습니다. 교수님이 가르쳐 주신 것들이 세계 곳곳으로 퍼져나가는 것을 보면 기쁘기 그지없습니다.

1955년 영국 블렉리의 ICI에서 여름방학 동안 일할 때 교수님을 처음 만났습니다. 그때 개인적으로도 많은 도움을 주신 것을 잊지 않고 있습니다. 감사합니다.

노먼 드레이퍼

교수님은 점심식사 후에 쇼어우드나 빌라스 동물원 근방으로 산책을 가셨습니다. 그때 어린 학생인 저도 끼워 주셔서 놀라기도 했고 기쁘기도 했습니다. 산책하면서 많은 이야기를 나누었습니다. …… 저에게 학문적인 면뿐만 아니라 인간적인 면까지도 가르쳐 주셔서 고맙습니다. 오랫동안 저에게 보여 주신 열정, 지도, 유머와 격려에 대해서도 감사드립니다. 저는 여러 면에서 좀 부족하고 갈 길이 먼 사람이었습니다. 이젠 압니다. 그때 지적당하면서 배운 것의 가치를. 그리고 날이 갈수록 그 가치가 높아지고 있다는 것도 알고 있습니다.

콘래드 펑

"과학적 이해를 촉진시키는 것이 통계학자의 의무이다."라고 강의시간에 말씀하셨습니다. 이 말씀이 내가 배운 그 무엇보다 귀중한 배움이었으며, 나를 올바르게 이끈 등불이었고 위안이었습니다. 이 말씀을 염두에 두고 항상 복잡함을 경계했습니다. 자연의 밑바닥에 자리한 단순함이 명확히 드러날 때까지 사고하려고 노력했습니다. 덕분에 다른 사람을 도울 수 있었으며 나 자신도 끊임없이 발전할 수 있었습니다.

버트 건터Bert Gunter

잔소리가 많았던 어머니보다 교수님께 더 많은 것을 배웠습니다.

브루스 호들리Bruce Hoadley

1987년부터 1988년까지 일 년 동안 매디슨에서 안식년을 보낼 때 월요일 밤의 맥주 모임에 참여하게 해 준 것에 대해 깊은 감사를 드립니다. 결코 잊을 수 없는 모임이었습니다.

은퇴 후에도 행운이 함께 하길 기원합니다. 특히 건강하길 바랍니다. 그래야만 통계학, 특히 통계적 품질개선 분야에 지속적으로 기여할 수 있을 테니까요.

리브 회이란드와 아른리요트 회이란드

통계학자로 성장하는 동안 교수님이 보내 주신 배려와 격려를 잊을 수 없습니다. 곳곳에서 개최되는 학회에 참석할 수 있게 해 주셨고, 여러 통계학 모임에 소개시켜 주셨으며, 연구보고서 작성에도 참여시켜 주셨습니다. 통계학을 연구하고 문제를 해결하는 능력을 키워 주셨으며, 엄격하면서도 실용적인 철학과 자세를 가르쳐 주셨습니다.

스티븐 존스Stephen Jones

교수님이 젊었을 때 교수님의 제자가 된 것을 지금도 감사하게 생각하고 있습니다. 나중에는 가장 가까운 친구가 되었습니다. 아무래도 전생에 내가 멋진 인간이었던 것 같습니다.

스튜어드 헌터

교수님의 말씀을 듣거나 다른 과학자들과 교류하는 것을 보면 언제나 천재와 함께 있다는 것을 느꼈습니다. 대학원생으로 교수님과 함께 보낸 4년, 그리고 교수님과의 교류는 나를 송두리째 변화시켰습니다. 일하다가 막힐 때면 항상 해결책을 제시해 주시거나 적어도 어떻게 하면 될 것 같다는 뛰어난 직관을 보여 주셨습니다.

요하네스 레돌트

다음은 최근에 주고받은 편지에서 발췌한 글이다.

한번은 시계열자료를 분석하는 숙제를 내주셨습니다. …… 학생들이 제출한 모형은 좋지 않았습니다. 더 깊이 생각해야 괜찮은 모형을 구할 수 있는 문제였던 것이지요. 결국 그 숙제는 내 학위논문의 일부가 되었습니다. 교수님이 심사하는 논문을 저도 읽을 수 있게 해 주셨고 심사결과에 내 의견도 반영해 주셨습니다. 정말 고마운 일이었습니다. 한번은 포드 자동차 회사에 근무하는 엔지니어가 부분요인설계를 검토해 달라고 했었지요. 교수님은 나에게 한 번 해보라고 하셨고, 결국 참고한 품질관리학회에서 발간한 책에 오타가 있음을 알아냈습니다. 대부분의 사람들이 별 생각도 없이 사용하고 있다는 것에 상당히 놀랐습니다.

보바스 에이브러햄

다음은 고든연구회에 얽힌 추억거리이다.

조지 박스와 조지 바너드는 120여 명의 청중들이 경외심을 가지고 지켜보는 가운데 고든연구회에서 발표를 마친 다구치 박사와 토론하기도 했습니다. 조지 박스와 모리스 켄달은 영국을 대표하는 노래들을 부르기도 했습니다.

박스는 사소한 내용을 담은 슬라이드들을 오버헤드프로젝터를 통해 멋진 합주곡으로 변신시키는 데 일가견이 있었습니다.

박스는 빌 헌터, 스반테 월드, 스티브 베일리, 데이브 베이컨 등의 도움을 받아서 촌극을 쓰기도 했습니다.

박스는 목요일 밤 파티에서 위스콘신 대학의 응원가 '온, 위스콘신!On, Wisconsin!'을 부르는 위스콘신 대학의 골수 응원단입니다. (우리도 응원가 가사에 공감합니다.)

데이비드 베이컨

조지 박스와 같이 일하면 놀랍게도 제일 먼저 그의 친구가 되고, 그 다음에는 동료가 되며, 마지막으로 그의 제자가 됩니다. 그저 재미있는 파티를 연다면서 우리를 초대했습니다. 파티에는 음악과 이야기와 웃음이 떠나지 않았습니다. 야한 농담이 오가기도 했습니다. 그러고 보니 우리는 서로가 서로의 동료라는 생각을 가지고 일했습니다. 빌 헌터도 그랬지만 박스도 통계적 방법으로 사물과 삶의 질을 개선함으로써 우리가 사회에 기여할 수 있다는 의식을 심어 주는 데 탁월한 재능을 가지고 있었습니다. 이런 그의 가치관은 연구 분위기에도 스며들었고 우리는 이를 자연스럽게 습득할 수 있었습니다. 과학적 방법을 잘 사용하면 삶을 이해하고 개선할 수 있다는 믿음, 너무 심각하게 살지 말고 일상생활에서 즐거움을 찾아야 한다는 믿음, 사람들이 중요하다는 믿음을 습득했습니다. 박스에게 우리는 중요한 존재였고, 그

어쩌다 보니 통계학자

는 우리에게 소중한 존재였습니다. 박스, 당신이 보여 준 우정과 지도와 통찰력에 감사드립니다. 당신은 나를 비롯한 많은 사람의 삶을 변화시켰습니다.

팀 크레이머

1) 교수님은 남에게 베푸는 것을 주저하지 않았습니다. 한번은 학회에 참석하러 갈 때 자신의 항공사 회원카드를 주셨습니다. 덕분에 학생이었던 우리는 회원만 들어갈 수 있는 공항라운지를 이용할 수 있었습니다. 그날 아침나는 조지 박스 교수인 척했습니다.

2) 언젠가 내 악단이 시청사 지하식당에서 연주하고 있는데 누군가 내 어깨를 툭 쳤습니다. 교수님이 활짝 웃으며 서 있었습니다. 클레어와 주디 페이젤을 동반하고 내 연주회에 와 주셨습니다.

3) 제자 스티븐, 팀, 호세는 매디슨 외곽 오리건 지역 브랜슨 가에 있는 교수님 댁을 현장실습 가듯이 갔습니다. 한 명씩 순서대로 교수님의 연구실로 들어가서 연구에 대해 이야기를 나누는 동안 나머지는 거실에서 기다렸습니다. 마치 병원 대기실에서 순서를 기다리는 것처럼 말이죠.

4) 뭔가 좋은 생각이 떠오른 날이면 아침 일찍부터 만나자고 전화하기도 했고, 때로는 여행 중 떠오른 생각을 쓴 메모를 전해 주기도 했습니다.

5) 품질이 관리 상태에 있는 것처럼 보이는 품질관리학회의 로고를 보라고 하시고는 품질이 관리 상태에 있는 듯 보이지만 변동을 고려하면 그렇지 않다고 말했습니다. 내 박사학위논문의 주제인 분산에 대한 누적합 관리도도 그렇게 시작되었습니다.

6) 음악과 웃음이 끊이지 않는 교수님 집에서의 파티는 결코 잊을 수 없습니다. 한번은 우리에게 모자를 선물하셨습니다. 교수님은 유머감각이 뛰어났을 뿐 아니라 손님 접대도 잘했고, 무엇보다 대단한 이야기꾼이었습니다.

호세 라미레스

일전에 『실험자를 위한 통계학』을 다시 읽고 공정관리 엔지니어인 내 삶을 쉽게 해 준 것에 대해 감사드려야겠다고 생각했습니다. 교수님이 20년 전 에 딘버러 스캔딕크라운 호텔에서 개최한 5일짜리 과정을 수강한 것은 행운이 라고밖에 달리 표현할 말이 없습니다. 5일 동안 배운 것을 오랫동안 귀중하게 사용하고 있습니다. 그 전에 들은 다구치 방법에 관한 5일짜리 강좌 때문에 완전히 혼란에 빠져 있던 상태였는데, 교수님의 강좌로 혼란에서 벗어날 수 있었고 통계학을 싫어하던 사람이 통계학에 관심을 갖게 되었습니다. 더 좋은 엔지니어가 될 수 있게 해 준 교수님께 깊은 감사를 드립니다.

마크 테일러Mark Taylor

공정관리 책임 엔지니어

포스디멘션디스플레이Fourth Dimension Display

파이프Fife, 스코틀랜드

마지막으로 1952년 3월 8일자 뉴요커 잡지에 실린 리처드 테일러Richard Taylor의 삽화를 싣고 싶다. 이 삽화는 콘래드 펑이 다음과 같은 글과 함께 보내 준 것이다.

1979년 교수님 연구실에서 교수님의 원고를 손으로 옮겨 쓰던 때가 생각난다. 연구실에는 책상 두 개가 90도로 맞대어 있었는데, 교수님은 큰 책상에, 나는 작은 책상에 앉아서 일했다. 교수님이 원고를 주면 내가 정서해서 다시 교수님에게 주었다. 한번은 교수님이 "자네, 내가 쓴 쉼표는 다 어떻게 한 거야?"라고 말했다.

어쩌다 보니 통계학자

"They have a wonderful author-editor relationship."

리처드 테일러, 뉴요커, www.cartoonbank.com

와일리 출판사의 발간사

조지 박스를 잘 모르는 사람에게 그를 한 마디로 소개한다면 통계학 분야에서 그리스 신화에 나오는 타이탄과 같은 존재라고 말하고 싶다. 독학으로 공부했음에도 불구하고 자신의 경험과 통계적 지식을 바탕으로 공정개선을 비롯한 여러 분야에서 많은 기여를 했으며 인품 또한 더할 나위 없이 좋은 박스는 한 마디로 우리의 현재를 있게 한 사람이라고 말하고 싶다.

박스가 94세가 되는 해에 그의 삶과 친구와 공로를 기리기 위해 이 책을 발간하게 되었다. 그는 2,000편 이상의 학술논문을 발표하였으며, 와일리 출판사에서만 12권의 책(목록 참조)을 출판하였고 그 책들은 전 세계에 25만 권 이상이 팔렸다. 미국품질학회와 미국통계학회가 학술지 테크노메트릭스Technometrics를 공동으로 발행하게 하는 데도 크게 기여했다.

박스를 직접 만나 본 대부분의 사람들은 한결같이 그가 신사이고 자상한 아버지이며 헌신적인 배우자라고 말한다. 그는 누구를 만나든 그 사람의 삶에 상당한 영향을 끼쳤다. 그 사람이 열정적인 젊은 통계학자이든 경험 많은 편집장이든 예외 없이 말이다. 그가 미소를 띨 때면 충고와 곁들여 지혜를 전달해 주려는 것이다. 물론 그것도 유머가 넘치게. 자기가 하는 일에 어떠한 보상도 따르지 않았지만, 자기 일을 떠벌이지도 않았고 자신이 추구한 대부분의 일을 달성했다. 그는 아마도 대학원생이나 편집장이 만날 수 있는 가장 잊을 수 없는 인물이지 않을까 싶다.

이 책을 발간하는 데 특히 두 사람의 도움이 컸다. 한 사람은 박스와 27년을 함께 한 그의 아내 클레어이고, 또 한 사람은 그의 친구이자 연구조교였던 주디스 앨런이다. 두 사람은 박스가 이 책을 쓰는 동안 지원을 아끼지 않았다.

와일리 출판사의 전체 임직원들은 통계학을 발전시킨 박스 박사의 모든 업적에 무한한 감사를 표하고 있다. 우리는 그가 계속 우리 곁에 있기를, 그리고 미래 세대의 글과 마음에 언제나 타이탄으로 남아 있기를 바란다.

와일리 출판사에서 발간한 박스의 책

Evolutionary Operation: A Statistical Method for Process Improvement, Box-Draper, 1969.

Statistics for Experimenters: An Introduction to Design, Data analysis, and Model Building, Box-Hunter-Hunter, 1978.

Empirical Model-Building and Response Surfaces, Box-Draper, 1986.

Bayesian Inference in Statistical Analysis, Box-Tiao, 1992.

Statistical Control: By Monitoring and Feedback Adjustment, Box-Luceño, 1997.

Evolutionary Operation: A Statistical Method for Process Improvement, Box-Draper, 1998.

Statistics for Experimenters: An Introduction to Design, Innovation, and Discovery, 2nd Edition, Box-Hunter-Hunter, 2005.

Improving Almost Anything: Ideas and Essays, Revised Edition, Box-Friends, 2006.

Response Surfaces, Mixtures, and Ridge Analyses, 2nd Edition, Box-Draper, 2007.

Time Series Analysis: Forecasting and Control, 4th Edition, Box-Jenkins-Reinsel, 2008.

Statistical Control by Monitoring and Adjustments, 2nd Edition, Box-Luceño-Paniagua Quiñones, 2009.

An Accidental Statistician: The Life and Memories of George E. P. Box, Box, 2013.

감사의 글

이 회고록을 쓰는 긴 시간 동안 여러 번 몸이 아팠다. 아내 클레어 역시 몸이 좋지 않을 때가 많았는데, 아픈 나 때문에 더 힘들었을 것이라고 생각된다. 그녀의 너그럽고 헌신적인 도움이 없었다면 이 회고록은 빛을 보지 못했을 것이다. 온 마음을 다해 아내의 도움에 감사한다. 아내는 뭔가 삐걱거릴 때마다 해결책을 찾아주었을 뿐 아니라, 그것을 이해하고 즐거운 마음으로 처리할 수 있도록 도와주었다.

아내 외에도 특별히 고마움을 전해야 할 사람들이 많다.

보바스 에이브러햄, 주디 헌터, 데이비드 베이컨, 스튜 헌터, 포드 밸런타인, 브라이언 조이너, 에르네스토 바리오스, 팀 크레이머, 맥 버도우, 케빈 리틀, 수 버도우, 알베르토 루쎄뇨, 클레어 박스, 메르브 뮐러, 조앤 박스, 비제이 나이르, 헬렌 박스, 라스-에릭 올러, 해리 박스, 주디 페이젤, 로빈 채프먼, 다니엘 뻬냐, 노먼 드레이퍼, 호세 라미레스, 콘래드 펑, 마리안 로스, 래리 하우, 사비에르 토르트, 마가레트 홈우드, 존 솔브 티세달 여러 장의 사진을 제공해 준 브렌트 니카스트로와 친구 주디스 앨런에게도 감사드린다.

어쩌다 보니 통계학자

옮긴이의 글

오랫동안 통계학과 인연을 맺어 왔다. 지난 세기에는 몇 권의 통계 책을 썼는데, 지금 생각해 보면 참으로 부끄럽다. 딱히 전하는 메시지도 없었고, 그저 '어떻게 해야 하는가'라는 참으로 단순한 질문에 대한 답을 나열한 것에 지나지 않았다. 하지만 같은 실수를 반복할까 두려워 하면서도 포기할 수는 없었다.

이번 세기에 접어들면서는 개인적으로 커다란 변화를 겪었다. 그 변화는 리처드 도킨스Richard Dawkins의 저서 『만들어진 신*The God Delusion*』을 접하면서 시작되었다. 내용에 전적으로 공감하기도 했지만, 그보다는 그 책이 나를 과학철학의 세계로 이끌었다는 점에서 그랬다. 나의 과학철학 탐구는 이렇게 시작됐다. 물리학, 화학, 생물학, 천문학, 지질학 같은 기초과학을 과학사적으로 탐구했고, 과학사 탐구는 과학자라고 불리는 인물들에 대한 관심을 동반했다. 이런 탐구의 결과는 이번 세기 들어 출판한 책에 고스란히 드러냈다. 오랫동안 통계학 분야에 몸을 담고 있으며 이런 변화를 겪은 나에게 통계학의 거장 조지 박스의 자서전을 번역하는 것은 어찌보면 운명적인 일이었다.

　19세기 말 진화론을 증명하는 과정에서 싹트기 시작한 통계학은 20세기 과학혁명과 더불어 학문으로 정립되고 과학 연구의 중요한 도구로 자리 잡았다. 조지 박스는 이 과정에서 지울 수 없는 그리고 큰 흔적을 남긴 인물이다. 통계학이 학문으로 정립되고 발전하는 이야기를 그 현장에 있었던 박스를 통해 듣는 것은 참으로 흥미진진하다. 20세기 통계학사에서 조지 박스를 빼면 할 이야기가 얼마나 남을까 하는 의문이 들 정도다.

　자서전 전체에 걸쳐 박스가 전하는 메시지 중 하나는 모든 연구가 현실의 문제를 해결하는 과정에서 나왔다는 것이다. 박스는 통계적 방법이 현실의 문제에서 기인하고 현실의 문제와 연결될 때 의미를 가진다는 것을 자신의 삶을 통해 보여 주었다. 통계학에 몸담고 있는 사람에게는 어떻게 통계학을 연구해야 하는지를 보여 주었고, 다른 분야의 사람에게는 통계학이 어떤 것보다 더 효율적인 도구임을 보여 주었다. 통계학이 추상 세계의 그 무엇이 아니라 현실 세계에서 펄떡펄떡 살아 숨 쉬는 것이라는 것을. 이 자서전을 통해 박스가 통계학에 생명을 불어넣은 인물 중 한 명임을 알 수 있다. 20세기 통계혁명의 한 가운데 있었던 조지 박스의 삶을 통해 통계학과 과학에 대한 시각의 변화를 기대한다.

　이외에도 박스의 흥미로운 삶의 여정, 영감을 불어넣어 주는 연구와 그 뒷이야기도 들을 수 있다. 박스의 넓고 깊은 인간관계와 더불어 학문적으로는 타이탄 같은 박스의 한없이 인간적인 면도 볼 수 있다. 중간 중간 등장하는 에피소드는 박스의 타고난 이야기꾼 자질과 유머 감각을 보여준다. 무엇보다 박스와 친구들 사이의 우정은 깊은 감동을 준다.

　박스의 자서전을 번역하기로 한 생각의힘 출판사의 용기와 결단에 경의를 표하고 싶다. 박스가 거장이긴 하지만 일반인들이 자주 접하지 않는 통계학 분야의 인물이기 때문이다. 내게 이 책을 옮길 기회를 준 것에도 감사하지 않을 수 없다. 원고를 교정하고 편집하느라 애쓴 생각의힘 편집부에도 특별한 고마움을 전한다.

박중양

경상대학교 자연과학대학 정보통계학과

주석

1) "On the Experimental Attainment of Optimum Conditions" Box, G. E. P.
and Wilson, K. B. (1951) *Jour. Royal Stat. Soc. Series B*, 13, 1-45.

2) *Box on Quality and Discovery*: George Tiao, Søren Bisgaard, William J.
Hill, Daniel Peña, Stephen M. Stigler (2000) John Wiley & Sons.

3) *Statistics for Experimenters*: Box, G. E. P., Hunter, William G. and Hunter, J.
Stuart (1978) John Wiley & Sons.

4) *Time Series Analysis: Forecasting and Control*: Box, G. E. P. and Jenkins,
Gwilym M. (1970) Holden-Day.

5) *Bayesian Inference in Statistical Analysis*: Box, G. E. P. and Tiao, George C.
(1973) Addison Wesley.

6) *Statistical Control by Feedback and Adjustment*: Box, G. E. P. and Luceño,
Alberto (1997) John Wiley & Sons.

7) Alfred P. Morgan, *The Boy Electrician*, Lathrop, Lee & Shepard, 1913.

8) William Shakespeare, *The Complete Works of William Shakespeare*, Vol. 2,
Garden City, NY: Nelson Doubleday, Inc., nd, p. 799.

9) Ronald Hicks and G. E. Pelham Box, "Rate of Solution of Air and Rate

of Transfer for Sewage Treatment by Activated Sludge Process," *Sewage Purification, Land Drainage, Water and River Engineering*, Vol. 1, June 1939, pp. 271-278. 힉스는 내 상관이었는데 논문 작성에는 참여하지 않았다.

10) 해상은 육상과 달랐다. 영국과 프랑스가 독일에 선전포고를 하자, 바로 영국 여객선 에스에스 아테니아ss Athenia 호가 어뢰에 격침되면서 전투가 시작되었다. 다수의 상선을 잃은 영국은 식량 수입에 어려움을 겪었다. 적은 영국 국민을 굶겨 죽이려고 했다.

11) 막사 구조물은 침대 두 개를 마주 놓고 그 사이에 복도를 둘 수 있을 정도로 넓었으며, 구조물을 계속 연결하면 원하는 만큼 긴 막사를 지을 수 있었다. 스토브는 수직으로 서 있었고, 연통은 지붕을 통해 밖으로 빠져나갔다.

12) 정상적이지만 실제로는 엉망진창인 상황을 미군에서는 SNAFU라고 한다.

13) 일주일분 고기 배급량은 당시 화폐로 1실링 6펜스어치로 제한되어 있었다.

14) *Instructions for American Servicemen in Britain 1942*, United States War Department, 1942.

15) 그중 두 권이 피셔의 책 *Statistical Methods for Experimenters*와 *Design of Experiments*였고, 다른 책들은 피셔의 가르침을 응용한 것이었다. *Statistical Methods in Forestry and Range Management*는 최소제곱법이 잘 설명되어 있었고, 다른 책들은 교육법을 개선하기 위해 통계적 방법을 사용하는 것에 관한 것이었다.

16) H. Cullumbine and G. E. P. Box, "Treatment of Lewisite Shock with Sodium Salt Solutions," *British Medical Journal*, April 20, 1946, pp. 607-608; G. E. P. Box and H. Cullumbine, "The Relationship between Survival Time and Dosage with Certain Toxic Agents," *British Journal of Pharmacology*, Vol. 2, 1947, pp. 27-37.

17) 가우스는 최소제곱추정치가 임의의 선형비편향추정치보다 분산이 작다는 것을 증명했다.

18) G. E. P. Box and G. C. Tiao, "A Canonical Analysis of Multiple Time Series," *Biometrika*, Vol. 64, 1977, pp. 355-365.

19) G. E. P. Box, "Evolutionary Operation: A Method of Increasing Industrial Productivity," *Applied Statistics*, 1957.

어쩌다 보니 통계학자

20) G. E. P. Box, J. S. Hunter, and W. G. Hunter, *Statistics for Experimenters*, 2nd ed., Wiley, New York, 2005, p. 163.

21) 피셔는 우리 논문을 좋아했을 뿐만 아니라 발표할 학술지를 추천하기까지 했다.

22) G. E. P. Box and K. B. Wilson, "On the Experimental Attainment of Optimum Conditions," *Journal of the Royal Statistical Society*, Series B, Vol. 13, 1951, pp. 1-45.

23) G. E. P. Box and D. R. Cox, "An Analysis of Transformation," *Journal of the Royal Statistical Society*, Pt. B, Vol. 26, 1964, pp. 211-252.

24) 채플힐 캠퍼스를 포함한 노스캐롤라이나 대학교의 한 부분으로 당시에는 노스캐롤라이나 주립칼리지라고 불렀다.

25) G. E. P. Box, "The Exploration and Exploitation of Response Surfaces: Some General Considerations and Examples," *Biometrics*, Vol. 10, No. 1, 1954, pp. 16-60.

26) 통계적으로 유의하다는 것이 중요하다는 의미가 아님을 명심해야 한다.

27) 윈저화Winsorizing라고 하는데, 윈저화는 특이점을 제거하기 위해 크거나 작은 관찰치를 제거하는 것을 말한다.

28) 1984년 4월 6일 도널드 벤켄이 보낸 편지에서 발췌한 내용이다.

29) G. E. P. Box and D. W. Behnken, "Some New Three Level Designs for the Study of Quantitative Variables," *Technometrics*, Vol. 2, No. 4, 1960, pp. 455-475.

30) R. A. Fisher, *Statistical Methods for Research Workers*, Oliver & Boyd, Edinburgh, 1925.

31) F. Wilcoxon, "Individual Comparisons by Ranking Methods," *Biometircs Bulletin*, Vol 1, 1945, pp. 80-83. 이 논문은 밥스-메릴Bobbs-Merrill 사회과학 분야 번각시리즈Reprint Series in Social Sciences S-541에도 복각되었고, 1964년 아메리칸 사이언아미드, 스탬포드 연구실, 살충제와 살진균제 연구팀의 프랭크 윌콕슨과 로베르타 윌콕스가 쓴 소논문 *Some Rapid Approximate Statistical Procedures*에도 포함되었다.

32) D. M. Steinberg and S. Bisgaard, "Technometrics: How It All Started," redOrbit.com, March 10, 2008.

33) 1939년 출판된 *Old Possum's Book of Practical Cats*에 수록된 엘리엇의 시 'Macavity: The Mystery Cat'에서 인용함.

34) 그들의 이름과 전공 분야는 다음과 같다.

- 조지 박스 — 실험설계, 시계열
- 존 걸런드John Gurland — 수리통계, 의학통계
- 노먼 드레이퍼 — 실험설계
- 어윈 거트만Irwin Guttman — 수리통계
- 조지 탸오 — 계량경제
- 샘 우 — 기계공학
- 빌 헌터 — 화학공학
- 도널드 와츠Donald Watts — 전자공학 신호처리
- 제롬 클로츠Jerome Klotz — 수리통계
- 버나드 해리스Bernard Harris — 수리통계
- 조지 루사스George Roussas — 실험설계
- 리처드 존슨Richard Johnson — 수리통계
- 고우리 바타차랴Gouri Bhattacharyya — 수리통계
- 아싯 바수Asit Basu — 수리통계
- 스티븐 스티글러Stephen Stigler — 수리통계, 통계학사
- 그레이스 와바Grace Wahba — 수리통계
- 존 밴 라이진John Van Ryzin — 수리통계
- 조셉 세드랜스크Joseph Sedransk — 수리통계

35) 젠킨스G. M. Jenkins, 피셔, 바너드, 린들리D. V. Lindley, 더빈J. Durbin, 스톤M. Stone, 라이파H. Raiffa, 슐라이퍼R. Schlaiffer, 모스텔러F. Mosteller, 터키, 앤스콤F. Anscombe, 프레이저D. J. Fraser, 가이저S. Geisser, 젤너A. Zellner 등이 그들이다.

36) 1978년 6월 1일 발간된 위스콘신 대학교 통계학과 평가위원회 보고서(프랭크 베이커Frank Baker, 제임스 크로우James Crow, 로렌스 랜드웨버Lawrence Landweber, 모턴 로스스테인Morton Rothstein, 하워드 톰슨Howard Thompson, 핼 윈즈보로우Hal Winsborough 등 6명의 교수가 평가위원이었다.)

37) 레슬리 키시는 2000년 10월 7일 사망했다. 아이븐 펠러지Ivan Fellegi가 저술한 *Statisticians in History*의 "Leslie Kish 1910-2000"을 보면 레슬리의 삶에 대

해 더 많은 것을 알 수 있다. 다음 웹사이트에서도 그 내용을 볼 수 있다. http://www.amstat.org/about/statisticiansinhistory/index.cfm?fuseaction= biosinfo&BioID=9

38) 이들의 면면은 다음과 같다.

1967~68: 프린스턴 대학의 스튜어트 헌터

1968~69: 호주 애들레이드 소재 호주연방과학원의 그레이엄 윌킨슨

1969~70: 아메리칸 사이언아미드의 도널드 벤켄

1970~71: 뉴멕시코 주립대학 실험통계학과의 모리스 사우스워드

1972~73: 오클랜드 대학의 하비 아널드

1973~74: 스웨덴 우미에 대학의 스반테 월드

39) 린들리와 스톤은 둘 다 베이즈 방법을 연구한 통계학자이다. (특히 어떤 사전분포를 사용하느냐에 따라 베이즈 가설검증과 빈도론적 가설검증 결과가 다를 수 있다는 직관에 어긋나는 상황을 1957년 린들리가 역설이라고 한 이후 이를 린들리의 역설이라고 한다.－옮긴이)

40) 스타인은 베이즈 방법으로 구한 결과를 비베이즈적 논리로 다시 정의한 축소추정치를 제안했다.

41) 리먼은 베이즈 방법론을 지지하지 않은 버컬리의 통계학자이다.

42) 로리 조이너(1943. 6. 6~2010. 5. 21)는 조이너어소이에이츠의 최고운영담당관으로 일했다. 그녀는 짧은 투병 끝에 사망했다.

43) 테크노메트릭스는 생물통계분야 학술지 바이오메트릭스에 대응하는 용어이다. 테크노는 당연히 기술을 일컫는 말이다.

44) G. E. P. Box and N. R. Draper, *Evolutionary Operation: A Statistical Methods for Process Improvement*, Wiley, New York, 1969.

45) K. D. Kotnour, G. E. P. Box, and R. J. Altpeter, "A Discrete Predictor-Controller Applied to Sinusoidal Perturbation Adaptive Optimization," *Instrument Society of America Transactions*, Vol. 5, No. 3, July 1966, pp. 255-262.

46) 여기서 비정상적이란 말은 일반적으로 가정하는 것과 달리 잡음이 고정점을 중심으로 안정적으로 변하지 않는다는 의미이다.

47) 후에 쓴 시계열 책에 나오는 자료 중 하나는 우리가 제작한 반응기를 이용해서

수집한 자료이다.

48) G. E. P. Box and G. M. Jenkins, "Some Statistical Aspects of Optimization and Control," *Journal of the Royal Statistical Society*, Vol. 24, No. 2, 1962, pp. 297-343.

49) U. S. Department of Commerce, *Statistical Abstract of the United States*, 1950. 이는 1867년부터 1948년까지 82년간 미국 돼지 거래와 관련된 5차원 다중 시계열 자료이다.

50) 라인셀은 56세의 젊은 나이에 2004년 5월 5일 사망했다. 그는 통계학과에서 존경받는 교수로 28년간 재직했다.

51) 일찍이 피셔가 그런 말을 했었다.

52) B. Abraham, *Linear Models, Time Series and Outliers*, Ph.D. dissertation, University of Wisconsin, Madison 1975.

53) B. Abraham and G. E. P. Box, "Linear Models and Spurious Observations", Applied Statistics, Vol. 27, No. 2, 1978, pp. 131-138; and B. Abraham and G. E. P. Box, "Bayesian Analysis of Some Outlier Problems in Time Series", *Biometrika*, Vol. 66, No. 2, 1979, pp. 229-236.

54) B. Abraham and J. Ledolter, *Statistical Methods for Forecasting*, 2nd ed., Wiley-Interscience, New York, 2005; and B. Abraham and J. Ledolter, *Introduction to Regression Modeling*, Thomsen Brooks/Cole, Belmont, CA, 2006.

55) G. M. Ljung and G. E. P. Box, "On a Measure of a Lack of Fit in Time Series Models," *Biometrika*, Vol. 65, No. 2, 1978, pp. 297-303.

56) G. E. P. Box and G. C. Tiao, 'A Further Look at Robustness Via Bayes Theorem,' *Biometrika*, Vol. 49, 1961, pp. 419-432.

57) G. C. Tiao, Bayesian Assessment of Statistical Assumptions, Ph. D. Economics, University of Wisconsin, 1962.

58) *Bayesian Inference in Statistical Analysis*, John Wiley and Sons, New York, 1973.

59) G. E. P. Box and G. C. Tiao, "A Bayesian Approach to Some Outlier Problems," *Biometrika*, Vol. 55(1), 1968, pp. 119-129.

60) 2012년 5월 30일 래리 하우와의 대화 중에 나온 이야기이다.

61) 실험설계에 관한 피셔의 첫 번째 논문은 R. A. Fisher, "The Arrangement of Field Experiments," *The Journal of the Mistry of Agriculture*, Vol. 33, 1926, pp. 503-513이다.

62) G. E. P. Box and G. C. Tiao, "Intervention Analysis with Application to Economic and Environmental Problems," *Journal of the American Statistical Association*, Vol. 70, No. 349, 1975, pp. 70-79.

63) G. C. Tiao, G. E. P. Box, and W. J. Hamming, "A Statistical Analysis of the Los Angeles Ambient Carbon Monoxide Data 1955-1972," *Journal of the Air Pollution Control Association*, Vol. 25, No. 11, 1975, pp. 1129-1136.

64) 흑마부대는 1913년 우드로 윌슨 대통령 취임식 이래 모든 대통령 취임식 행렬에 참여했다.

65) H. C. Box, *Set Lighting Technicians's Handbook: Film Lighting Equipment, Practice, and Electrical Distribution*, 4th ed., Elsevier (Focal Press), New York, 2010.

66) W. G. Hunter, *Generation and Analysis of Data in Non-Linear Situation*, Ph. D. dissertation, University of Wisconsin, Madison, 1963.

67) 눈썹이 멋진 샘 어빈 상원의원이 주재한 청문회에서 법률고문 존 딘, 대통령 수석보좌관 홀더먼, 내정 담당 보좌관 존 에릭만을 비롯한 여러 증인들의 증언이 있었다.

68) C. Fung, "Some Memories of Bill Hunter," Sep. 2009, http://williamhunter. net/email/conrad_fung.cfm에서 발췌함.

69) 루이스 아리마니 데 파블로스Luis Arimani de Pablos, 다니엘 뻬냐 산체스 데 리베라Daniel Peña Sanchez de Rivera, 하비에르 또르트-마르또렐 아브레스Javier Tort-Martorell Llabres, 알베르토 프라트 바르테스Alberto Prat Bartes가 초판을 번역했으며, 2판은 사비에프 토마스 모레르Xavier Tomas Morer와 에르네스토 바리오스 사무디오Ernesto Barrios Zamudio가 번역했다.

70) 다음은 그때 편지를 쓴 친구들이다.

보바스 에이브러햄, 하네스 레돌트, 시그 앤더슨, 케빈 리틀, 데이브 베이컨, 그레타 융, 스티브 베일리, 존 맥그리거, 돈 벤켄, 폴 뉴볼트, 지나 첸, 라스 팰러슨,

주석

341

래리 하우, 데이브 피어스, 빌 힐, 제이크 스레드니, 빌 헌터, 데이비드 스타인버그, 스튜 헌터, 류에이 짜이, 히로 카네마스, 존 베츠, 딘 빈헤른

71) W. G. Hunter, "101 Ways to Design an Experiment, or Some Ideas About Teaching Design of Experiment," CQPI Technical Report No. 413, June 1975.

72) 여기서 언급한 내용은 "The Importance of Practice in the Development of Statistics," *Technometrics*, Vol. 26, No. 1, Feb. 1984, pp. 1-8에도 일부 실려 있다.

73) 영국의 조지 바너드가 거의 같은 시기에 거의 같은 계기로 독자적으로 순차검증을 개발했다는 사실은 순차검증이 과학연구가 요구하는 반복성을 통과했다는 의미여서 상당히 고무적이다. 프랭크 앤스콤의 제자인 이완 페이지Ewan Page는 순차검증과 유사하게 목표치로부터의 차이를 누적한 값을 그래프로 그리는 누적합관리도를 고안했고, 바너드는 V 마스크mask를 도입하여 누적합관리도를 발전시켰다. 누적합관리도는 후진 양측 순차검증과 상당히 유사하다. 누적합관리도가 공업분야에서 유용하다는 것은 산업현장에서 입증되었다. 누적합관리도는 사후분석을 통해 중요한 사건이 일어난 과거 시점을 찾아내는 것을 가능하게 해 주고, 이는 다시 그 사건이 일어난 원인을 찾아낼 수 있게 해 준다.

74) G. E. P. Box, J. S. Hunter, and W. G. Hunter, *Statistics for Experimenters: Design, Innovation and Discovery*, John Wiley & Sons, Hoboken, NJ, 2005.

75) 혁신에 대한 본문의 일부는 "Innovation in Quality Engineering and Statistics," by G. E. P. Box and W. Woodall, *Quality Engineering*, Vol. 21, 2012, pp. 20-29에서 발췌했다.

76) S. Bisgaard, "The Future of Quality Technology: From a Manufacturing to a Knowledge Economy and from Defects to Innovations," (2005 Youden Address) *ASQ Statistics Division Newsletter*, Vol. 24, No. 2, 2006, pp. 4-8. http://www.asq.org/statistics/에서도 볼 수 있으며, *Quality Engineering*, Vol. 24, No. 1, 2012, pp. 29-35에 다시 게재되었다.

77) E. de Bono, *Lateral Thinking*, Harper and Row, New York, 1970; and *Lateral Thinking: A Textbook of Creativity*, Viking, New York, 2009.

78) G. E. P. Box and M. E. Muller, "A Note on the Generation of Random Normal Deviates," *Annals of Mathematical Statistics*, Vol. 29, No. 2, 1958, pp. 610-611.

79) 알프레드 러셀 월리스Alfred Russel Wallace, 1823~1913도 자연선택에 의한 진화 이론을 주창했다. 월리스가 다윈에 가려진 면이 있지만, 두 사람은 정기적으로 서신을 교환하며 서로의 연구를 지지했다.

80) J. Adair, *Leadership for Innovation: How to Organize Team Creativity and Harvest Ideas*, Kogan Page Limited, London, 1990.

81) P. R. Scholtes, B. L. Joiner, and B. J. Streibel, *The Team Handbook*, 3rd ed., Oriel Inc., Medison, WI, 2003.

82) E. de Bono, *Six Thinking Hats*, Little Brown and Company, Boston, 1985.

83) P. R. Scholtes, *The Leader's Handbook: Making Things Happen, Getting Things Done*, McGrawHill, New York, 1998.

84) G. E. P. Box and S. Narasimhan, "Rethinking Statistics for Quality Control," *Quality Engineering*, Vol. 22, No. 2, 2010, pp. 60-72.

85) G. E. P. Box and R. D. Meyer, "Studies in Quality Improvement: Dispersion Effects from Fractional Designs"; G. E. P. Box and R. D. Meyer, "An Analysis for Unreplicated Fractional Factorials"; G. E. P. Box and R. D. Meyer, "Analysis of Unreplicated Factorials Allowing for Possibly Faulty Observations"; W. G. Hunter, "Managing Our Ways to Economic Success: Two Untapped Resources"; P. R. Scholtes, "My First Trip to Japan"; B. L. Joiner and P. R. Scholtes, "Total Quality Leadership vs Management Control"; S. Bisgaard and W. G. Hunter, "Studies in Quality Improvement: Designing Environmental Regulations"; G. E. P. Box and C. A. Fung, "Studies in Quality Improvement: Minimizing Transmitted Variation by Parameter Design"; W. G. Hunter and A. P. Jaworski, "A Useful Method for Model-Building II: Synthesizing Response Functions from Individual Components."

86) G. E. P. Box, L. W. Joiner, S. Rohan, and F. J. Sensenbrenner, "Quality in the Community: One City's Experience," Center for Quality and

Productivity Improvement Technical Report No. 36, June 1989. (1989년 토론토에서 개최된 연례 품질총회에서 발표)

87) S. Reynard, "The Deming Way: Management Technique Saves Money in Madison," *The Milwaykee Journal*, March 1, 1985, p. 6.

88) 이 여섯 사람은 "Quality Practices in Japan," in *Quality Progress*, March 1988, pp. 37-41을 같이 썼다.

89) 과거에 사용하던 살수여상법도 호기성 미생물을 이용한다.

90) 집들이 선물로 빵, 소금, 포도주를 가져가는 것이 영화보다 더 오래된 풍습이긴 하지만, 이 글은 1945년 프랭크 캐프라Frank Capra가 감독한 "멋진 인생It's a Wonderful Life"이란 영화에 나오는 대사이다.

91) M. Gandy, "Planning, Anti-planning and the Infrastructure Crisis Facing Metropolitan Lagos," *Urban Studies*, Vol. 43, No. 2, Feb. 2006, p. 378. 이 논문은 http://www.emin.geog.ucl.ac.uk/~mgandy/urbanstudies.pdf에서도 볼 수 있다.

92) P. M. Berthouex, G. E. P. Box, and J. Darjatmoko, "Discriminant Upset Analysis," *University of Wisconsin Center for Quality and Productivity Improvement Technical Report* No. 30, May 1988. P. M. Berthouex and G. E. P. Box, "Time Series Models for Forecasting Wastewater Treatment Plant Performance," *Water Research*, Vol. 30, No. 8, Aug. 1996, pp. 1865-1875.

93) 여기서 로빈은 로빈 채프먼Robin Chapman을 말한다. 우리 모임에 자주 참석한 로빈은 친구이자, 시인이며 과학자였다.

94) G. E. P. Box and J. Tyssedal, "The Sixteen Run Two-Level Orthogonal Arrays," *Biometrika*, Vol. 83, No. 4, 1996, pp. 950-955.

95) 한 평론가는 이 오르간에 대해 "이 오르간은 호탕한 소리를 내는 떨판을 가지고 있어서 덴마크의 유명한 오르간 연주자 북스테후데의 찬미환상곡 연주뿐만 아니라 웅장한 서곡에 어울리는 악기이다."라고 했다. 오르간 연주자 크리스토퍼 헤릭의 오르간 앨범 "북스테후데: 오르간 작품 총괄"의 2집 해설에 의하면 이 앨범은 2009년 1월 니다로스 대성당 오르간으로 연주한 것을 녹음한 것이라고 되어 있다. 이 앨범은 2010년 1월에 발매되었다. 오르간의 역사에 관한 하워드 구돌Howard Goodall의 글과 http://www.hyperion-records.co.uk/

al.asp?al=CDA67809에서 이런 사실을 확인할 수 있다. 구돌의 글은 http://
www.howardgoodall.co.uk/works/tv-presenting/howard-goodalls-
organ-works/hgs-quite-interesting-organobilia에서 볼 수 있다.

96) *Statistical Control: By Monitoring and Feedback Adjustment*, John
Wiley & Sons, New York, 1997. 브룸바 상을 받게 해 준 논문은 "Discrete
Proportional-Integral Adjustment and Statistical Process Control," *Journal
of Quality Technology*, Vol. 29, No. 3이다.

97) 푸른 수녀에 관해 더 알고 싶으면 인터리시Inturrisi가 쓴 "A Monastery Stay:
Expect the Austere," *The New York Times*, Oct. 1, 1989를 보기 바란다.

연대표

1919	10월 18일 영국 그레이브젠드에서 태어남.
1929	장학생으로 그레이브젠드 공립학교 2학년에 입학.
1936	16세에 그레이브젠드 공립학교를 졸업하고 그레이브젠드 폐수처리장에서 보조 화학자로 근무.
	런던대학의 화학분야 대학 외 학위를 취득하기 위해 질링엄 전문대학에서 일주일에 두 번씩 오후 강의를 수강.
1938	런던에서 9일에 걸쳐 중급 과학시험을 치르면서 과학적 방법에 관한 기본적인 개념을 깨우침.
1939	기타를 배우기 시작.
	6월: 첫 논문을 발표.
	9월: 독일에 대한 선전포고가 이루어짐.
	10월: 런던대학에서의 공부를 중단하고 육군에 입대.
1939~40	솔즈베리 인근에 주둔한 부대에서 복무.
1941	포턴 다운 화학전 방어 실험기지에서 복무.
	해리 컬럼바인 교수와 논문을 발표.
1942	로널드 피셔를 처음으로 만남.
1945	제시 워드와 결혼.
1945	1945년 5월 8일 유럽 전승 기념일
	6월: 독일 라웁카마 실험기지에서 6개월간 비밀 임무를 수행.
	12월 말: 군에서 제대.

1946	대영제국메달을 받음.
1946	1월: 런던 소재 유니버시티 대학에서 이건 피어슨의 지도를 받으며 통계학 공부를 시작. 3년 학부과정을 18개월 만에 우등으로 수료하고, 남은 기간 동안 대학원 공부를 함.
	여름: ICI에서 실습. ICI에서 통계학 책 『작은 데이비스』를 공저로 발간.
1947	런던대학에서 이학사를 받음.
	왕립통계학회에서 조지 바너드를 만남.
	여름: 졸업 후에도 일한다는 조건으로 3학년 때 ICI 염료부서에서 급여를 받으면서 일을 시작.
	ICI 통계분석연구단원이 됨.
1949	유니버시티 대학의 3년 과정을 마침.
1949~51	샐퍼드 전문대학에서 야간강의를 함.
1950	반응곡면방법에 관한 연구를 시작.
1951	윌슨과 함께 반응곡면방법에 관한 논문을 발표.
1950년대	맨체스터 대학 모리스 바틀릿 교수의 강의를 수강.
1952	박사학위를 받음.
1953	일 년간 노스캐롤라이나 주립대학에서 지냄. 이곳에서 스튜 헌터, 거트루드 콕스, 알렉스 칼릴 등을 만남. 프린스턴 대학에서 세미나를 하면서 존 터키를 만남. 처음으로 참석한 고든연구회에서 커스버트 대니얼과 프랭크 윌콕슨을 만남.
	운전을 배우고, 차를 사서 서부를 여행.
1954	ICI 이사회에 진화적 공정에 관한 글을 제출.
1955	여름방학 동안 ICI에 실습생으로 온 노먼 드레이퍼를 만남.
1956	터키에게서 프린스턴 대학으로 오라는 제안을 받음.
	프린스턴 대학 통계기법연구단의 단장으로 일함. (돈 벤켄, 메르브 뮐러, 헨리 세페 등과 같이 일함.) 귈림 젠킨스와 공동연구를 시작.
1957	진화적 공정에 관한 논문을 발표.
1957~58	새로운 학술지 테크노메트릭스에 관해 스튜 헌터, 커스버트 대니얼과 논의.
	기금을 조성하기 위해 단기강좌를 개최.
1959	귈림 젠킨스를 만남.
	프린스턴 대학 졸업을 앞두고 있던 빌 헌터를 만남.
	테크노메트릭스 창간호를 발행.
1959	학과를 신설하기 위해 매디슨으로 가서 수학연구센터에서 일함.
1960	조앤 피셔와 결혼.
	통계학 과목 강의를 시작. (고급 통계이론 등)
	빌 헌터가 위스콘신 대학 대학원 박사과정에 입학.
	스튜 헌터가 1960~61년에 매디슨에서 지냄.
	귈림 젠킨스가 매디슨에 와서 지냄. 귈림 젠킨스와 함께 공군과학연구소로부터

어쩌다 보니 통계학자

10년간 연구비를 받음.

자동최적반응기를 제작하기 위해 올라프 하우겐과 함께 미국과학재단에 연구비를 신청해서 받음.

조지 탸오와 샘 우를 만남.

10월: 딸 헬렌이 태어남.

1961   조지 탸오와 공동으로 "A First Look at Robustness Via Bayes' Theorem"을 바이오메트리카에 발표.

월요일 밤의 맥주 모임을 시작. 1990년 은퇴할 때까지 모임을 계속.

1962   5월: 아들 해리가 태어남.

7월 29일: 73세의 나이로 피셔가 사망.

퀼림 젠킨스와 함께 쓴 첫 번째 논문 "Some Statistical Aspects of Optimization and Control"을 발표.

1963   젠킨스가 시계열에 관한 책을 쓰자고 제의. 랭커스터 여름 방문이 시작됨.

빌 헌터가 박사학위를 받고 조교수로 임용됨. 1966년 부교수, 1969년 정교수가 됨.

포드 재단의 후원으로 인도네시아에 감.

1964   데이비드 콕스와 함께 논문 "An Analysis of Transformations"를 발표.

1965~66 일 년 동안 하버드 경영대학에 있으면서 조지 탸오와 베이즈 통계학에 관한 책 저술 작업을 함.

1967~68 스튜 헌터를 첫 번째 전임교수로 채용.

1968   통계학과 교수가 17명이 되었음.

1969   와일리 출판사에서 진화적 공정에 관한 책 *Evolutionary Operation: A Statistical Method for Process Improvement*을 출판함. 노먼 드레이퍼가 참여한 2판은 1998년에 출판.

1970   홀든데이 출판사에서 젠킨스와 함께 쓴 시계열 책*Time Series Analysis: Forecasting and Control*을 출판.

1970~71 에섹스에서 일 년 동안 머물면서 조지 탸오와 베이즈 통계학 책 저술 작업을 함.

1970   조지 탸오, 스튜 헌터와 함께 스페인에서 단기강좌를 개최.

대니얼 뻬냐, 알베르트 프라트, 사비에르 또르뜨를 만남.

1973   와일리 출판사에서 조지 탸오와 함께 쓴 베이즈 통계학 책 *Bayesian Inference in Statistical Analysis*를 출판.

조지 탸오, 해밍 박사와 함께 로스엔젤리스 지역 공기오염에 관해 연구.

1974   브라이언 조이너를 전임 통계학자로 고용함. 조이너는 1983년까지 근무.

1975   로체스터 대학에서 명예이학박사학위를 받음.

1976   홀든데이 출판사에서 시계열 책 *Time Series Analysis: Forecasting and Control* 2판을 출판.

1978	빌 헌터, 스튜 헌터와 함께 쓴 *Statistics for Experimenters*를 출판.
	미국통계학회 회장에 선출됨.
1980	데밍이 출연한 프로그램 "일본이 할 수 있다면, 우리도 할 수 있다."가 방송됨.
1982	조지 탸오가 위스콘신 대학을 떠나 시카고 대학으로 감.
	봄에 불가리아를 방문.
	7월: 젠킨스가 사망.
1984	빌 헌터가 센센브레너 시장을 만남.
	65세 생일파티에서 제본된 편지집을 받음.
	왕립통계학회 설립 150회 기념식에서 영국 여왕을 만남.
1985	1월: 돈 벤켄이 60세의 나이로 사망.
	5월: 왕립통계학회 명예회원으로 선출됨.
	빌 헌터와 함께 CQPI를 설립.
	9월: 클레어 퀴스트와 결혼.
1986	2월: CQPI의 첫 보고서를 발간. (2월에만 9개 보고서를 발간.)
	6월: 다구치 교수와 일본 산업계를 살펴보기 위해 일본을 방문.
	12월 29일: 빌 헌터가 49세의 나이로 사망.
1987	봄: 콘래드, 쇠렌과 함께 매디슨에서 다구치 방법에 관한 단기강좌를 개설.
	가을: 콘래드, 쇠렌과 함께 매디슨에서 최초로 공업실험설계에 관한 단기강좌를 개설.
	와일리 출판사에서 노먼 드레이퍼와 함께 쓴 반응곡면분석에 관한 책 *Model-Building and Response Surfaces*을 출판.
	매디슨 지역 품질개선 네트워크를 조직.
1988	학술지 품질공학에 '조지의 칼럼'을 연재하기 시작.
	9월: 콘래드, 쇠렌과 함께 스웨덴에서 공업실험설계에 관한 단기강좌 개최.
1989	카네기멜론 대학에서 명예이학박사학위를 받음.
	5월 말에서 6월 초: 콘래드, 쇠렌과 함께 노르웨이 트론헤임에서 단기강좌를 개최.
1990	콘래드 펑, 쇠렌 비스가아드와 함께 한 단기강좌를 비디오테이프로 제작.
1990-91	첨단행동과학연구소에서 일 년을 지냄.
1991	은퇴.
	1991년 9월~1992년 10월: 알베르토와 마리안이 매디슨에 와서 지냄.
	카이로에서 개최된 국제통계학회에 참석하는 길에 이스라엘 방문.
1992	와일리 출판사에서 베이즈 통계학 책 *Bayesian Inference in Statistical Analysis* 2판을 출판.
1993	클레어와 함께 스페인 산탄데르를 처음으로 방문.
1994	그렉 라인셀이 공저자로 참여한 시계열 책 *Time Series Analysis: Forecasting and Control* 3판을 출판.

1995	마드리드의 카를로스 3세 대학에서 명예박사학위를 받음.
	1995-96 : 클레어와 함께 산탄데르에서 일 년을 지냄.
	4월 초 : 노르웨이 트론헤임에서 "품질개선의 과학적 의미"를 강연.
1997	알베르토 루쎄뇨와 함께 *Statistical Control and Monitoring and Feedback Adjustment*을 출판.
1998	1998-99 : 클레어와 함께 다시 산탄데르에서 1년을 지냄.
1999	핀란드에서 개최된 국제통계학회에 참석.
	10월 : 조지 탸오가 시카고에서 80회 생일 축하파티를 열어 줌.
2000	파리 국립예술원에서 명예박사학위를 받음.
	캐나다 워털루 대학에서 명예박사학위를 받음
2002	8월 9일 : 조지 바너드가 87세의 나이로 사망.
2004	5월 5일 : 그렉 라인셀이 56세의 나이로 사망.
2006	1월 1일 : 알베르트 프라트가 사망.
2007	와일리 출판사가 노먼 드레이퍼와 함께 쓴 *Response Surfaces*, *Mixtures*, *and Ridge Analyses*를 복간.
2009	12월 14일 : 쇠렌이 58세의 나이로 사망.
	10월 : 클레어가 매디슨에서 90세 생일파티를 열어 줌.
	카르멘 파니아과-퀴뇨네스가 공저자로 참여한 *Statistical Control and Monitoring and Feedback Adjustment* 3판을 출판.
2010	위스콘신 대학 통계학과 설립 50주년 기념행사를 개최.
	수렌다르 나라심한과 쓴 논문 "Rethinking Statistics for Quality Control"을 발표하여 브룸바 상을 수상. (이로써 브룸바 상 다섯 차례 수상.)
	10월 : 가벼운 자서전을 쓰기로 결심.
2012	학술지 품질공학에 빌 우드올과 함께 쓴 논문 "Innovation, Quality Engineering, and Statistics"를 발표.

어쩌다 보니 통계학자

1판 1쇄 펴냄 ｜ 2015년 10월 30일
1판 2쇄 펴냄 ｜ 2018년 8월 16일

지은이 ｜ 조지 박스
옮긴이 ｜ 박중양
발행인 ｜ 김병준
발행처 ｜ 생각의힘

등록 ｜ 2011. 10. 27. 제406-2011-000127호
주소 ｜ 경기도 파주시 회동길 37-42 파주출판도시
전화 ｜ 031-955-1653(편집), 031-955-1321(영업)
팩스 ｜ 031-955-1322
전자우편 ｜ tpbook1@tpbook.co.kr
홈페이지 ｜ www.tpbook.co.kr

ISBN 979-11-85585-18-5 93310

이 도서의 국립중앙도서관 출판예정도서목록(CIP)은
서지정보유통지원시스템 홈페이지(http://seoji.nl.go.kr)와
국가자료공동목록시스템(http://www.nl.go.kr/kolisnet)에서
이용하실 수 있습니다.(CIP제어번호: CIP2015027270)